深部煤层群卸压开采应力场演化效应及工程应用

Stress Field Evolution Effect and Engineering Application of Stress-Relief Mining in Deep Coal Seam Group

杨　科　著

科学出版社

北　京

内 容 简 介

本书以淮南矿区多煤组高瓦斯煤层群卸压开采为研究背景，采用理论分析、实验室试验、模拟试验与现场实测等手段，分析了3种典型工程地质条件下（近距离煤层群卸压开采、多煤组远程上行卸压开采、大倾角煤层群卸压开采）围岩应力场、裂隙场演化特征，对比了同一近距离煤层群不同开采顺序（上行、下行）卸压开采围岩应力场、裂隙场演化特征的异同。在此基础上，阐述了煤层群卸压开采应力裂隙演化的机理，并有效地运用于现场指导，为淮南矿区同类工程地质条件提供借鉴，丰富了煤与瓦斯共采理论。

本书可供从事采矿工程及相关专业的科研及技术人员参考。

图书在版编目（CIP）数据

深部煤层群卸压开采应力场演化效应及工程应用=Stress Field Evolution Effect and Engineering Application of Stress-Relief Mining in Deep Coal Seam Group / 杨科著. —北京：科学出版社，2018

ISBN 978-7-03-057737-5

Ⅰ. ①深… Ⅱ. ①杨… Ⅲ. ①煤层群–卸压–煤矿开采–应力场–研究 Ⅳ. ①TD823.2

中国版本图书馆CIP数据核字（2018）第115692号

责任编辑：刘翠娜 崔元春 / 责任校对：彭 涛
责任印制：师艳茹 / 封面设计：无极书装

科学出版社 出版
北京东黄城根北街16号
邮政编码：100717
http://www.sciencep.com
保定市中画美凯印刷有限公司 印刷
科学出版社发行 各地新华书店经销
*
2018年10月第 一 版 开本：720×1000 1/16
2018年10月第一次印刷 印张：11 1/4 插页：4
字数：260 000

定价：138.00 元

（如有印装质量问题，我社负责调换）

前　言

淮南矿区为多煤组高瓦斯煤层群开采，其典型赋存条件为“三高一低”(高地压、高瓦斯压力、高瓦斯含量、低渗透性)。随着开采深度的增加，煤层赋存条件及开采条件日趋复杂，开采煤层面临煤与瓦斯突出的威胁日趋严重。采用卸压开采可有效增加煤层透气性，使相邻高瓦斯突出煤层的瓦斯解析为游离瓦斯，再通过预先布置的巷道和钻孔抽采瓦斯，实现区域治理，从而实现高瓦斯煤层在低瓦斯状态下安全开采。

多年来，众多专家、学者与工程技术人员围绕卸压开采煤与瓦斯共采技术与理论开展了许多研究，在煤岩体加卸载力学特征、采场围岩采动应力演化、近距离煤层群安全开采等方面取得了一系列成果，对推动低渗透性高瓦斯煤层群开采技术的发展起到十分重要的作用。工程实践表明，采动高应力演化作用下煤岩体的强度和变形等力学特征的非线性、围岩结构的不连续性更加明显；卸压开采过程中煤岩体中能量积聚与释放的非线性特征与多因素共同致灾机理更趋复杂。对于多组高瓦斯近距离煤层群煤与瓦斯共采，迫切需要完善的围岩应力场、裂隙场及瓦斯渗流场演化特征基础理论的支持。

本书以淮南矿区多煤组高瓦斯煤层群卸压开采为研究对象，采用理论分析、实验室试验、模拟试验与现场实测等手段，分析了3种典型工程地质条件下(近距离煤层群卸压开采、多煤组远程上行卸压开采、大倾角煤层群卸压开采)围岩应力场、裂隙场演化特征，对比了同一近距离煤层群不同开采顺序(上行、下行)卸压开采围岩应力场、裂隙场演化特征的异同。在此基础上，阐述了煤层群卸压开采应力裂隙演化的机理，并将其有效地运用于现场指导，为淮南矿区同类工程地质条件下的煤层群开采提供借鉴，丰富了煤与瓦斯共采理论。

本书成果是在国家自然科学基金面上项目(51374011)、国家重点研发计划项目(2016YFC0801402)、国家自然科学基金重点项目(51634007)、安徽省重点研究与开发计划项目(1704a0302129)的资助下完成的，凝结了研究团队多年来的科研心血。感谢安徽理工大学采矿实验室提供优质的试验平台及淮南矿区工程技术人员提供现场调研和实测！真诚地感谢本书所引用的参考文献的作者及启迪作者思想的其他国内外学者！

感谢博士后导师袁亮院士、薛俊华教授级高工对作者的悉心指导，从项目立项、试验研究、成果鉴定到本书稿件编写的每个环节无不倾注了两位老师的心血。在此向恩师表示深深的敬意和衷心的感谢！感谢研究团队华心祝教授、李迎富教授、李志华副教授、刘钦节副教授、陈登红副教授在本书理论分析和试验研究中所做的大量工作。感谢作者的研究生祁连光、闫书缘、陆伟、何祥、窦礼同、刘帅、孙力、许鸣皋、刘千贺、孔祥勇等为本书所做的大量细致、烦琐的工作。

尽管作者在撰写过程中，认真细致地整理科研资料，用心地选取内容、设计结构层次，但是限于作者的水平，书中难免有不妥之处，恳请有关专家和广大读者批评指正！

杨　科

2018 年 5 月于淮南

目 录

第1章 概　　述

1.1 研 究 意 义

《能源中长期发展规划纲要(2004～2020)》提出“坚持以煤炭为主体、电力为中心、油气和新能源全面发展的能源战略”，2050 年煤炭年产量控制在 30×10^8t，煤炭将长期是我国的主导能源[1]。淮南矿区为高瓦斯煤层群开采[2, 3]，其典型的赋存条件为“三高一低”。随着开采深度的增加，地应力升高、煤层瓦斯压力增大、瓦斯含量增高、渗透性系数降低，开采煤层的煤与瓦斯突出灾害日趋严重。近年来，政府及企业高度重视煤与瓦斯突出灾害，随着瓦斯防治技术的发展，瓦斯事故起数及瓦斯事故死亡人数逐年降低，这表明了煤与瓦斯突出灾害防治技术的可行性与有效性(图 1-1)。但是瓦斯事故死亡人数及瓦斯事故起数仍然在煤矿事故中占很大比例，且居高不下，其历年占比分别达到 30%及 10%左右(图 1-2)[4]。

同时，瓦斯作为煤炭资源的伴生产物，除了是煤矿重大灾害源和大气污染源，更是一种宝贵的不可再生能源。我国煤层瓦斯储量丰富，埋深在 2000m 以浅的煤层瓦斯储量为 32×10^{12}～35×10^{12}m^3，与天然气总量相当[5]，而新一轮全国煤层气资源评价成果，全国煤层埋深 2000m 以浅的煤层气总资源量已经达到 36.81×10^{12}m^3[6]。实现煤与瓦斯共采，是深部煤炭资源开采的必然途径。煤与瓦斯共采不仅能保障我国经济持续发展对能源的需求，而且将进一步提升我国煤矿安全高效洁净的生产水平，尤其是对优化我国能源结构、减少温室气体排放具有十分重要的意义。

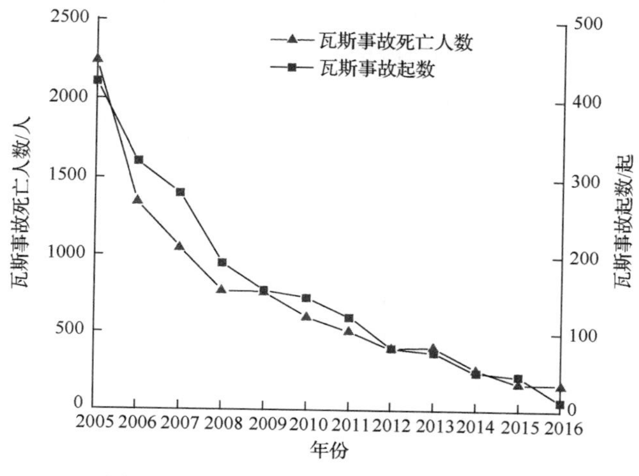

图 1-1　2005～2016 年瓦斯事故总体情况

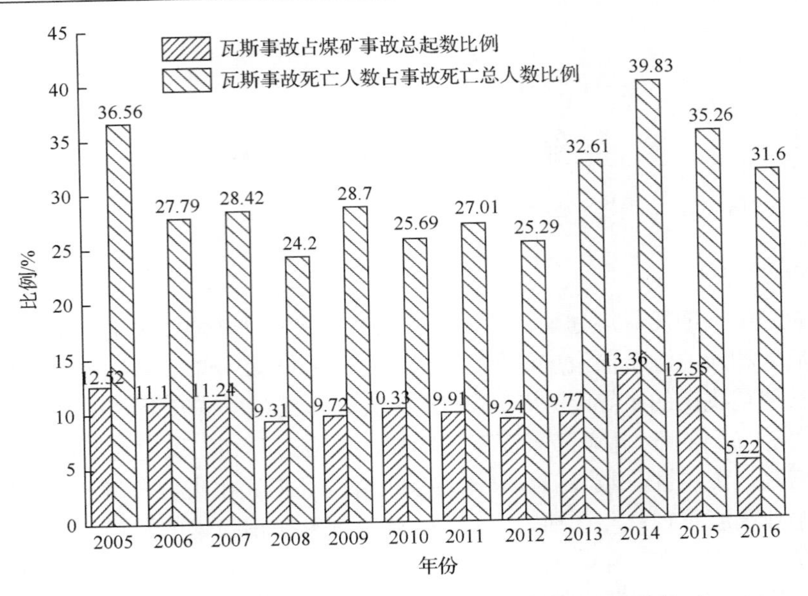

图 1-2　2005～2016 年瓦斯事故占煤矿事故比例总体情况

《煤矿安全规程》(2016 版)规定[7]：煤炭开采前必须对开采煤层提前预抽瓦斯，将瓦斯压力和瓦斯含量分别降到 0.74MPa 和 $8m^3/t$ 的安全界限值以下，否则容易引发煤与瓦斯突出灾害、工作面瓦斯超限甚至瓦斯燃爆事故。在高瓦斯含量、低渗透性煤层群开采条件下，先开采瓦斯含量低、无突出危险的首采煤层，由于受到首采煤层开采的影响，其上下一定区域的煤层将产生卸压作用。煤层开采形成的煤岩体变形、破裂和裂隙伸张，将大幅度提高煤岩体瓦斯运移的透气性，产生"卸压增透增流"效应，形成瓦斯"解吸—扩散—渗流"条件。根据不同区域内煤岩体裂隙分布的不同、瓦斯解吸和流动条件的不同，采用合理高效的瓦斯抽采方法和抽采系统，可实现瓦斯资源的高效开采(图 1-3)，不仅解决了卸压煤层瓦斯向首采煤层涌出的问题，保障了首采煤层安全高效开采，而且大幅度降低了卸压煤层的瓦斯含量，消除了煤与瓦斯突出的危险性，为卸压煤层内实施快速掘进与高效开采提供了安全保障[8]。

近年来，随着开采深度和开采强度的增大，深部煤层群开采出现了采准巷道难支护、顶底板难控制、冲击地压易发生、瓦斯抽采工程布置难实施、煤柱难留设等技术难题，亟须开展大范围采场围岩采动应力演化机制及采动高应力演化对围岩位移、变形、破坏及裂隙煤岩体能量场演化规律影响的作用机理等方面的基础理论研究，其对更好地指导深部煤层群的安全高效开采，实现煤与瓦斯共采、提高资源采出率等方面有着重要的意义。

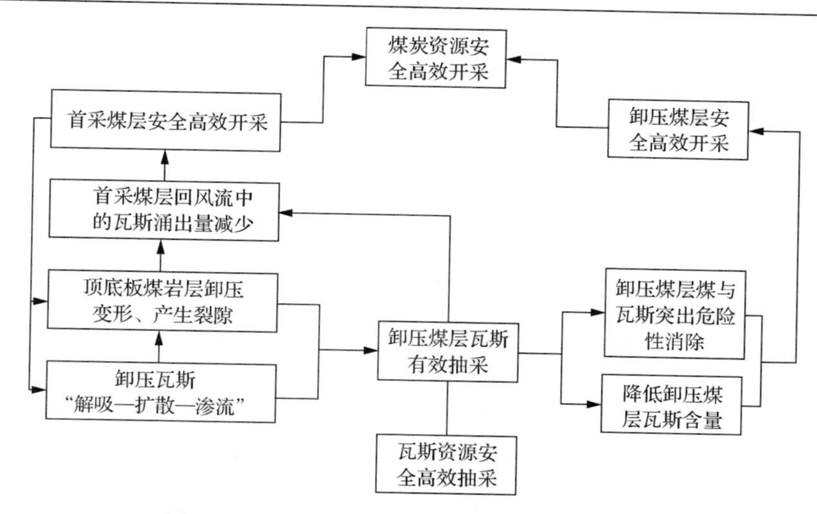

图 1-3 高瓦斯煤层群煤与瓦斯共采体系示意图

1.2 国内外研究现状

深部煤炭资源安全高效开采及开采引起的矿压控制问题是目前国内外采矿及岩石力学界研究的焦点和难点，众多学者应用理论和试验的综合研究方法广泛开展了煤岩体工程力学特性、煤岩体加卸载力学特征、采场围岩采动应力演化、煤层群安全开采等方面的研究，指导了工程实践，发展完善了煤与瓦斯共采理论与技术。

1.2.1 煤系地层煤岩体工程力学特性

煤层在多次采动作用下卸压效果的不同，很大一部分原因是煤岩体受一次采动与多次采动影响后的力学形态显著不同。一般情况下，煤层受多次采动影响后的力学性质将会显著改变。每一次采动对邻近煤层都会产生明显的卸压区及增压区(图 1-4)，使得后续开采的煤层反复承受加卸载，造成每一次采动后煤层内的裂隙分布特征也发生显著变化。研究表明，煤层裂隙结构的变化直接影响煤层的渗流特征及应力敏感性[9]，导致煤层在多次采动过程中的卸压效果差别很大。同时，由于不同分带内煤岩体裂隙发育的各向异性，卸压后其渗透特性也存在明显的区别。研究煤层群开采过程中煤岩体加卸载过程，掌握应力场、裂隙场演化与分布规律，有利于获取煤层群卸压开采瓦斯运移特征及时空关系，指导工作面及抽采钻孔布置。

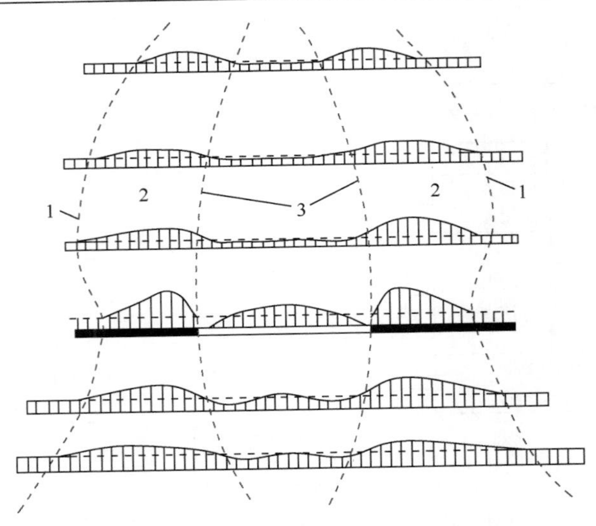

图 1-4　煤层开采时邻近煤层应力分布情况

1-采动影响带边界；2-支承压力区（增压区）；3-卸压区边界

在煤岩体（石）加卸载力学特征研究方面，国内外学者系统开展了不同加卸载应力路径下煤岩体（石）的强度和变形特征的实验研究，并采用多种分析方法研究获得了煤岩体（石）的强度及变形特征、卸荷效应、力学关系等。然而，由于煤矿现场实验条件尚不允许，煤岩体（石）加卸载力学实验还只能在实验室内完成。

Cai 和 Liu[10]采用其建立的实时激光全息干涉测量法系统分析了压-剪组合加载过程中岩石裂纹和变形的分布、形态、移动路径和动态演化，揭示了岩石变形破坏特征和机理；尤明庆[11]通过对岩石试样的加卸载复杂路径试验，获得了岩石试样的力学参数和强度及变形特性；谢红强等[12]结合岩体变形特性，通过应力-应变试验，推导出异性岩石的损伤演化方程；陈忠辉等[13]基于岩石微元体强度的韦伯（Weibull）统计分布和库仑准则假定，利用损伤力学方法建立了一个能够很好地反映岩石变形、强度特征与脆化特征的简明岩石三维各向同性损伤模型及弹脆性本构方程；席道瑛等[14]对砂岩进行了低围压三轴动载疲劳实验，获得了砂岩的波速、模量和疲劳损伤的力学特性及相互间的力学关系；张黎明等[15]对粉砂岩试样进行了常规三轴加载后保持轴向变形不变的峰前、峰后卸围压试验，得到了峰前、峰后卸围压全过程曲线及其脆性剪切和张剪破坏的特征，且峰前卸围压破坏比峰后卸围压破坏更具有突发性，并有明显的侧向扩容现象；Bagde 和 Petroš[16]通过对完整砂岩试样的单轴循环加载试验研究发现，加载频率的大小对岩石力学行为有重要的影响，岩石疲劳强度和轴向硬度随着加载频率的增加而降低，岩石在低加载频率和振幅下更容易屈服；杨永杰等[17]针对循环载荷作用下的煤岩体变形特性，以鲍店矿 3 煤为研究对象，采用 MTS815.03 岩石测试系统对其进行循环加载，试验结果表明：煤岩体随循环次数的疲劳破坏过程可反映从压密、应变硬化到软化的发展过程，变形可划分为初始变形、等速变形和加速变形3个阶段；Fu等[18]运用CT成像技术研究了扰动载荷作用下灰绿色泥岩的蠕变破坏和微观破坏演化特性，当岩体轴向载荷接近岩体极限强度时，岩体的微观裂纹和蠕变速率增加，当扰动载荷较低时，岩体进入微观破坏阶段，当扰动载荷较大时，岩体直接进入扰动加速蠕变阶段；Holub等[19]应用工程地质力学和试验方法，系统分析了砂岩试样的纵波波速、抗压强度、抗拉强度、体积模量、弹性模量、泊松比等物理和力学特性及相互间的力学关联。

由以上研究可知，在煤岩体(石)加卸载力学特征研究方面的主要手段仍是实验室实验，对煤、泥岩、砂岩等煤系地层煤和岩石的系统研究不多，结合开采形成的采动应力演化对煤系地层煤岩体应力环境影响方面的研究较少，尤其是在深部煤层群开采条件下多次开采采动应力演化对煤岩体(石)的载荷和应力环境的影响的研究更少。

1.2.2 多煤层开采覆岩运移与采动应力场演化规律

在多煤层开采覆岩运移规律研究方面，主要采用相似材料模拟试验、现场监测和数值模拟试验等研究方法，获得了多煤层开采覆岩垮落形态、高度等特征。例如，郭文兵等[20]应用相似理论和光弹性力学模拟试验方法，对多煤层同采条件下采场围岩应力场特点及相互影响关系进行了研究，得出了多煤层开采时采场围岩应力分布规律、应力集中程度及其相互之间的影响范围和影响程度；刘红元等[21]运用自行开发的岩层破断过程分析(RFPA2D)系统模拟了多煤层开采时岩层的垮落过程；夏筱红等[22]针对多煤层联合开采的特点和覆岩的工程地质特征，采用工程地质力学模型实验和数值模拟计算，分析了多煤层开采的采动影响及岩层动态断裂机理，得出了有关岩层移动参数和多层煤同采时的应力分布状态；张玉军[23]采用钻孔冲洗液漏失量观测和钻孔彩色电视系统探测了近距离多煤层开采覆岩破坏高度，其观测到的垮落带高度已与传统意义上的垮落带高度有所区别，应该属于导水裂缝带的严重开裂范围；张志祥等[24]采用相似材料模拟试验方法，对多煤层开采引起的覆岩移动及地表变形规律进行了研究，获得了随着煤层累计采厚的增加，采空区“三带”(冒落带、裂隙带、弯曲下沉带)覆岩下沉量和采空区地表沉降量、地表倾斜变形、地表水平位移及地表曲率变形都呈增大趋势的规律。

在采动应力演化规律研究方面，李宏艳[25]、王悦汉等[26]通过应用数学、力学方法系统分析获得了采场围岩结构特征、采动应力演化规律、支承压力计算公式、采动岩体动态力学模型等研究成果，很好地指导了工程实践。钱鸣高[27]提出了岩层控制的关键层理论，揭示了采动岩体的活动规律，把采场矿压、岩层移动、地表沉陷等方面的研究在力学机理上有机统一为一个整体，为岩层控制理论的进一步研究奠定了基础。吴健等[28]、郝海金[29]通过实验研究获得了综放工作面的应力分布规律，并应用球壳理论分析得出大采高开采上覆岩层结构力学模型——压力壳-梁结构及其基本力学特征和形态特征。姜福兴等[30, 31]采用力学方法研究了非充分采动阶段、充分采动阶段工作面推进覆岩破坏过程与支承压力的动态关系。宋振骐等[32]在大量现场观测的基础上建立并逐步完善了以岩层运动为中心，预测预报、控制设计和控制效果判断“三位一体”的实用矿压理论体系，揭示了岩层运动与采动支承压力的关系。史元伟[33]视上覆岩层为不同弹性地基上的弹性板(梁)，按文克尔假设计算挠曲岩板(梁)的基础反力，提出了回采工作面超前和侧向支承压力的解析估算法。谢广祥等[34-41]在大量现场实测分析的基础上，对长壁工作面及其巷道围岩的三维力学特征进行了全面、系统、深入的研究，提出了长壁工作面围岩中存在着由“高应力束”组成的应力壳理论；基于对应力壳理论的进一步分析，构建了深部长壁开采采动应力壳演化模型，揭示了采场围岩力学特征的采厚效应、柱宽机制、推进速率响应及减缓动力灾害机理，获得了采动应力和采动裂隙演化的动态效应及应力壳失稳模式；研究认为大部分长壁采煤工作面前方、后方、周边和邻近巷道的矿压显现都受控于应力壳的存在和由其演化发展带来的影响，应力壳的失衡会造成剧烈的矿压现象，合理地调整开采厚度等采场结构参数可改善采场围岩应力的动态平衡，对保护工作面、减小矿压影响和显现有积极作用。伍永平等[42]基于大倾角煤层开采物理相似材料模拟、数值模拟结果，分析了围岩宏观应力拱壳的力学特征，给出了大倾角煤层开采应力拱壳的稳定性判别准则。

上述研究对煤层群开采过程中采动应力叠加演化及其对围岩位移、变形、破坏等力学特征影响研究较少，特别是近距离煤层群不同卸压开采条件下采动应力场、裂隙场、位移场多次多场演化规律方面仍需要进一步研究。

1.2.3 煤与瓦斯共采理论与技术

工程实践表明，煤与瓦斯共采已成为解决我国煤炭资源开采中灾害频发、大气污染和煤层气资源浪费等问题的重要理论与技术体系，其实质是将传统的单一固体煤炭资源开采转变为在煤炭资源开采的同时，利用煤炭开采过程中产生的采动作用使原渗透率较低的煤层产生卸压释放，从而将瓦斯作为一种资源从煤层中开采出来的技术体系。

袁亮等[43]建立了低透气性煤层群瓦斯高效抽采的高位环形裂隙体理论体系并为煤与瓦斯共采理论的发展及工程实践提供了一套科学研究方法和工程设计手段；详细介绍了我国煤矿煤与瓦斯共采的主要技术方法与煤矿瓦斯抽采技术及技术装备[44-47]；分析了我国深部煤层煤与瓦斯共采现状及面临的问题，指出了我国深部煤层煤与瓦斯共采的发展对策，认为我国深部煤层应坚持地面和井下相结合的“两条腿走路”的煤与瓦斯共采模式，从基础理论研究、关键技术及装备研发、示范工程建设、政策扶持等方面提高深部煤层煤与瓦斯共采技术的整体水平[48]。谢和平等[49]系统分析总结了我国煤与瓦斯共采基础理论与关键技术的研究现状及最新进展。其在基础理论研究方面，重点阐述了采动应力学及瓦斯增透理论的定量评价理论体系。在关键技术研究方面，重点介绍了卸压开采抽采瓦斯技术体系、全方位立体式抽采瓦斯技术体系、深部薄厚煤层瓦斯抽采技术体系的技术组成和最新科研进展。进一步指出了建立煤与瓦斯共采体系面临理论和工程技术的困难与挑战，展望了煤与瓦斯共采未来的发展方向。谢和平等[50]在综合考虑煤体在不同开采方式形成的支承压力、孔隙压力和瓦斯吸附膨胀耦合作用对损伤裂隙煤体体积改变的影响的基础上，定义了一个新力学量——增透率，来反映单位体积改变下煤体渗透率的变化，推导出了4种增透率的理论表达式，并对工程实例进行数值分析，定量描述了开采过程中覆岩和煤层中增透率的分布和演化，结果表明增透率能够反映开采扰动对煤岩体裂隙网络渗透性的影响，为煤与瓦斯共采工程中的煤层增透效果评价提供了定量指标和科学方法。王家臣[51]在介绍煤与瓦斯共采技术体系的基础上，分析了煤与瓦斯技术体系的核心问题，指出了卸压煤层内的瓦斯吸附解吸规律、卸压煤岩层内部结构演化规律和卸压煤岩层内瓦斯分布规律是实现煤与瓦斯共采需要解决的最关键、最核心的三大理论问题。李树刚等[52]建立了考虑采高及第一亚关键层与煤层顶板间距的采动裂隙椭抛带动态演化数学模型，构建了椭抛带中卸压瓦斯渗流—升浮—扩散综合控制模型，分析了椭抛带卸压瓦斯抽采机理，提出了相应的煤与瓦斯抽采技术。谢生荣等[53]为了解决沙曲矿近距离煤层群开采过程中综采工作面上隅角和回风流中瓦斯浓度超限这一难题，结合从德国引进的千米定向钻机设备，提出了高抽钻孔组和顶板裂隙钻孔组联合抽采瓦斯技术，构建了沙曲矿煤与瓦斯共采技术体系。张农等[54]提出了深井超前留巷强化钻孔与高位回风巷强化的瓦斯抽采技术，并在朱集矿进行了试验。马念杰等[55, 56]认为深部环境和采矿活动引起的“加载”和“卸荷”效应，会使钻孔围岩出现有利于瓦斯导通的“蝶形塑性区”，蝶叶长度可达钻孔直径的几十倍以上。以钻孔围岩“蝶形塑性区”理论为基础，建立了钻孔塑性区与瓦斯增透圈模型，首次推导出了钻孔增透圈半径解析式。梁冰等[57]提出了以经济预评价、安全评价、共采效果3部分建立煤与瓦斯共采评价系统，并建立了多层次评价指标体系，构建煤与瓦斯共采模糊综合评判模型。将模糊层次法(FAHP)与层次分析法(AHP)组合赋权，将专家的主观经验与目标区指标的客观反映相结合，建立了模糊综合评判模型，对沙曲矿煤与瓦斯共采进行了综合评价。

上述研究在不同厚硬岩组条件下远程上行卸压开采可行性及煤与瓦斯共采方面的研究较少，尤其是在多煤组煤层群不同开采顺序(上行、下行)卸压开采条件下采动应力场、裂隙场、位移场多次多场演化规律的异同方面仍需要进一步研究。

1.2.4 卸压开采煤岩动力灾害发生机理

卸压开采虽然能在采场围岩一定空间范围内使煤岩体或瓦斯卸压，有利于煤炭资源安全开采及煤与瓦斯共采，但同时也在采场围岩一定空间范围内引起了应力集中，是导致煤岩体动力灾害发生的关键因素之一。近年来，很多学者应用数理统计、损伤断裂理论、能量理论等方法研究了卸压开采采场围岩结构特征及其对巷道围岩稳定性、裂隙煤岩体能量演化的影响与作用机理，发展了煤岩体动力灾害防治理论与技术。

在卸压开采围岩结构对巷道布置和稳定性控制方面，蒋金泉等[58]以新汶矿区为工程背景，深入研究了采动覆岩裂隙亚分带特征、覆岩运动与结构分带特征、上行卸压开采作用效应，建立了上行卸压开采可行程度的评价方法；张立亚等[59]系统研究了多煤层条带开采中不同采深、不同采宽、不同层间距和上下煤柱的空间位置关系对地表下沉和水平移动的影响规律；方新秋等[60]采用现场实测、理论分析及数值模拟等研究方法，探讨近距离煤层群回采巷道失稳机制，得出了该条件下巷道位置及煤柱留设参数；吴爱民等[61]应用不连续变形分析(DDA)方法模拟分析了邻近工作面开采和本工作面开采对上覆岩层及留设小煤柱的变形影响规律，获得了小煤柱巷道在多次动压影响下的变形量、应力分布和破坏范围；朱涛等[62]针对极近距离煤层开采时下层煤的顶板岩层结构特点，构建了“散体–块体”顶板结构模型，对极近距离煤层下层煤工作面下位直接顶岩层结构的稳定性进行了力学分析，揭示了下层煤开采时端面顶板冒落的机理；刘洪永等[63]通过引入理想弹脆塑性模型和内切圆准则，在德鲁克–普拉格塑性流动公式的基础上建立了采动煤岩体弹脆塑性损伤本构模型的数值计算公式；姜鹏飞等[64]采用 FLAC3D 有限差分程序计算分析了煤层回采在不同宽度煤柱条件下顶底板煤岩体中的能量分布情况，发现煤柱宽度对煤柱内部及下部煤岩体能量分布均匀程度有较大影响；张农等[65]通过物理模拟实验显示上行卸压开采顶板岩层运动状况，分析了不同区域顶板巷道的采动破坏特征和顶板不同区域巷道围岩的裂隙分区特征，并推断出特定条件下上覆岩层采动稳定周期及卸压区顶板巷道维护的基本原则和控制方法；寇建新等[66]根据 SOS 微震监测系统监测数据，应用地球物理学、地震学和岩石力学的理论与技术，研究微震事件中震源物理、波动物理场、时空序列规律和时间域与空间域分布特征及其与采矿活动的关系，确定了 4 种矿震类型和原因。

在裂隙煤岩体失稳机理研究方面，尹光志等[67, 68]采用损伤力学的原理和方法，建立了脆性煤岩的损伤本构模型，对脆性煤岩的损伤力学特性进行了研究，分析了煤层发生冲击地压过程中的能量变化，并提出了冲击地压的损伤能量指数这一新的概念，确定了冲击地压发生的必要条件；邹德蕴等[69]应用能量传递原理和能量守恒定律，结合对岩体性状组织损伤弱化的分析，提出了煤岩体发生冲击效应的理论，导出了冲击效应方程；谢和平等[70, 71]提出了冲击地压的分形特征，将分形几何引入冲击地压的研究，使用分形的数目与半径的关系来分析微震事件的空间分布，发现微震事件具有集聚分形结构和特征；秦四清等[72]用突变理论研究了狭窄煤柱冲击地压失稳过程的机制，导出了失稳的充要力学条件判据及突变时煤柱的突跳量与释放能量的简单表达式，提出了刚度效应–扰动触发响应失稳新理论；赵毅鑫等[73]在非平衡热力学和耗散结构理论的基础上，研究了冲击地压孕育过程中煤–围岩系统能量耗散特征和系统内熵的变化，初步建立了基于非平衡态热力学的冲击地压失稳判断方法；张黎明等[74]讨论了目前采用突变理论研究岩体动力失稳存在的问题，由系统在平衡位置做准静态位移时的功、能增量关系式，按能量守恒原理推导出了一个由围岩（Ⅰ体）与过应力峰后软化岩体（Ⅱ体）构成的两体系统的平衡方程，建立了两体系系统动力失稳的折叠突变模型，给出了岩体动力失稳问题的一般方程，得到了系统失稳前后的变形突跳和系统能量释放的一般表达式。

上述研究对煤层群开采过程中采动应力相互演化及其对围岩位移、变形、破坏等力学特征影响的研究较少，特别是在近距离煤层群和多煤组间不同卸压开采条件下采动应力场、裂隙场、位移场多次多场演化及致灾机理与防控技术方面仍需要进一步研究。

1.3 科学意义

煤岩体的变形破坏及其所受荷载状态、煤岩体动力灾害的发生与煤岩体初始应力环境和多次开采引起的围岩采动应力演化和能量场动态演化密切相关。随着开采深度的增加，高瓦斯、高地温、高地压、高承压水“四高”等极难技术问题日益突出，成为世界性难题。工程实践急需大范围采场围岩采动应力演化特征及采动高应力演化对围岩位移、变形、破坏规律影响的作用机理及能量场动态演化等方面的基础理论支持。一方面，采动高应力演化作用下煤岩体的强度和变形等力学特征的非线性、围岩结构的不连续性更加明显；另一方面，卸压开采过程中煤岩体中能量积聚与释放的非线性特征与多因素共同致灾机理更趋复杂。

深部多煤组煤层群卸压开采条件下采动高应力演化作用下应力场、裂隙场、位移场时空演化规律和裂隙煤岩体能量积聚、释放等演化致灾机理研究方面仍存在着以下3个方面的问题。

(1) 深部煤系地层赋存条件（如应力环境、岩层结构特征等）对多煤层开采引起的应力场、裂隙场、位移场演化特征的影响作用如何？如何描述深部多煤层开采地质条件与采矿技术条件之间的关系？目前还不清楚。

(2) 深部多煤组煤层群不同卸压开采条件下引起的采场三维空间宏观应力场、裂隙场演化对瓦斯流动与抽采的影响机制亟须完善。

(3) 考虑原岩应力、采动应力、裂隙煤岩体力学性能、采场结构参数等因素下，采用怎样的新方法能更好地描述采动应力场演化过程中裂隙煤岩体动力灾害的发生机理需要突破。

因此，抓住影响煤岩体动力灾害的主要因素，探索多次采动高应力演化诱发的煤岩体动力灾害发生机理、实现深部多煤组煤层群安全高效开采和煤与瓦斯共采等具有十分重要的理论意义和工程应用价值。

第 2 章　近距离煤层群卸压开采应力裂隙演化特征

2.1　近距离煤层群工程地质概况

2.1.1　近距离煤层群卸压开采工作面布置情况

淮南矿业(集团)有限责任公司潘二矿西四采区按 B 组煤煤层组合划分为西四 7～8 煤采区、西四 4～6 煤采区。西四 7～8 煤采区系统巷道布置：西四 B8 轨道上山、西四 B7 皮带机上山、西四 B5 回风上山，即轨道上山布置在 8 煤中，皮带机上山布置在 7 煤中，回风上山布置在 5 煤中。西四 4～6 煤采区系统巷道布置：轨道上山、回风上山、胶带机上山及石门。3 条上山均布置在 4 煤底板岩层中，石门从 4 煤底板穿层到 11 煤底板。现场实际生产过程中采用下行卸压开采方法，各工作面位置平面关系如图 2-1 所示。

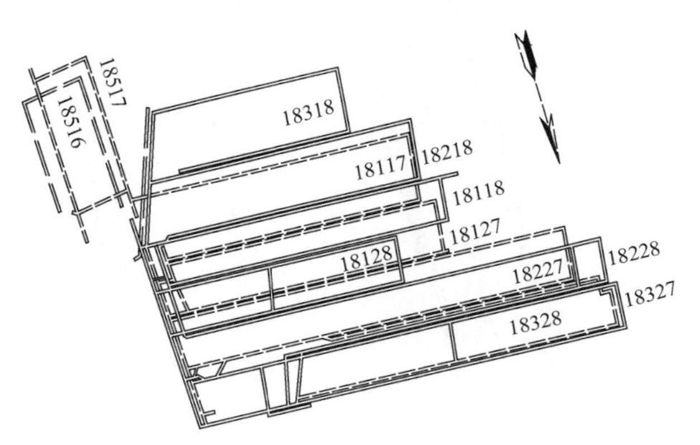

图 2-1　各工作面位置关系平面示意图

2.1.2　近距离煤层群卸压开采模型

根据潘二矿西四采区 B 组煤的赋存条件及勘探钻孔数据建立了近距离煤层群开采地质模型，如图 2-2 所示。4 煤、5 煤、6 煤(可采煤层 4-1 煤、5-2 煤、6-1 煤)的相邻层间距约为 20m，7 煤与 8 煤(可采煤层 7-1 煤与 8-1 煤)的层间距在 20m 以内，6 煤与 7 煤的层间距则在 17.4～40m，属于近距离煤层群。

基于工作面布置及开采特点，建立了多层煤(5 层)多重下行开采(5 次，8 煤→7 煤→6 煤→5 煤→4 煤)的数值模拟模型和基于局部留煤柱开采条件的多层煤(4 层)双重下行开采(2 次，8 煤→6 煤)的相似材料模型。

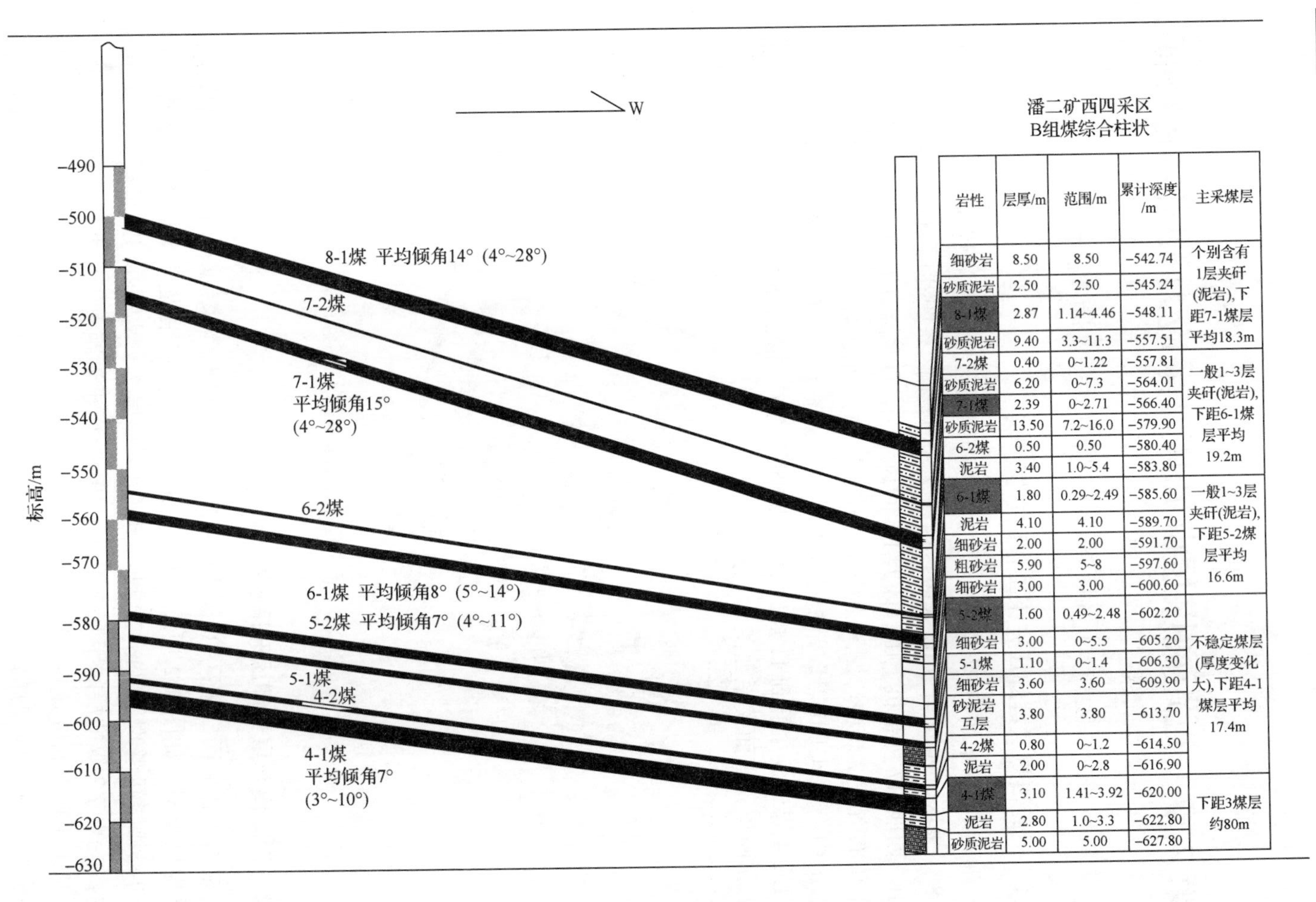

岩性	层厚/m	范围/m	累计深度/m	主采煤层
细砂岩	8.50	8.50	−542.74	个别含有1层夹矸(泥岩),下距7-1煤层平均18.3m
砂质泥岩	2.50	2.50	−545.24	
8-1煤	2.87	1.14~4.46	−548.11	
砂质泥岩	9.40	3.3~11.3	−557.51	
7-2煤	0.40	0~1.22	−557.81	一般1~3层夹矸(泥岩),下距6-1煤层平均19.2m
砂质泥岩	6.20	0~7.3	−564.01	
7-1煤	2.39	0~2.71	−566.40	
砂质泥岩	13.50	7.2~16.0	−579.90	
6-2煤	0.50	0.50	−580.40	
泥岩	3.40	1.0~5.4	−583.80	
6-1煤	1.80	0.29~2.49	−585.60	一般1~3层夹矸(泥岩),下距5-2煤层平均16.6m
泥岩	4.10	4.10	−589.70	
细砂岩	2.00	2.00	−591.70	
粗砂岩	5.90	5~8	−597.60	
细砂岩	3.00	3.00	−600.60	
5-2煤	1.60	0.49~2.48	−602.20	不稳定煤层(厚度变化大),下距4-1煤层平均17.4m
细砂岩	3.00	0~5.5	−605.20	
5-1煤	1.10	0~1.4	−606.30	
细砂岩	3.60	3.60	−609.90	
砂泥岩互层	3.80	3.80	−613.70	
4-2煤	0.80	0~1.2	−614.50	
泥岩	2.00	0~2.8	−616.90	
4-1煤	3.10	1.41~3.92	−620.00	下距3煤层约80m
泥岩	2.80	1.0~3.3	−622.80	
砂质泥岩	5.00	5.00	−627.80	

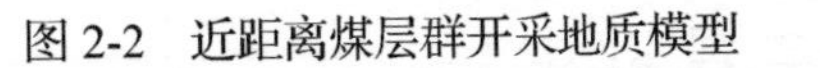
图 2-2　近距离煤层群开采地质模型

2.1.3　主采煤层顶底板物理力学特征

统计分析潘二矿西四采区 B 组煤主采煤层(8 煤、7 煤、6 煤、5 煤、4 煤)顶底板岩石物理力学参数测试数据与矿井原始地质数据，获得了各主采煤层顶底板岩石物理力学基本参数，见表 2-1。

表 2-1　主采煤层顶底板岩石物理力学参数

煤层编号	顶底板	抗压强度/MPa	抗拉强度/MPa	弹性模量/GPa	泊松比(μ)	容重/(kg/m^3)
8 煤	顶板	12.1～36.1	1.0～3.8	13.9～15.1	0.25～0.32	2520～2543
	底板	34.6～52.5	1.0～2.2	13.9～15.1	0.25～0.32	2417～2446
7 煤	顶板	38.5～40.5	1.0～2.2	13.9～15.1	0.25～0.32	2417～2446
	底板	20.2～51.5	1.0～1.6	13.9～15.1	0.25～0.32	2437～2549
6 煤	顶板	20.2～33.8	1.4～2.2	5.9～7.9	0.23～0.27	2437～2549
	底板	12.2～41.2	2.3～3.6	7.7～8.5	0.25～0.32	2545～2800
5 煤	顶板	70.4～88.4	2.7～4.4	15.3～28.9	0.15～0.20	2700～2800
	底板	60.4～100.5	4.3～6.2	27.0～33.4	0.19～0.21	2586～2597
4 煤	顶板	46.4～59.1	1.4～1.9	6.9～7.9	0.23～0.27	2520～2567
	底板	28.5～31.2	0.8～1.2	6.2～6.6	0.23～0.27	2463～2500

2.2　近距离煤层群下行卸压开采应力裂隙演化特征

根据近距离煤层群开采地质模型与主采煤层顶底板煤岩物理力学特征，构建近距离煤层群卸压开采 UDEC 数值模型。数值模型长 400m、高 248.26m，模型将实际平均厚度较小的煤岩层(如 6-2 煤与底板泥岩层、4-2 煤与底板泥岩层)进行合并；煤层群开采顺序为 8 煤→7 煤→6 煤→5 煤→4 煤，每次开采步距为 8m，每层煤开采 25 次，开采长度为 200m。

2.2.1　近距离煤层群下行卸压开采应力场演化特征

1. 首采煤层 8 煤开采

在 8 煤开采过程中，煤体内原岩应力得到释放和转移，在顶底板垂直方向出现小范围的应力拱(底板区域为倒拱形，应力拱内为卸压区)，在水平方向采空区前后端出现应力集中区。在基本顶未垮落失稳之前，随着工作面推进距离的增加，卸压区范围不断扩大，但随着与采空区垂直距离的增大，卸压程度降低，卸压区范围减小。在开采过程中沿煤层走向的卸压区范围以一定大小的卸压角度向高度和深度方向收敛；基本顶初次破断后，卸压区的高度及深度不再延伸。

如图 2-3 所示，当 8 煤工作面推进至 56m 时，基本顶初次垮落，高应力得到释放和转移，此时顶板卸压区高度在 8 煤顶板上方约 100m，底板卸压区深度约

73m。工作面推进至停采线之前，应力拱的最大高度和卸压区深度达到 100m 和 73m 左右；在 8 煤工作面后方 50m 以外，卸压区内的应力逐渐恢复直至达到原岩应力状态，形成压实区。此时，卸压区主要分布在切眼与工作面煤柱支撑作用未压实区，即“O”形圈范围。

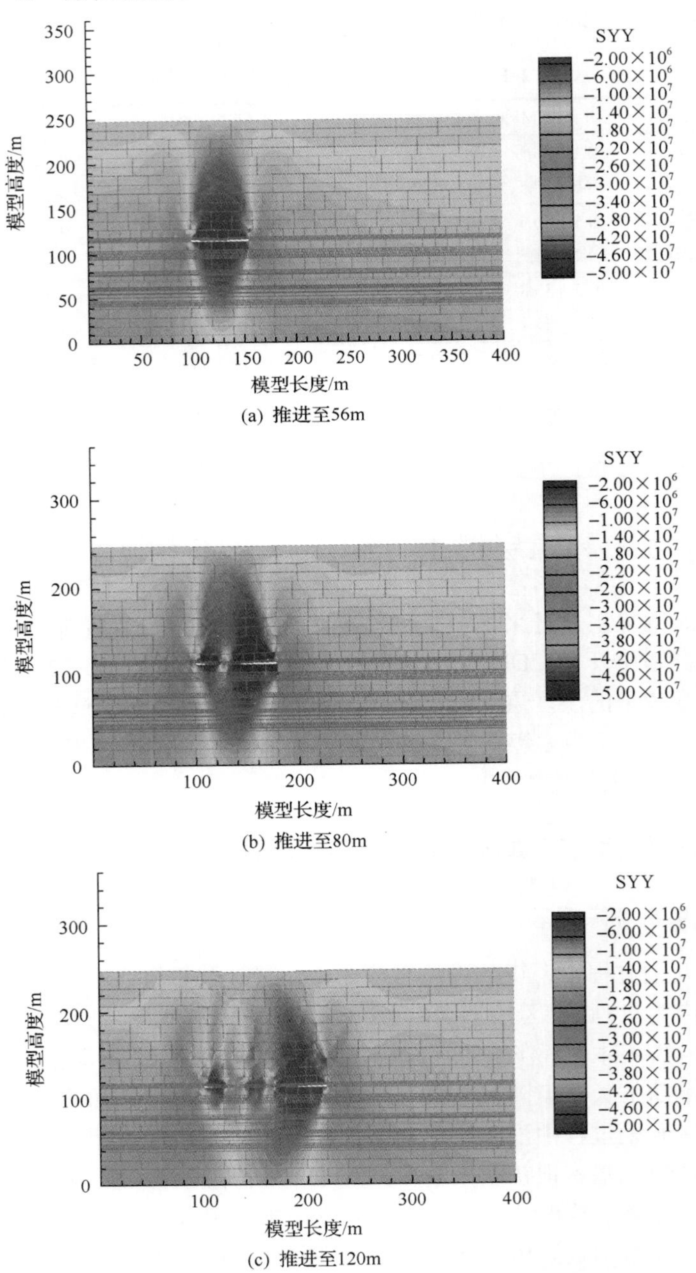

(a) 推进至56m

(b) 推进至80m

(c) 推进至120m

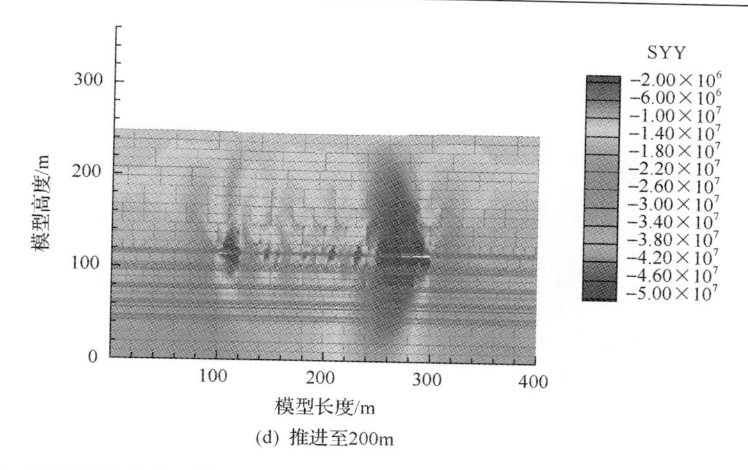

(d) 推进至200m

图 2-3　下行卸压开采 8 煤工作面推进不同距离顶底板应力分布云图(文后附彩图)

随着煤层工作面的推进，在自重及上覆岩层载荷作用下基本顶出现周期性破断和垮落，后方采空区逐渐被压实，其顶板出现的裂隙和离层也将逐渐闭合，这使得上覆岩层的应力得以传递，部分区域恢复或达到原岩应力状态。应力的分布也随着多次的周期性来压而显现出周期性的分布状态，顶底板竖向卸压区的范围基本保持不变，但随着开采距离的增加，顶底板的卸压区边界以拱形(底板为倒拱形)逐步地向前方移动。

2. 下煤层 7 煤开采

8 煤开采后进行 7 煤开采，可得到图 2-4 所示的 7 煤工作面推进不同距离顶底板应力分布云图。

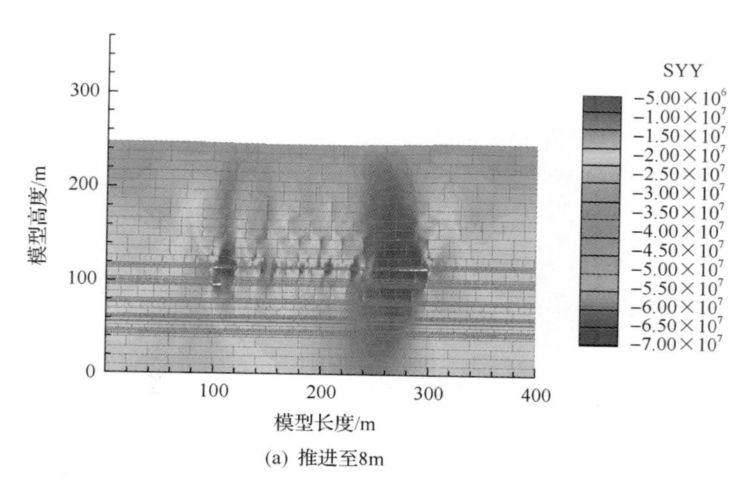

(a) 推进至8m

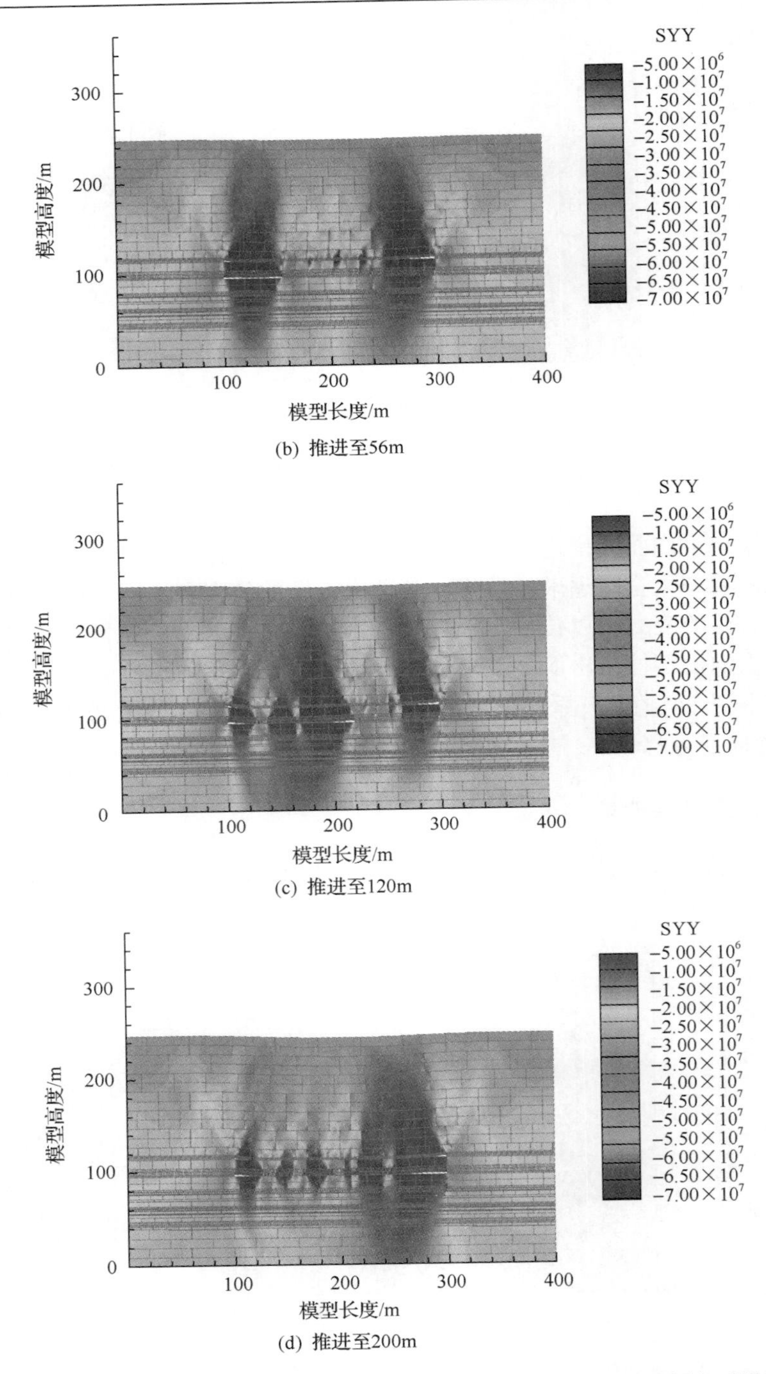

(b) 推进至56m

(c) 推进至120m

(d) 推进至200m

图 2-4 下行卸压开采 7 煤工作面推进不同距离顶底板应力分布云图(文后附彩图)

当 7 煤工作面推进至 8m 时，顶板卸压区高度约为 7m，底板卸压区深度约为 6m，卸压区范围较小，卸压效果不明显。同 8 煤开采过程相似，沿煤层走向的卸压区范围以卸压角向顶板和底板方向收敛，卸压效果也随高度和深度的增加而减弱。当工作面推进至 56m 后，工作面前方应力集中区域突然增大，基本顶完全垮落，卸压区范围大幅度扩大，垂直方向的卸压区高度在 7 煤顶板上方 119m 左右，卸压区深度在 7 煤底板下方 68m 左右，顶底板煤岩层有较为明显的卸压效果。卸压区及工作面前方的应力集中区均随着工作面的推进而逐步向前发展，7 煤竖直方向的卸压区高度和深度分别为 119m 和 68m 左右。

在后方采空区，随着基本顶的周期性破断，应力分布随周期性来压而显现出周期性的分布状态，小范围的应力拱周期性地分布在 7 煤工作面采空区的后方，其最大卸压区高度及卸压区深度分别为 30m 和 13.5m。在 8 煤、7 煤开采区域的两端，由于支承压力的叠加作用，局部范围内应力集中程度明显高于单一煤层开采。

3. 底部煤层 4 煤开采

6 煤、5 煤开采过程中采动应力场演化规律同 7 煤开采过程类似，因此不做单独分析。在 8 煤、7 煤、6 煤、5 煤开采结束的基础上进行 4 煤开采，4 煤工作面推进不同距离顶底板应力分布云图如图 2-5 所示。

4 煤工作面开采初期，由于 8 煤、7 煤、6 煤、5 煤临近开切眼侧煤岩层并未完全垮落，4 煤上方仍存在一定范围的拱形卸压区，而 4 煤底板卸压区范围较小。随着 4 煤工作面的推进，4 煤顶板应力拱垂向高度和走向跨度没有大的变化，而其卸压区深度则呈 2.8m→12.8m→22.8m→32.8m 增加过程。

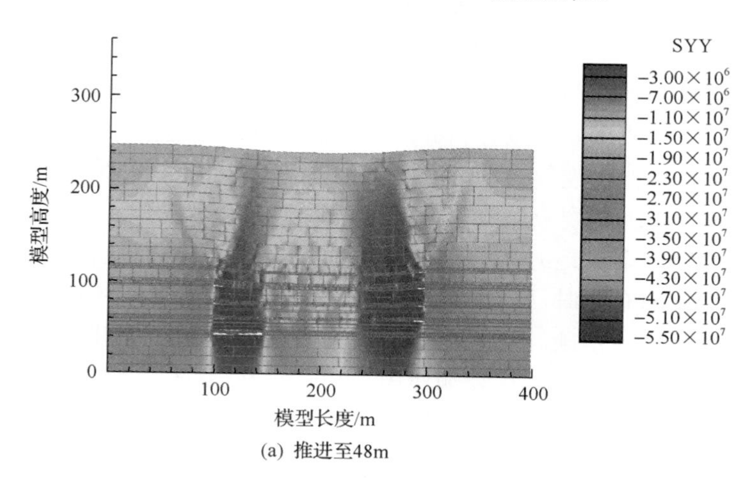

(a) 推进至48m

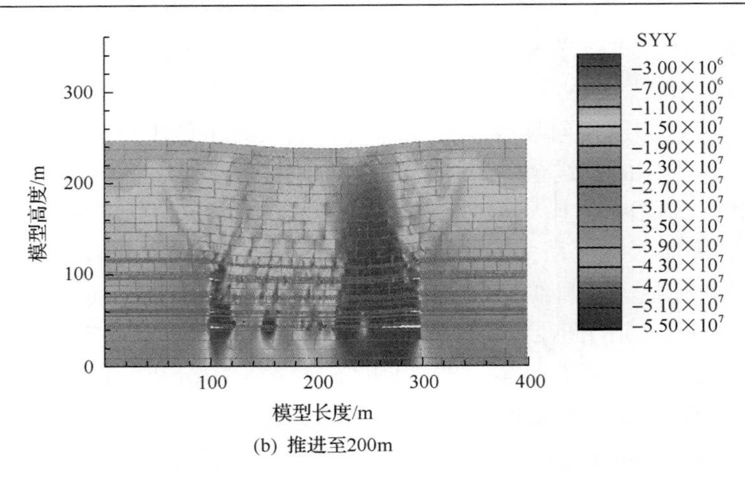

(b) 推进至200m

图 2-5　下行卸压开采 4 煤工作面推进不同距离顶底板应力分布云图(文后附彩图)

当 4 煤工作面推进至 48m 时，4 煤顶板出现明显下沉直至基本顶破断，应力拱范围在垂向和走向上不断扩大，其顶板最大卸压区高度约为 171m；底板最大卸压区深度已达到模型下边界。顶底板卸压效果较为明显，沿煤层走向的卸压区范围以卸压角向深度方向收敛，卸压效果也随着卸压区范围高度和深度的增加而减弱。

随着 4 煤工作面的推进，覆岩再次经历加卸载过程，工作面两侧煤柱应力集中区叠加，采空区上方卸压区应力进一步降低。当工作面推进至 200m 时，顶板方向卸压区最大高度仍为 171m，卸压区高度不再受到开采煤层的影响。在后方采空区，随着基本顶周期性垮落，在相互间隔的应力恢复(或集中)区中同样存在小范围的拱形卸压区，应力拱最大高度和深度分别为 27.8m 和 17.8m。

对比数次开采结束后的应力分布云图可以发现，围岩经过多次采动影响，卸压效果得到进一步提升。顶板方向卸压范围的高度没有增加，仍以相近的卸压角向采空区方向收敛。底板方向卸压区范围的深度随着煤层下行开采而增加，卸压角有所增大，但仍收敛在 90°以内。近距离煤层群下行开采，相邻底板煤层完全得到卸压，远处煤层只受到轻微开采扰动，不因多次开采而破坏煤层结构，有利于各煤层循序渐进地开采。值得注意的是，开采区域两端煤柱形成应力集中区，下部工作面布置时需要缩短工作面长度或在应力集中区加强支护，做好防治煤壁片帮和冒顶措施。近距离煤层群下行卸压开采，煤柱应力集中区受多次采动影响，高应力经过反复叠加作用，演化规律复杂，下行煤层工作面采掘系统设计将面临难题。

2.2.2　近距离煤层群下行卸压开采裂隙场演化特征

1. 首采煤层 8 煤开采

如图 2-6 所示，8 煤工作面初采阶段，受开采影响，工作面前方煤体受应力集中影响产生压缩变形。煤层顶板悬露，在岩层自重和上覆荷载作用下发生弯曲变形。

当 8 煤工作面推进至 32m 时，顶板悬露尺度较大，在中部开裂形成“假塑性岩梁”，部分悬露岩体内部受到一定程度的拉伸破坏。直接顶为厚度 2.5m 的砂质泥岩，其完整性较好，不易垮落，与上部细砂岩层产生一定的离层量，随着开采步距的增加，离层量也在不断变大。顶板裂隙高度发育的同时，8 煤底板也产生一定的裂隙并扩展至 7 煤顶板岩层。

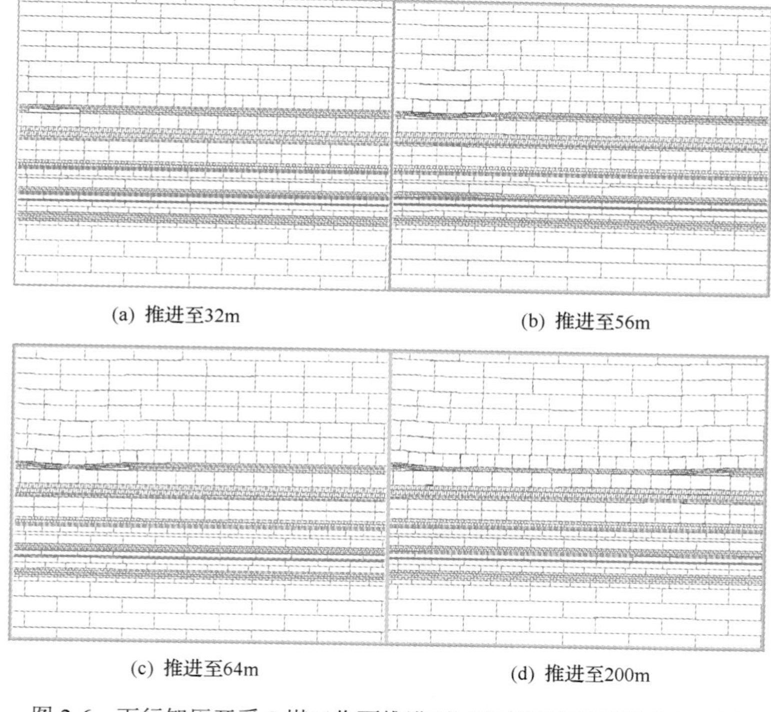

(a) 推进至32m　(b) 推进至56m

(c) 推进至64m　(d) 推进至200m

图 2-6　下行卸压开采 8 煤工作面推进不同距离顶底板裂隙分布云图

当 8 煤工作面推进至 56m 时，岩层弯曲变形产生的拉应力达到其抗拉强度，岩层由弯曲下沉发展至拉伸破坏。顶板砂质泥岩层沉降值超过“假塑性岩梁”允许沉降值时，悬露岩层自行冒落，并与其上部细砂岩层产生较大的离层量，出现第一次基本顶破断。顶板裂隙影响高度达到 13～14m，底板影响深度达到 7 煤。

当 8 煤工作面推进至 64m 以后，由于顶板岩梁在第一次来压中从中部产生拉伸破断，开切眼侧岩梁在煤壁支撑作用下形成砌体梁结构，工作面侧岩梁形成悬臂梁支撑上覆岩层的重量。随着开采步距的增加，顶板悬露跨度增大，上覆岩层又会出现周期性垮落现象，周期性来压步距为 16～24m。

当 8 煤工作面推进至 96～200m 时，裂隙影响高度和深度基本不变，其发育范围趋于稳定(顶板裂隙影响高度为 29m 左右，底板裂隙影响范围达到 6 煤顶板，深度为 18m 左右)。

2. 下煤层 7 煤开采

7 煤工作面推进不同距离顶底板裂隙分布特征如图 2-7 所示，7 煤围岩裂隙的形成、发育、加密、扩展过程及分布特征与 8 煤开采有一定的相似性。受到 8 煤工作面开采的影响，7 煤顶板岩层已经受到一次应力加卸载的作用，开采前就有一定程度的裂隙发育。7 煤受采动影响后其顶底板裂隙发育速度较快，裂隙扩展的高度及深度都有所增加，但随着工作面的推进，这种发育趋势在逐渐减缓。

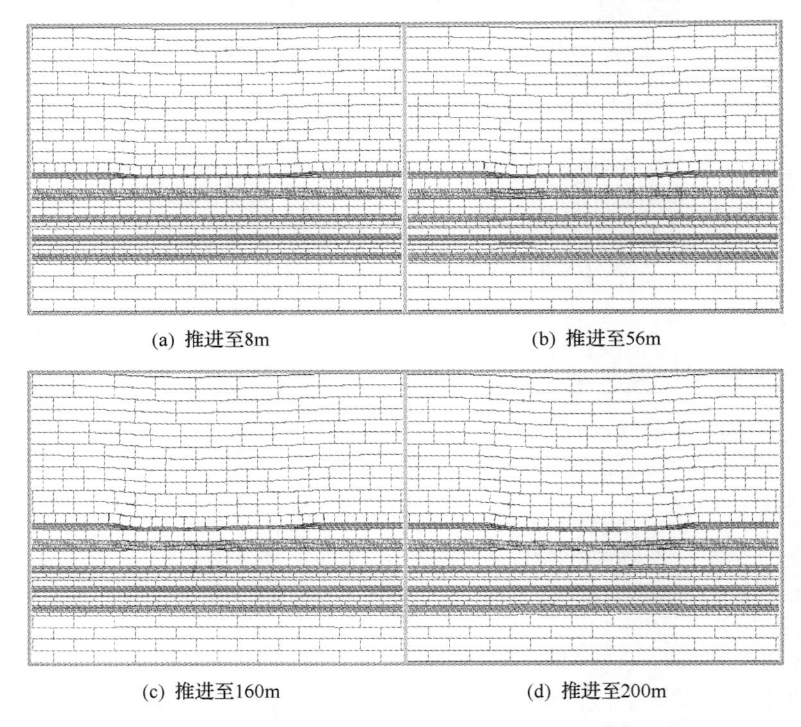

(a) 推进至8m　　(b) 推进至56m

(c) 推进至160m　　(d) 推进至200m

图 2-7　下行卸压开采 7 煤工作面推进不同距离顶底板裂隙分布云图

3. 底部煤层 4 煤开采

由于 6 煤、5 煤开采过程中采动裂隙演化规律同 7 煤开采类似，不做单独分析。在 8 煤、7 煤、6 煤、5 煤开采的基础上进行 4 煤开采，4 煤工作面推进不同距离顶底板裂隙分布特征如图 2-8 所示。

在上煤层开采后的基础上进行开采，4 煤开采过程中裂隙形成、发育、加密、扩展特征与 7 煤、6 煤、5 煤开采有一定的相似性，顶板裂隙场演化经历了初采阶段裂隙的生成、顶板下沉阶段裂隙的加密、顶板初次垮落阶段裂隙的贯通与扩展、顶板周期性垮落阶段较远后方裂隙的闭合和后上方裂隙的扩展。

受到上覆煤层多次采动、顶底板岩性及工作面采高等因素的影响，4 煤顶底板裂隙产生和贯通的速度较快，顶板新产生的裂隙发育高度较大，在完全开采完 4 煤后，上覆岩层整体垮落较明显。

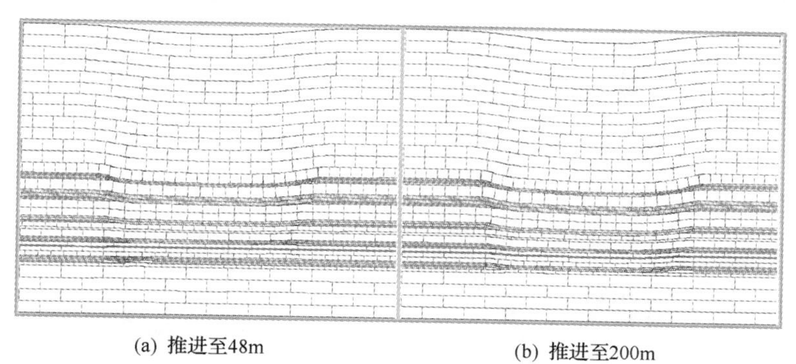

(a) 推进至48m　　(b) 推进至200m

图 2-8　下行卸压开采 4 煤工作面推进不同距离顶底板裂隙分布云图

对比数次开采结束后的顶底板裂隙分布云图可以发现，受多次采动的影响，围岩裂隙密度增大，与应力分布云图相吻合，卸压效果得到有效提高。顶板方向裂隙区高度不再增加，以相近的卸压角向采空区收敛。底板方向裂隙发育深度随着煤层下行开采层数的增加而增加，影响深度约 20m，即裂隙发育影响至下一邻近煤层。近距离煤层群下行开采，相邻底板煤层裂隙较发育，远处煤层裂隙发育不明显，不因多次开采破坏煤层结构，有利于各煤层循序渐进地开采。同时，若煤层间距较远(大于 20m)，开采煤层厚度较小，裂隙发育范围达不到底板煤层，卸压效果将需进一步验证。

2.2.3　近距离煤层群下行卸压开采高应力演化特征

结合近距离煤层群工程地质条件，采用 FLAC3D 数值模拟软件，构建近距离煤层群下行卸压开采数值模型，获得了下行卸压开采过程中煤岩体应力场分布特征(图 2-9)。

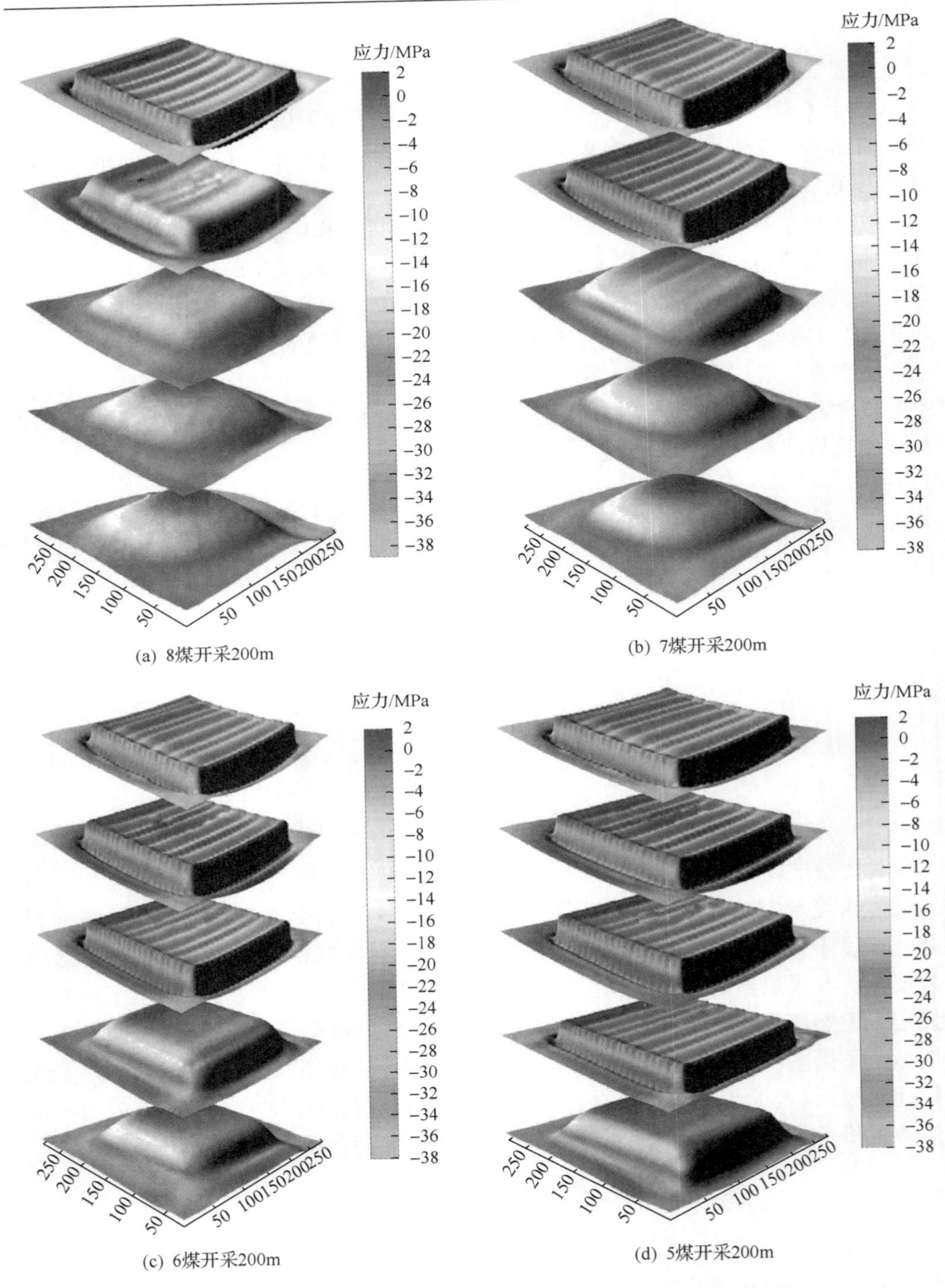

(a) 8煤开采200m

(b) 7煤开采200m

(c) 6煤开采200m

(d) 5煤开采200m

图 2-9　下行卸压开采不同煤层后高应力分布规律(文后附彩图)

煤层采出后，由于围岩应力的转移或释放，围岩应力状态将改变，采空区四周煤柱形成应力集中区，采空区范围内形成卸压区且呈环形分布的特点，应力最小值出现在采空区中部偏向下顺槽一侧。上部煤层的开采造成相邻下煤层应力场剧烈变化，采空区四周应力增高区范围呈现出条带式分布，采空区边界的应力梯度较大。采空区应力释放区呈现环形分布特点，呈现出上覆煤层采空区的大致形状，随着煤层间距的增大，环形卸压区域明显减小。

随着煤层间垂直距离的增加，上煤层开采对下煤层的煤岩层扰动越来越弱。开采 8 煤造成下煤层的煤岩层产生局部卸压环形区域，但随着煤层间距的增大，这种卸压效果逐渐减弱，特别是对 4 煤卸压影响程度较小；开采 7 煤造成下煤层应力场再一次发生重新分布，采空区四周应力增高区范围进一步减小，采空区应力释放区仍呈现环形分布特点，7 煤开采较 8 煤开采对 4 煤顶底板应力场扰动程度强，应力释放范围有所增大。6 煤、5 煤开采所造成的应力场具有与上煤层开采相似的演化特征。

煤层开采结束后，开采煤层四周应力增高区范围呈现出条带式分布特征，尤其是采空区边界的应力梯度较大，其底板区域应力释放区呈现环形分布特点，但随着底板煤层距离的增加，应力分布逐渐被均化，环形卸压区域明显减小。

2.2.4　下行卸压开采高应力演化特征相似材料试验[75]

为研究近距离煤层群下行卸压开采高应力演化特征及煤柱应力集中区对下行煤层工作面开采的影响，根据潘二矿深部近距离煤层群 8 煤和 6 煤的地质与开采技术条件，设计了下行卸压开采的二维相似材料试验模型，对 8 煤和 6 煤开采引起的采动应力变化进行监测。系统分析了 8 煤开采与下行 6 煤开采后的采场围岩采动应力、岩层运移及不规则煤柱对采动应力演化的影响，获得了近距离煤层群 8 煤下行卸压开采其顶底板采动高应力演化特征及 6 煤回采期间覆岩运移、采动应力裂隙演化和来压特征，从而得出了下行卸压开采不规则煤柱对采动应力、裂隙分布的影响规律。该规律不仅为以采动高应力演化为主导作用的煤岩体动力灾害防治提供了理论基础，也为卸压开采采场参数设计与优化提供了技术支撑。

1. 相似材料模型构建

根据试验的对象、目的及研究内容，并结合实验室现有的条件，选取平面应变试验平台，其长×宽×高=4.0m×0.4m×1.3m，即模拟的岩层高度为 130m。

基于潘二矿西四采区开采 8 煤与 6 煤的工程地质条件，根据现场和试验模型的实际情况，取几何相似比 C_L=1∶100，容重相似比 C_γ =1∶1.6，应力相似比 C_σ =1∶160。试验采用沙子、石灰、石膏为相似模拟材料的主要成分。通过煤岩物理力学试验的参数和大量不同配比试件的抗压试验，选定材料力学性能和合理配比进行相似材料模型的搭建，相关模拟试验物理力学参数与相似材料模型配比见表 2-2，其中开采煤层即 8 煤、6 煤以黑色岩层标记，而 9 煤、7 煤设置为非采煤层，只做煤层铺设，不进行开采研究。

表 2-2　相似模拟试验物理力学参数与相似材料模型配比

序号	岩性	原型						相似材料模型			
		厚度/m	累厚/m	抗压强度/MPa	抗拉强度/MPa	容重/(kN/m³)	总质量/kg	分层材料质量/kg			
								沙子	石灰	石膏	水
24	砂砾层	14.0	130.0	18.0	1.2	26.00	373.5	333.5	8.0	18.0	14.0
23	风化细砂岩	25.0	116.0	20.0	2.3	26.48	666.1	595.5	13.6	32.0	25.0
22	风化泥岩	9.0	91.0	23.0	1.1	24.32	240.2	214.4	5.1	11.7	9.0
21	粉细砂岩	6.0	82.0	40.0	3.2	26.98	160.1	142.9	7.8	3.4	6.0
20	泥岩	9.5	76.0	25.6	2.8	25.43	253.5	226.3	5.4	12.3	9.5
19	粉细砂岩	3.0	66.5	45.0	3.2	26.98	80.1	71.5	3.9	1.7	3.0
18	砂质泥岩	2.5	63.5	35.0	1.2	25.49	66.7	59.6	1.4	3.2	2.5
17	9 煤	1.0	61.0	15.0	0.5	13.50	26.7	23.8	0.6	1.3	1.0
16	泥岩	3.8	60.0	25.6	2.8	25.43	101.5	90.5	2.2	5.0	3.8
15	细砂岩	1.5	56.2	80.0	6.8	27.00	40.0	34.4	2.4	1.6	1.6
14	泥岩	4.0	54.7	25.6	2.8	25.43	106.7	95.3	2.2	5.2	4.0
13	砂质泥岩	2.2	50.7	35.0	1.2	25.49	58.6	52.4	1.2	2.8	2.2
12	细砂岩	6.5	48.5	80.0	6.8	27.00	173.2	149.1	10.4	6.8	6.9
11	泥岩	2.0	42.0	25.6	2.8	25.43	53.3	47.6	1.1	2.6	2.0
10	8 煤	3.0	40.0	15.0	0.3	13.50	80.1	71.5	1.7	3.9	3.0
9	泥岩	2.0	37.0	25.6	2.8	25.43	53.3	47.6	1.1	2.6	2.0
8	粗中砂岩	4.0	35.0	80.5	3.9	28.42	106.6	91.8	6.4	4.2	4.2
7	泥岩	1.8	31.0	25.6	2.8	25.43	48.0	42.9	1.0	2.3	1.8
6	7 煤	2.6	29.2	15.0	0.4	13.50	69.3	61.9	1.4	3.4	2.6
5	泥岩	2.5	26.6	25.6	2.8	25.43	66.7	59.6	1.4	3.2	2.5
4	细粉砂岩	6.8	24.1	95.0	4.1	27.31	181.5	158.0	11.6	4.8	7.1
3	中砂岩	5.8	17.3	80.5	3.9	28.42	154.9	133.1	9.3	6.3	6.2
2	6 煤	2.5	11.5	15.0	0.3	13.50	66.7	59.6	1.4	3.2	2.5
1	泥岩	9.0	9.0	25.6	2.8	25.43	240.0	214.4	5.0	11.6	9.0

对于相似材料模型上未能模拟的上覆岩层厚度，需用加载的方法来模拟，平面模型试验采用机械杠杆式，按照 6 煤埋深 600m 计算相似材料模型所需的补偿载荷总共是 P_M=11.66kN。

8 煤、6 煤开采位置示意图如图 2-10 所示，8 煤开采前期进行长短面交替开采留下不规则煤柱。为研究煤柱对采动应力分布的影响，模拟试验平台两端各留设 60cm 的边界煤柱，以消除模型边界效应，则有效试验开采长度为 280cm。采用跳采方式开采 8 煤，先开采 50cm，留 30cm 煤柱；然后继续开采 90cm，留 20cm 煤柱；最后再开采 90cm。待 8 煤开采完毕稳定后，连续开采 6 煤，开采长度为 280cm(图 2-11)。每次开采距离为 5cm，即模拟现场每天推进 5m。

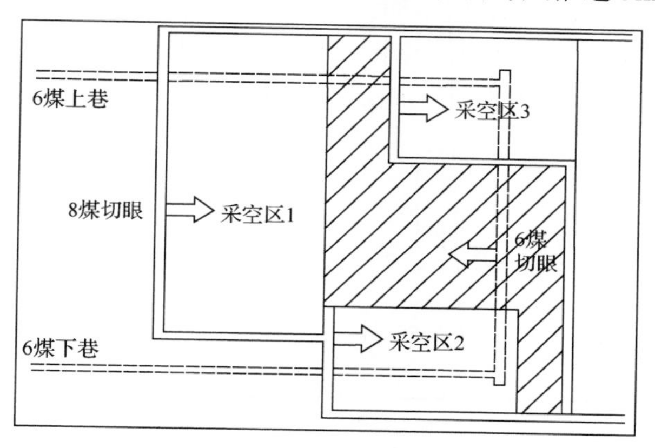

图 2-10　8 煤、6 煤开采位置示意图

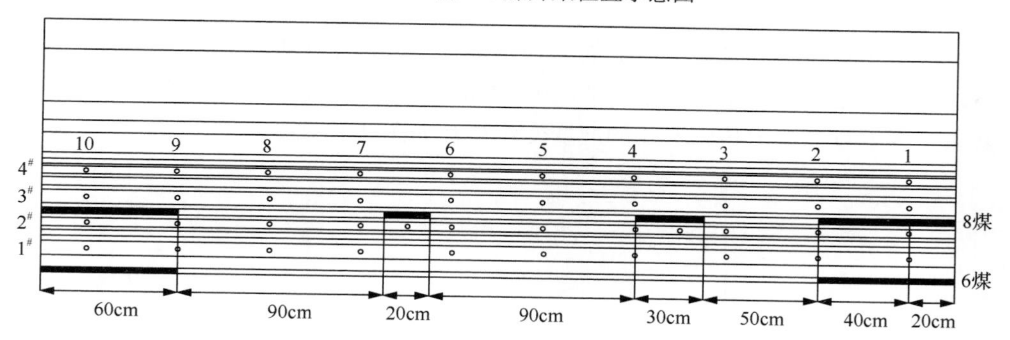

图 2-11　压力传感器布置及开采示意图

∘-压力盒；1#、2#、3#、4#-测线标号

2. 采动应力演化特征

按图 2-11 中的方案对 8 煤进行开采，并留下不规则煤柱。如图 2-12 所示，处于煤柱下方的压力传感器测出对应区域的应力要明显比其他压力传感器测得的应力大，煤柱边缘下方的压力传感器测得应力次之，而处在采空区下方的压力传感器测得的应力最小。这完全符合“压力拱”应力分布规律，证实了煤柱处应力集中现象及增压区、卸压区的存在，应力分布特征也符合两层煤初次来压的特点。

位于推进了 50m 的采空区下方的应力比处于推进了 90m 的采空区下方的应力

则小得多。这说明在一定范围内两个煤柱之间的开采空间越小，采空区面积越小，则采空区上覆岩层运移越小、无法压实，采空区应力也就越小，应力在煤柱处集中现象越明显，增压区和减压区的应力差别越大。

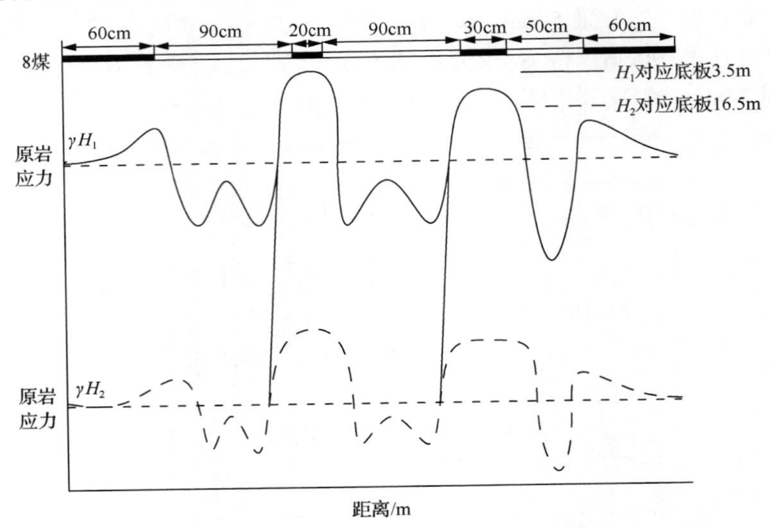

图 2-12　8 煤开采后底板不同深度应力分布曲线示意图

压力传感器 3（图 2-11，1#-3）布置在边界煤柱和第 1 个遗留煤柱之间的采空区下，处于卸压区。6 煤工作面在推进至 75m、进入煤柱下方时初次来压，这期间其采空区上方的压力传感器 3 的应变变化特征如图 2-13 所示。

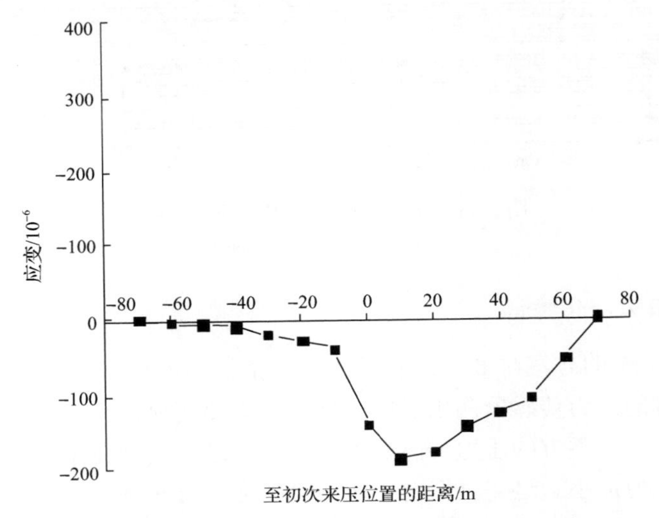

图 2-13　压力传感器 3 在初次来压前后的应变变化特征

横轴负值表示工作面前方位置，纵轴负值表示小于原始应变

压力传感器 3 的应变逐渐减小，说明其所在的这个区域并不受超前应力的影响。随着工作面推进至距离初次来压位置 10m 时，应变迅速减小；在初次来压后又推进了 10m 时，应变才逐渐增大；直到工作面离开煤柱 25m 时，煤柱处岩层逐渐垮实，压力传感器 3 所在区域的应变值才恢复到 6 煤未采时的大小，说明煤岩层应力恢复至原岩应力状态。

6 煤工作面在前期回采过程中，顶板已经处于 8 煤开采卸压区，随着工作面的推进，采空区顶板应力减小，直到工作面推进至离开煤柱 25m 后应力才恢复到 6 煤未采时的应力大小。这种情况在一定程度上加剧了顶板大面积悬空不垮、进入煤柱后顶板大面积来压的危险性。

压力传感器 6(图 2-11，1#-6) 与压力传感器 3 一样也处在煤柱之间的采空区下，不同的是压力传感器 6 处在垮落比较充分的采空区下，受压力拱的影响较小。如图 2-14 所示，工作面前方应变相对较大，表现出了工作面推进过程中的超前应力集中现象。这说明如果煤柱之间的开采空间很大，采空区顶板岩层垮落比较充分，煤柱处应力集中系数降低。

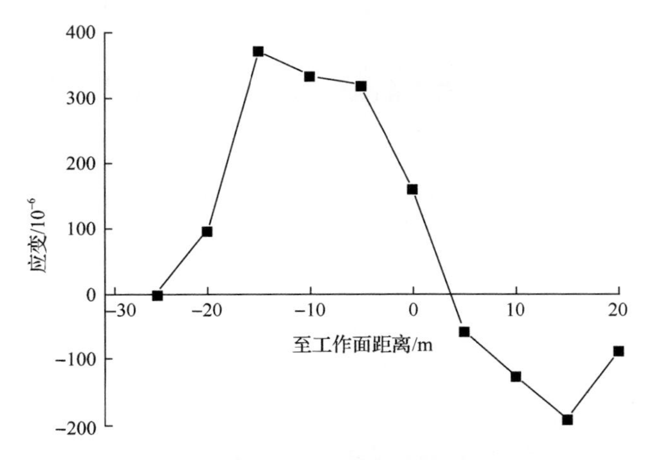

图 2-14　压力传感器 6 在 8 煤采动影响下的应变变化特征

横轴负值表示工作面前方位置，纵轴负值表示小于原始应变

3. 围岩变形破坏特征

如图 2-15、图 2-16 所示，煤柱和煤柱底板都出现了不同程度的破坏，而煤柱两边的采空区底板则没有出现破坏迹象，这些情况都说明煤柱处应力集中，采空区顶底板为卸压区。8 煤开采遗留的煤柱和煤柱间有限的开采空间，形成压力拱式的应力分布，出现了明显的增压区和卸压区。

从图 2-17 可以看出，开采 6 煤时，从开切眼到开采至 75m，基本顶仍未初次来压，出现了大面积未垮落的顶板，采场覆岩积蓄了大量的势能。从图 2-18 可以

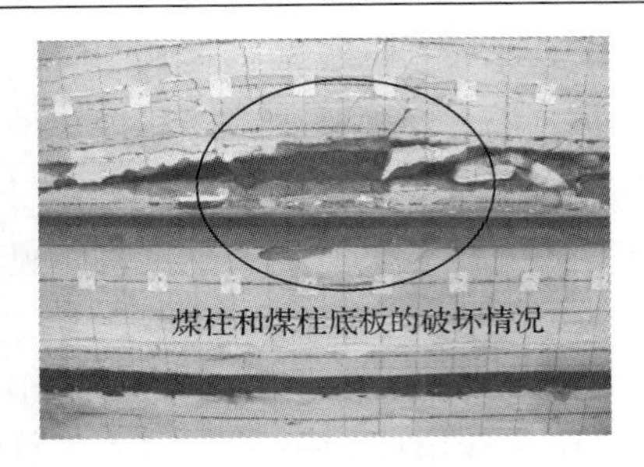

图 2-15　煤柱和煤柱底板的破坏

图 2-16　煤岩层间裂隙

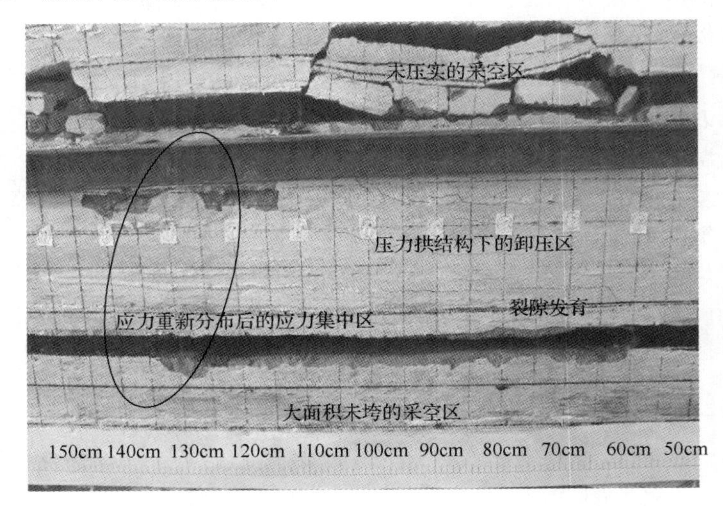

图 2-17　6 煤初次来压前期

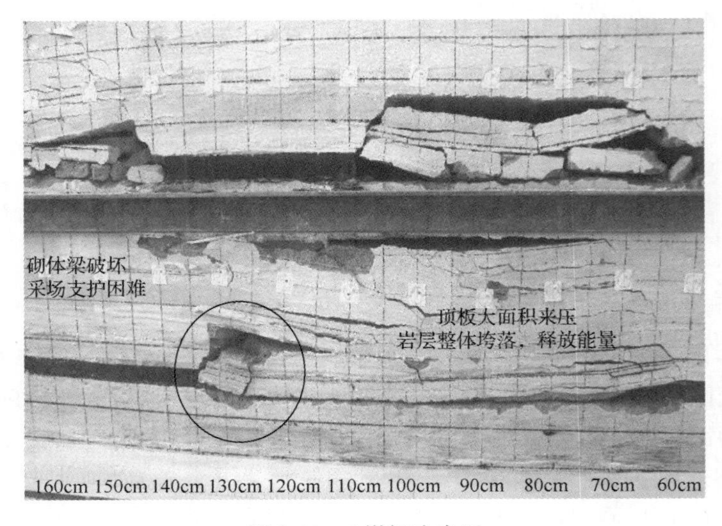

图 2-18　6 煤初次来压

看出，在开采到 75m 后，工作面突然来压，6 煤顶板到 8 煤底板之间的岩层呈现整体垮落的特征。8 煤和 6 煤之间的煤层间距只有 22～27m，8 煤初次来压步距为 40～50m，6 煤初次来压步距却达到了 75m。

相对于近距离煤层，8 煤留煤柱开采所引起的应力集中必然会对下部的 6 煤开采造成影响。从图 2-17 可以看出，在 8 煤煤柱后方存在未压实的采空区，导致上覆岩层应力不能直接传递到 6 煤，在 8 煤下方出现卸压区，导致出现大面积悬露的采空区；然而 8 煤煤柱两侧的采空区应力均被解除并转移到煤柱顶底板的一定范围内，煤柱范围内必然出现较高的应力集中。如图 2-18 所示，6 煤开采 70m 至 8 煤留设煤柱正下方时，在 6 煤上方岩层的自重力、6 煤开采前方高应力及煤柱内集中应力的叠加效应下，其顶板出现大面积来压，并伴随着大量能量的释放，原来采空区由低应力区及煤柱下方高应力区恢复至原岩应力区，实现了应力场的重新分布。

然而岩层整体垮落带来的应力重新分布必然会对现场支护造成较大的困难。一方面，支架需要承受瞬间的高应力冲击；另一方面，煤柱范围内的集中应力被释放会使煤壁方受到较大剪切应力的影响，使得砌体梁结构被破坏，导致支架需要承受跨度、高度都较大的不规则岩块的重量。因此，在实际生产中要尽量避免在叠加高应力区域开采，或者采取放顶措施以防止采场剧烈来压造成压架事故的发生。

2.3　近距离煤层群上行卸压开采应力裂隙演化特征

煤炭采出后引起围岩应力重新分布，在一定范围内，覆岩结构的完整性遭到破坏。巷道围岩稳定性和上煤层开采过程中覆岩运移规律、应力与裂隙动态演化特征较单一煤层开采时不同，尤其是近距离煤层群上行开采时，覆岩受到多次采动形成的加卸载作用，情况越加复杂。以潘二矿西四采区近距离煤层群(8 煤、7 煤、6 煤、5 煤、4 煤)工程地质条件为背景，采用数值模拟对煤层群上行卸压开采应力–裂隙动态演化特征进行分析，获得了近距离煤层群上行卸压开采采动应力演化的叠加效应与均化效应及裂隙演化规律。需要说明的是，近距离煤层群上行卸压开采必须进行卸压开采可行性判定，而本章试验的主要目的是探究近距离煤层群在上行卸压开采多次采动影响下，应力场、裂隙场及高应力演化规律的异同，并根据数值模拟结果判断其上行卸压开采的可行性。

2.3.1　近距离煤层群上行卸压开采应力场演化特征

1. 首采煤层 4 煤开采

图 2-19 为上行卸压开采 4 煤工作面推进不同距离顶底板应力分布云图。

随着工作面的推进，围岩应力平衡状态被打破，覆岩产生变形和破坏，顶底板岩层的应力向围岩转移。煤层顶板出现垂直应力集中区和卸压区，随着向上高度的不断增加，应力集中和卸压程度逐渐降低，应力分布趋于平稳。采空区周围空间形成应力拱，采空区的上部和下部卸压区边界呈现拱形分布(应力拱内为卸压区)。

当4煤工作面推进至80m之前，随着工作面的推进，采空区围岩中卸压区高度和宽度不断增加，直至初次来压后基本顶垮落，应力得到释放与转移。在此阶段，竖直方向应力影响深度及高度无明显变化，整体应力分布无明显变化。当4煤工作面推进至80～200m时，卸压区依然随着工作面的推进不断前移，应力降低区逐渐恢复至原岩应力状态且恢复区域不断增大。

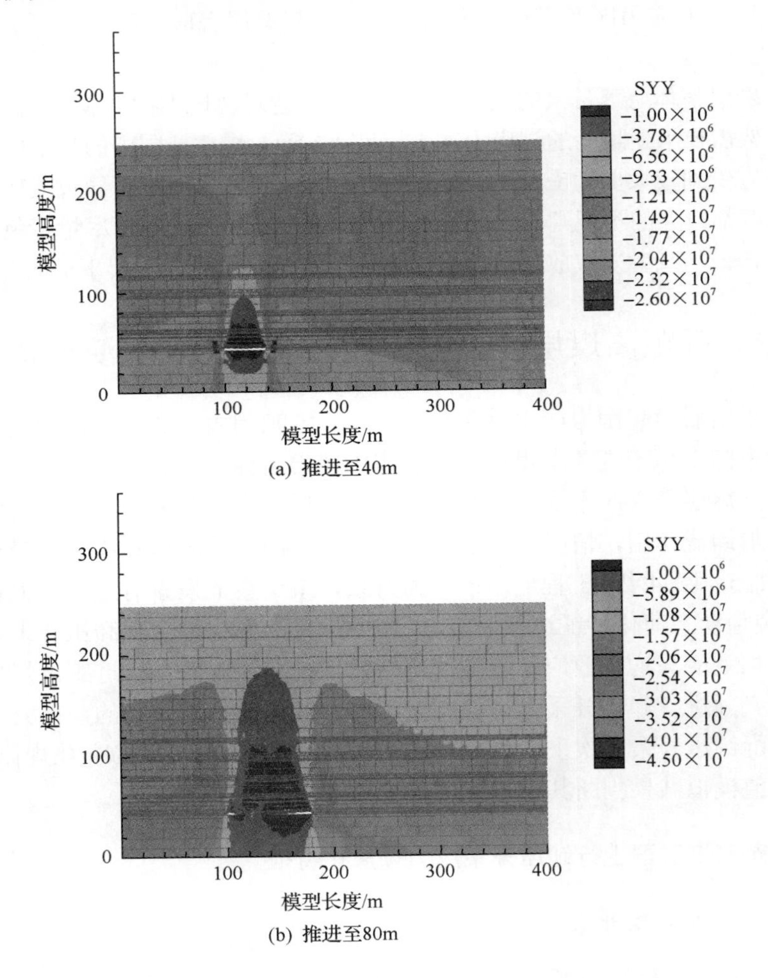

(a) 推进至40m

(b) 推进至80m

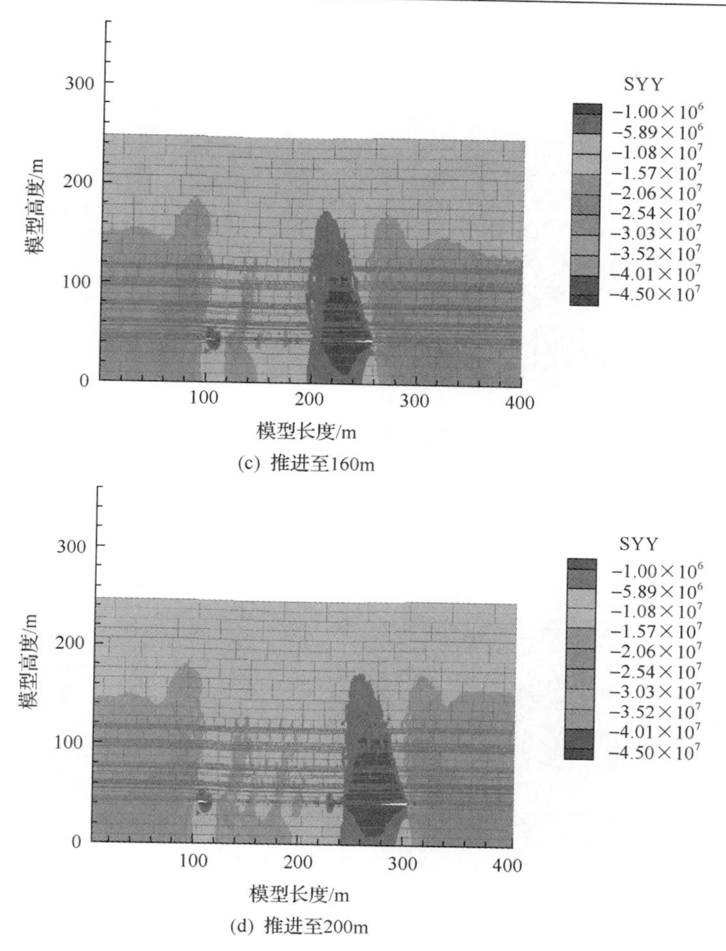

(c) 推进至160m

(d) 推进至200m

图 2-19　上行卸压开采 4 煤工作面推进不同距离顶底板应力分布云图(文后附彩图)

4 煤基本顶破断垮落后，拱形卸压区初步分离成前后两个部分，后一部分卸压区逐渐远离工作面在开切眼侧随着时间的推移逐步减小至最小后稳定下来；在采空区后上方及底板下方，前一部分卸压区形成基本稳定形态及范围且随着工作面的推进不断递进。基本顶未垮落失稳之前，随着工作面推进距离的增加，卸压区高度与深度不断增加，但随着与采空区垂直距离的增大，卸压效果减弱，卸压区范围减小。在开采过程中沿煤层走向的卸压区范围以一定大小的卸压角度向高度和深度方向收敛；基本顶破断后，卸压区的高度及深度不再延伸。

2. 5 煤开采

在 4 煤开采的基础上进行 5 煤开采，如图 2-20 所示，为上行卸压开采 5 煤工作面推进不同距离顶底板应力分布云图。开采初期时，顶板卸压区高度为 8m 左

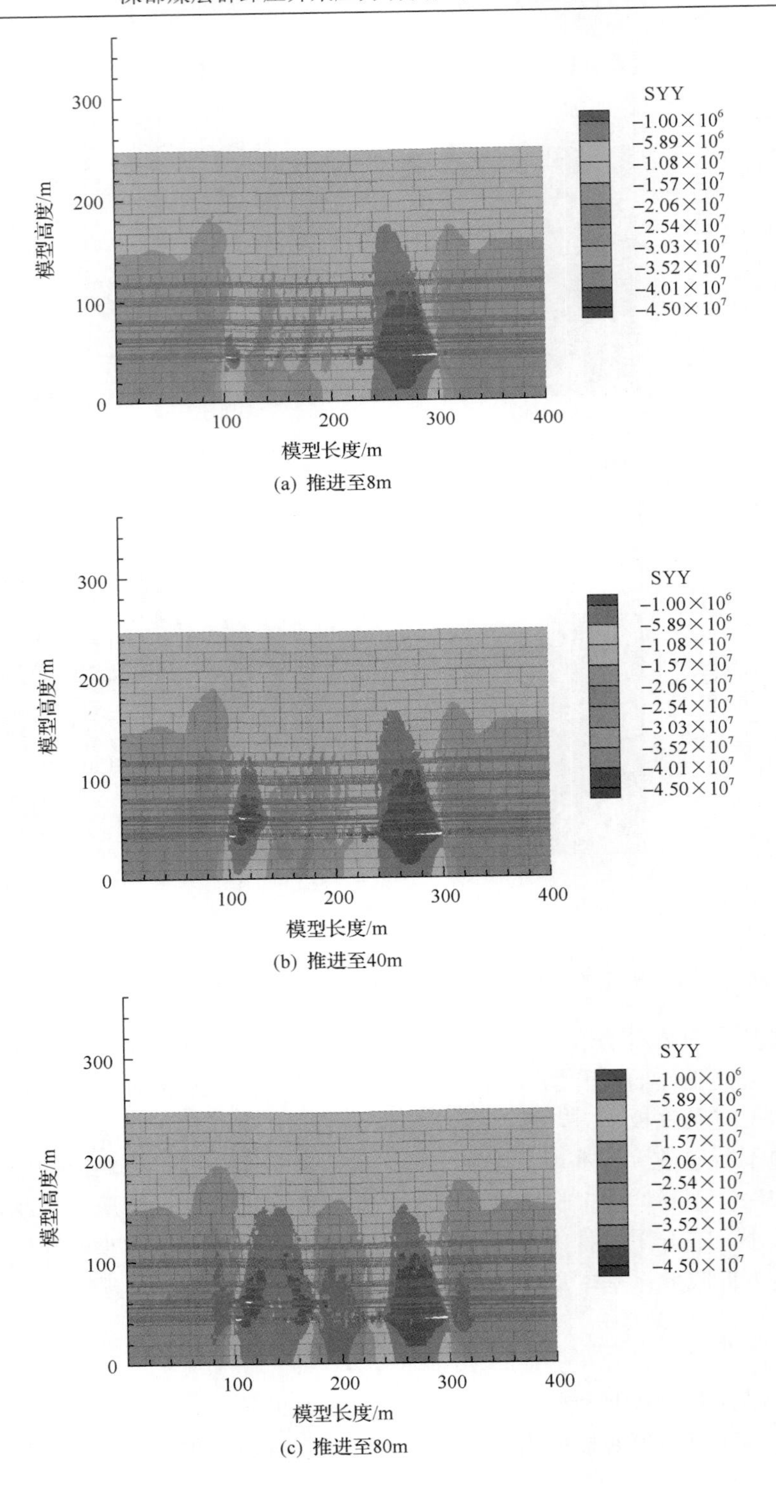

(a) 推进至8m

(b) 推进至40m

(c) 推进至80m

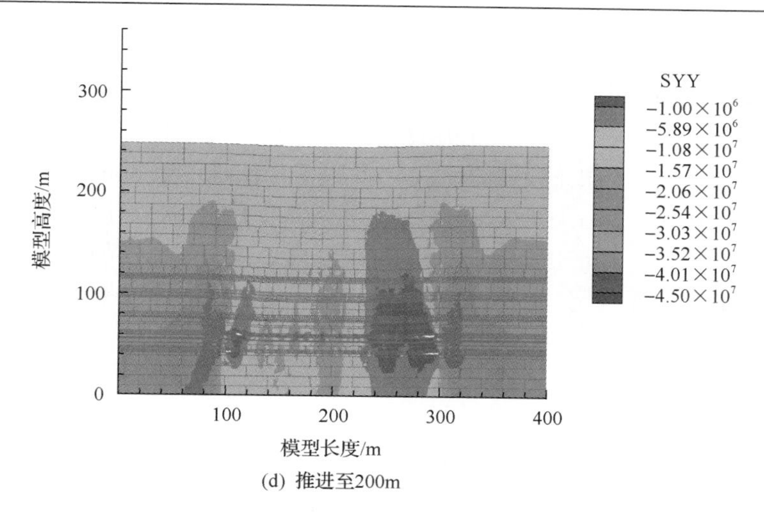

(d) 推进至200m

图 2-20　上行卸压开采 5 煤工作面推进不同距离顶底板应力分布云图(文后附彩图)

右，底板卸压区深度为 7m 左右，卸压区范围较小，卸压效果并不明显。与 4 煤开采相似，卸压区随着工作面的推进走向范围不断增大，并且沿着卸压角向底板深部及顶板方向收敛发育。

当 5 煤工作面推进至 40m 时，顶板悬顶段跨度达到极限后基本顶完全垮落，工作面侧向应力集中程度增加。在此过程中，卸压区范围不断扩大，煤壁侧及工作面侧应力集中程度进一步增加，顶板产生明显的卸压效果。当 5 煤工作面推进至 80～200m 时，拱形卸压区沿走向呈现周期性递进，采空区后方上覆岩层出现周期性垮落，卸压区域随之不断减小，部分区域应力分布状态不同程度恢复，应力集中区不断扩大，在 5 煤采空区内形成若干个尺寸较小的拱形卸压区。

下煤层开采后进行上煤层开采，即在下煤层采动影响条件下进行上煤层开采，其应力演化过程分为先局部后整体叠加演化的规律。5 煤开采与 4 煤开采具有相似的演化规律，即开采初期拱形卸压区形成，而后慢慢扩大，基本顶破断垮落后卸压区范围进一步扩大至高峰后稳定，随着工作面的推进，拱形卸压区沿走向方向周期性前移。

在进入整体发育阶段后，受煤层采动应力的影响，5 煤采动应力分布规律是建立在 4 煤残余应力恢复区的基础之上，具有叠加演化特征即近距离煤层群上行卸压开采，上覆煤层开采的应力演化规律是基于下伏煤层开采之后应力场分布之上的。

3. 6 煤开采

在开采完 4 煤与 5 煤的基础上进行 6 煤开采，图 2-21 为上行卸压开采 6 煤工作面推进不同距离顶底板应力分布云图。6 煤工作面初采阶段，应力卸压范围较 5 煤开采时有所增大，卸压效果也较 5 煤明显，证明上行开采过程中下煤层对上煤层开采具有一定的影响，即应力演化具有复合叠加规律。

当 6 煤工作面推进至 80m 时，基本顶周期性来压，应力得到释放和转移，拱形卸压区高度发展至 8 煤上方，卸压区深度发展至 4 煤底板下方。在此阶段，卸压区的高度及深度达到极值不再增加。当 6 煤工作面推进至 80m 以后，采空区后方岩层逐步被压实，卸压区应力逐渐恢复至原岩应力状态。拱形卸压区被压实区域分隔成两个或多个局部拱形卸压区，切眼侧拱形卸压区范围随着岩层的压实而减小，岩层稳定后而稳定，工作面侧拱形卸压区随着工作面的推进而向前移动。

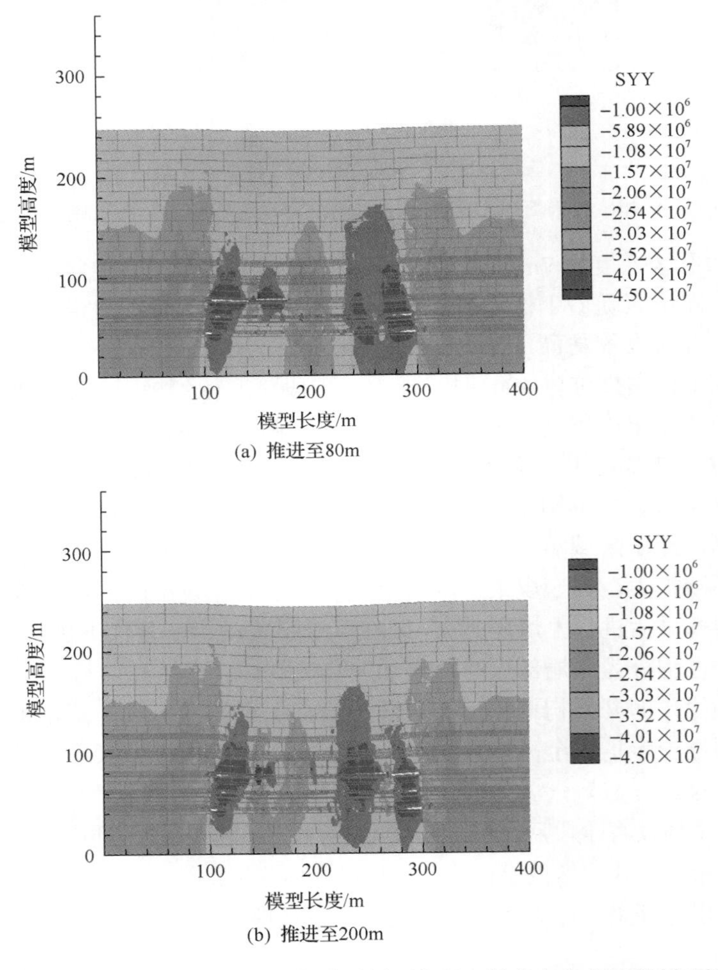

图 2-21　上行卸压开采 6 煤工作面推进不同距离顶底板应力分布云图(文后附彩图)

对 4 煤、5 煤与 6 煤开采过程中采动应力演化特征进行分析，得到拱形卸压区的高度与深度(底板)随着工作面的推进分为线性增加、突变增加、趋于稳定 3 个演化过程。工作面初采阶段，卸压区范围随着工作面的推进呈线性增加；当基本顶破断时，上覆岩层结构失稳，岩层大范围下沉变形，卸压区范围突然增大；当工作面推进一定距离之后拱形卸压区的高度与深度都不在增加，采空区中部有压实现象，卸压区范围大小基本保持不变。

5 煤、6 煤的开采是在底板煤层开采之后的卸压区或者应力集中区进行的，煤层顶底板受一次或多次采动影响，岩层易失稳变形，卸压区范围的扩展比一次采动快。近距离煤层群上行卸压开采拱形卸压区是以卸压角向采空区侧收敛，拱形卸压区范围内煤岩层经过多次卸压作用，卸压程度得到提高，而两端煤柱由于高应力的叠加效应，应力集中系数将增大。7 煤、8 煤开采的采动应力演化规律与 6 煤开采时基本相同，不再详细阐述。

对比数次开采结束后的应力分布云图可以发现，顶板方向卸压区高度随着煤层群的上行开采而增加，以相近的卸压角向采空区收敛。近距离煤层群上行开采，覆岩受自重及上覆荷载作用向采空区运移，形成“三带”，对覆岩的破坏程度强于相同垂直距离的底板岩层，有利于上覆高瓦斯煤层的瓦斯抽采。但是，在近距离煤层群上行开采条件下，上覆煤层受到多次采动影响或处于相邻煤层垮落带内，煤层结构将被破坏，不利于煤层开采。同时，开采区域两端煤柱形成应力集中区，上煤层工作面布置时需要缩短工作面长度或在应力集中区加强支护，做好防治煤壁片帮和冒顶措施。近距离煤层群上行开采，煤柱应力集中区受多次采动影响，高应力经过反复叠加或者卸载，演化规律复杂，上煤层工作面回采系统应尽量避免处于该区域，以保证安全高效生产。

2.3.2　近距离煤层群上行卸压开采裂隙场演化特征

应力平衡被破坏后必将引起上覆煤岩体的横向及纵向变形和破坏，煤岩层发生运移，产生大量采动裂隙。随着时空效应演化，平行煤岩层方向采动裂隙逐渐闭合，纵向剪切变形促使煤岩层发生台阶式错动，破坏了上覆煤岩层的结构。实践证明，覆岩变形和破坏具有明显的分带特征，自下而上分别为垮落带、裂隙带和弯曲下沉带。在下煤层单一煤层开采过程中，采场覆岩会形成拱形裂隙区域并随着工作面的推进不断演化。在上行顺序开采上煤层的过程中，因纵向剪切变形形成的采动煤岩层上下台阶式移位效应产生叠加，煤岩层运移及破坏规律将变得复杂。

1. 首采煤层 4 煤开采

上行卸压开采 4 煤工作面推进不同距离顶底板裂隙分布云图如图 2-22 所示。工作面初采阶段，因前后煤壁在一定范围内产生集中应力的影响，直接顶悬露并在重力作用下产生弯曲。随着工作面的推进，直接顶与基本顶之间出现微弱的离层现象。当 4 煤工作面推进至 40m 以后，基本顶初次来压，煤岩层的移动伴随着横向离层和纵向裂隙的形成，裂隙主要分布在移层错位严重的煤壁前后方。

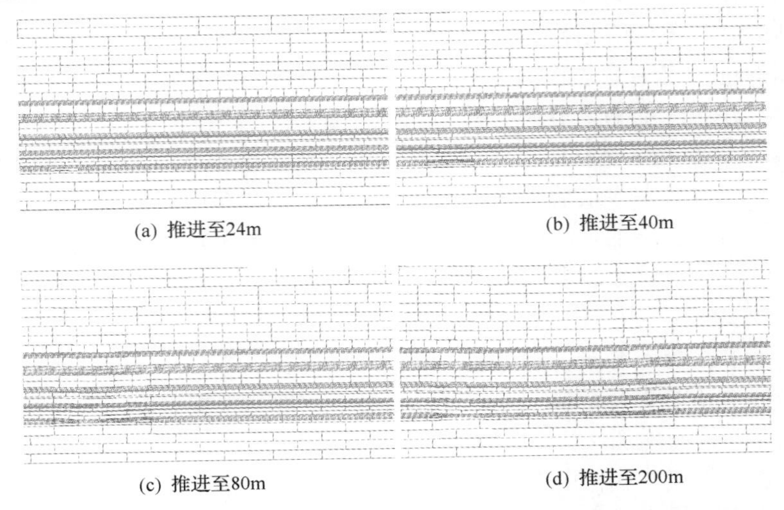

图 2-22　上行卸压开采 4 煤工作面推进不同距离顶底板裂隙分布云图

当 4 煤工作面推进至 80m 时，顶板上方岩层开始逐渐发生离层和垮落，形成拱形裂隙区，覆岩移动范围越来越大，采场上方的裂隙逐步向上方煤岩体深部扩张。充分采动后，拱形裂隙区在纵向上不再继续向上扩张，最大高度达到弯曲下沉带边缘。随着工作面的推进，采空区中部离层逐渐压实、闭合，形成前后两个拱形裂隙区，即压实区前后方均形成拱形裂隙区。开切眼侧拱形裂隙区不再发展，工作面侧拱形裂隙区随着工作面的推进而前移，这与卸压区演化特征一致。

2. 5 煤开采

在 4 煤开采的基础上进行 5 煤开采，上行卸压开采 5 煤工作面推进不同距离顶底板裂隙分布云图如图 2-23 所示。当 5 煤工作面推进至 40m 之前时，工作面一直处于下位 4 煤开切眼煤壁形成的应力集中区内，砌体梁起到支撑上覆煤岩层载荷的作用。随着工作面的推进，煤壁侧应力集中呈线性增加，最终使 5 煤顶板上方砌体梁结构失稳，应力向采空区四周的支承结构转移。此时，5 煤裂隙发育在 4 煤开采稳定后的裂隙区域内，“三带”高度并未发生改变。随着工作面的继续推进，采空区煤壁侧顶板上方岩层裂隙高度发育且密度不断增加直至最大，并伴随拱形裂隙区的形成不断演化。

随着 5 煤工作面的继续推进，拱形裂隙区不断前移，纵向上裂隙发育高度不断上升，平行岩层方向出现离层现象并与破断裂隙纵横交错，远离工作面侧的采空区后方逐渐被压实。随着采空区上覆岩层出现周期性破断失稳现象，拱形裂隙区随着工作面的推进演化成开切眼侧较为稳定的拱形裂隙区和工作面侧拱形裂隙区。前者因远离工作面，所以分布形态较为稳定，后者随着工作面的推进不断向前推移演化，两者之间的离层裂隙及破断裂隙逐渐被压实。受到 4

煤采动的影响，远离煤壁侧采空区上方区域岩层整体性下沉，应力集中程度减小，因此对上位煤层的开采起到卸压作用。

5 煤开采的岩层移动及裂隙分布特征与 4 煤开采时具有相似性。但受到 4 煤采动的影响，5 煤在开采前顶底板就有一定程度的裂隙发育，且底板较顶板裂隙发育程度高，岩层整体结构性强度减弱。其裂隙发育是建立在 4 煤的“三带”基础之上的，因此 5 煤受到下层煤采动的影响，裂隙发育速率较 4 煤快，裂隙扩展的高度和深度有所减弱，随着开采的推进，这种发育趋势在增强。6 煤、7 煤开采，采动裂隙发育过程和分布特征与 5 煤相似，不再详细描述。

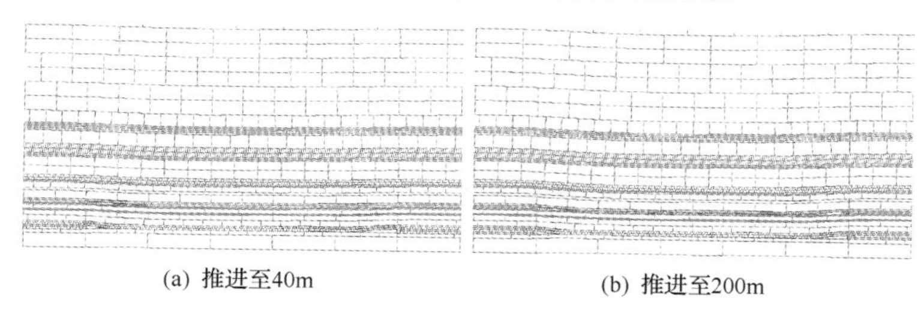

(a) 推进至40m　(b) 推进至200m

图 2-23　上行卸压开采 5 煤工作面推进不同距离顶底板裂隙分布云图

3. 8 煤开采

在 4 煤、5 煤、6 煤、7 煤上行顺序开采结束的基础上进行 8 煤开采，上行卸压开采 8 煤工作面推进不同距离顶底板裂隙分布云图如图 2-24 所示。当 8 煤工作面推进至 40m 之前，裂隙局部发育，上覆岩层中形成砌体梁承载结构。随着工作面的推进，采空区悬顶长度不断增加直至承载重量达到悬臂梁承载极限时发生初次垮落。基本顶破断后，裂隙带发育高度突然增加，裂隙发育由局部阶段进入整体阶段。

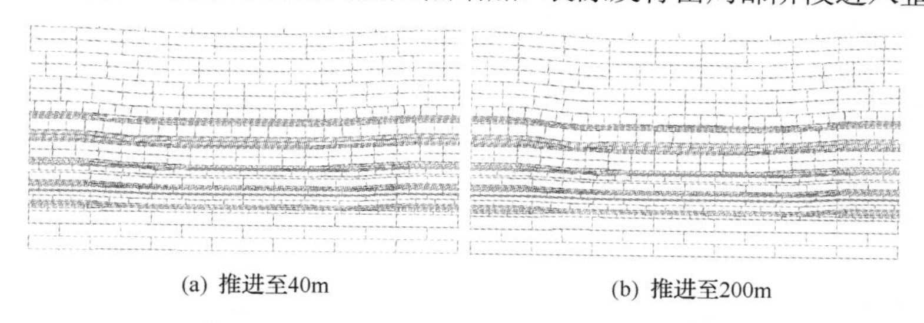

(a) 推进至40m　(b) 推进至200m

图 2-24　上行卸压开采 8 煤工作面推进不同距离顶底板裂隙分布云图

当 8 煤工作面推进至 40m 时，新产生的裂隙与原有的裂隙相互贯通，平行层理方向的离层裂隙与纵向破断裂隙快速发育。采空区中部上覆岩层在自重作用下发生弯曲下沉现象，随着工作面的推进，采空区中部被压实。而此过程中，裂隙发育高度并未有明显的变化。随着采空区上覆岩层的周期性垮落，裂隙发育进入相对稳定阶段。在远离工作面的采空区，岩层逐渐闭合，而其上方裂隙不断形成并与原有的裂隙贯通，向开采方向延伸扩展。当 8 煤工作面推进至 200m 后，采空区特别是中部区域上覆岩层呈整体性下沉趋势，然而裂隙带高度并未有明显改变。

在近距离煤层群上行卸压开采时，受多次采动扰动的影响，8 煤开采裂隙发育程度及影响范围与下位煤层开采产生叠加效应，这种叠加效应是伴随多次开采过程的不断积累而形成的。

对比数次开采结束后的裂隙分布云图可以发现，其与应力分布云图相吻合，受多次采动的影响，围岩裂隙密度增大，裂隙区高度随着煤层群上行开采而增加。近距离煤层群上行开采，覆岩受自重及上覆载荷作用向采空区运移，形成“三带”，对覆岩的破坏程度强于相同垂直距离的底板岩层，裂隙扩展范围超过下行开采时约 20m，上覆煤层受到多次采动影响或处于相邻煤层垮落带内，煤层结构将被破坏，丧失开采条件。

2.3.3　近距离煤层群上行卸压开采高应力演化特征

在近距离煤层群上行卸压开采过程中，上覆煤岩体经历多次应力重新分布并得到有效的卸压。在下煤层采空区上方形成卸压区，上煤层应力整体降低。开采造成较近煤岩体应力场剧烈变化，采空区四周应力增高区范围呈现出条带式分布，采空区边界的应力梯度大。上覆煤层卸压区与下伏煤层采空区在空间上对应，呈现出上覆煤层采空区的大致形状，随着煤层间距的增大，环形卸压区减小，卸压程度降低。

近距离煤层群上行卸压开采时，上覆煤岩体具有应力卸压叠加的演化特征，同时存在应力集中现象的叠加效应。随着上覆煤层开采层数的逐渐增加，所开采

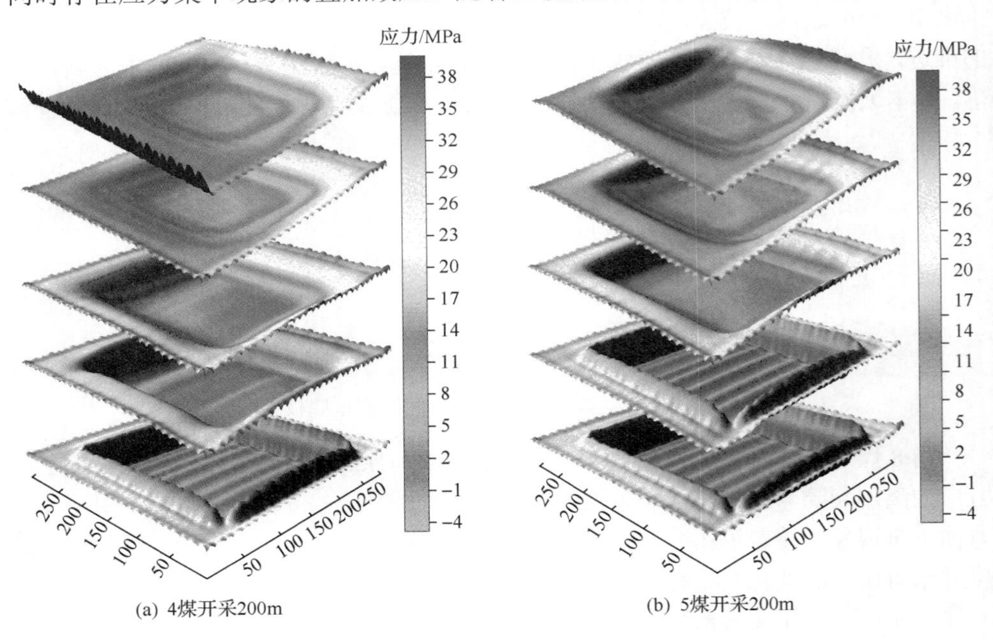

(a) 4煤开采200m　　(b) 5煤开采200m

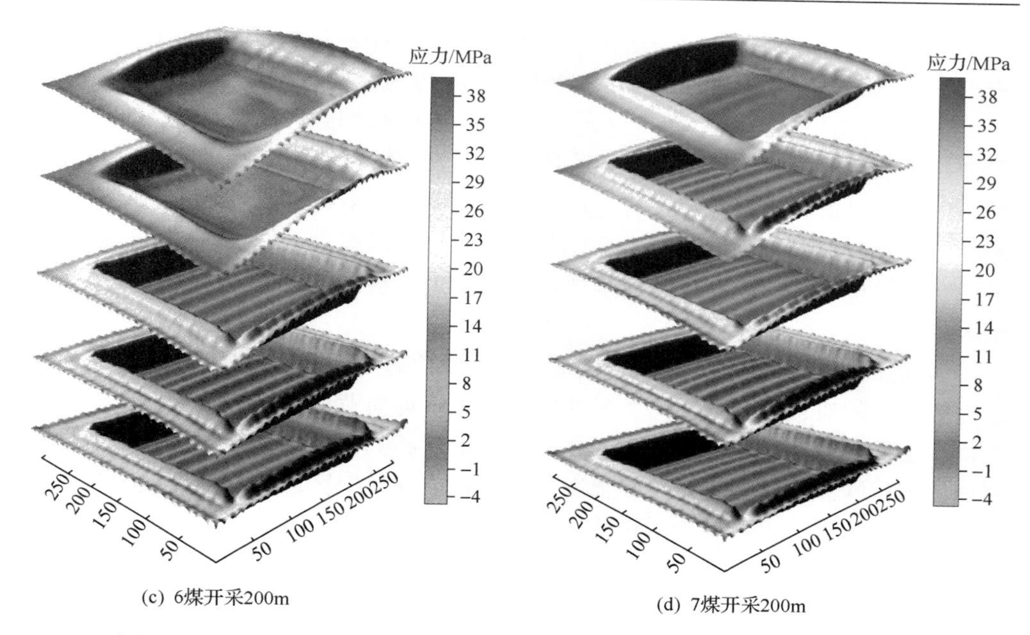

(c) 6煤开采200m

(d) 7煤开采200m

图 2-25　上行卸压开采不同煤层后高应力分布规律(压力为正，文后附彩图)

煤层上方采空区边界应力增加梯度逐渐变大，同时采空区上覆煤岩层卸压也最明显，这种效果随着远离开采煤层而逐渐减弱。其下部开采煤层采空区边界的应力集中程度有所降低，且采空区原卸压区应力有所恢复或高于原岩应力状态，这种效果随着开采深度的增加呈现不断减弱的规律。这种煤岩层随着与开采煤层距离的增加，应力集中后卸压效果减弱的规律称为均化效应，近距离煤层群开采符合均化效应。煤层开采结束后，开采煤层顶板区域及四周应力增高区内呈现出条带式分布特征，尤其是采空区边界的应力梯度较大，其底板区域应力释放区呈现环形分布特征，应力演化具有叠加演化的特征(图 2-25)。

2.4　小　　结

(1) 首采煤层开采后，顶底板岩层形成拱形卸压区。基本顶破断之前，卸压区范围高度随着工作面的推进呈线性增大。基本顶破断后，随着工作面的推进，拱形卸压区逐渐演化成前后两个拱形卸压区，即开切眼侧拱形卸压区与工作面侧拱形卸压区。前者随着工作面的推进，形态趋于稳定；后者随工作面的推进而不断前移变化，两者之前的采空区被覆岩重新压实从而使应力恢复。

(2) 近距离煤层群上行与下行卸压开采具有相似的应力演化特征，即应力场随着煤层多次开采具有叠加效应及纵向远离开采区域的均化效应。煤柱高应力演化同样具有叠加效应，且高应力演化规律难以掌握，实际生产工程中应采取应对措施避免由高应力诱发的冒顶、片帮、冲击矿压及煤与瓦斯突出等煤岩体动力灾害。

(3) 近距离煤层群下行卸压开采顶板方向裂隙区高度不随下伏煤层的开采而增加，宏观裂隙以卸压角向采空区收敛。底板裂隙发育深度随着煤层下行开采而增加，相邻底板煤层裂隙较发育，远处煤层裂隙发育不明显。近距离煤层群上行卸压开采，裂隙发育高度与深度变化凸显出局部缓慢演化、跳跃性扩展和逐渐趋于稳定的过程，裂隙区高度随着煤层群上行开采而增加，宏观裂隙以卸压角向采空区收敛。

(4) 近距离煤层群下行卸压开采主要研究底板卸压区和破坏情况，煤层开采对底板的破坏相对顶板较弱，潘二矿西四采区工程地质背景下模拟结果显示影响深度约为 20m，不影响下一煤层的正常开采。而近距离煤层群上行卸压开采主要研究顶板卸压区和裂隙发育及分布情况，由于覆岩向采空区运移，顶板破坏程度比底板剧烈，邻近的上煤层处于垮落带内或受多次采动影响煤层结构已经破坏，不能直接进行开采。综上所述，采用依次向上的顺序进行近距离煤层群的上行卸压开采是不可行的，开采之前必须对上行卸压开采的可行性进行研究。

第3章　多煤组远程上行卸压开采应力裂隙演化特征

3.1　多煤组煤层群工程地质概况

3.1.1　多煤组远程上行卸压开采工作面布置情况

潘二矿东一采区3煤和4煤平均法向间距为80m，均为高瓦斯、突出煤层，煤系地层平均倾角为13°。被保护层4煤瓦斯含量为7.79m^3/t，瓦斯压力为1.5MPa，f值为0.31～0.75，平均为0.53，平均煤层厚度为3.0m；下保护层3煤瓦斯含量为11.00m^3/t，瓦斯压力为2.6MPa，f值为0.22～0.66，平均为0.45，西二段平均煤层厚度为5.5m，东一段平均煤层厚度为6.5m，采高为5m。A组煤(3煤、1煤)透气性系数为0.230m^2/(MPa^2·d)，4煤透气性系数为0.016m^2/(MPa^2·d)。下保护层首采工作面11223工作面采用走向长壁开采，工作面面长为180m，采高为5m，下顺槽标高为–500.1～–554.8m，上顺槽标高为–460.1～–498.6m，顶板管理采用全部垮落法。

表3-1　3煤与4煤的地质特征

煤层	区段	平均煤层厚度/m	瓦斯含量/(m^3/t)	瓦斯压力/MPa	透气性系数/[m^2/(MPa^2·d)]	f值
4煤		3.0	7.79	1.5	0.016	0.31～0.75
3煤	西二段	5.5	11.00	2.6	0.230	0.22～0.66
	东一段	6.5				

注：3煤和4煤平均法向间距为80m，均为高瓦斯、突出煤层；煤系地层平均倾角为13°。

工作面层位关系：在西二段，11223工作面与11224工作面近似垂直布置；在东一段，11223工作面的正上方为11224工作面的下半部分(下顺槽)和11324工作面上半部分(上顺槽)，东一段11224工作面风巷外错11223工作面风巷70m布置。图3-1为工作面布置平面图，图3-2为工作面布置剖面图。图中11223工作面为保护层首采面，11224工作面为被保护层4煤预采工作面，11124工作面为4煤已采工作面。

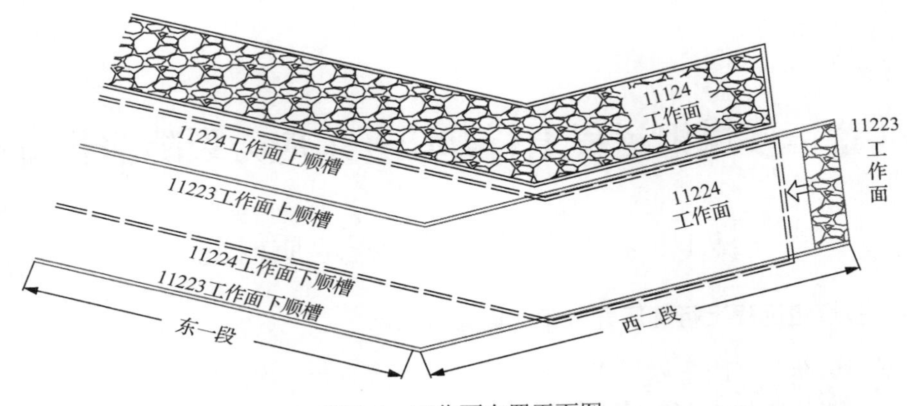

图 3-1　工作面布置平面图

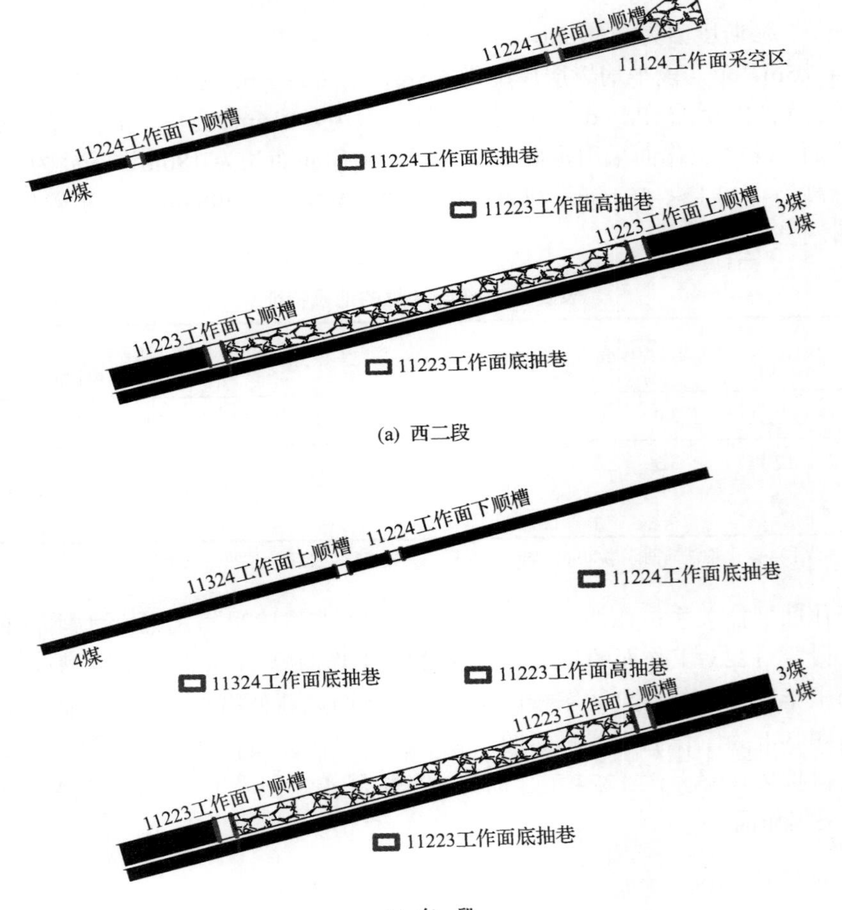

(a) 西二段

(b) 东一段

图 3-2　工作面布置剖面图

3.1.2　多煤组煤层群煤岩结构特征

1. 物理力学参数

在潘二矿东一采区 11223 工作面切眼与西二段和东一段的上、下顺槽等区域分别取心进行实验室试验，测试顶底板物理力学参数。将测得的结果与收集的矿井地质资料统计分析，获得了 11223 工作面顶底板的物理力学参数，如图 3-3 所示，其中煤的力学参数由实验室捣碎法和现场资料获得。

岩组	序号	岩性	柱状图	厚度/m	密度/(kg/m^3)	弹性模量/GPa	抗压强度/MPa	抗拉强度/MPa	泊松比
岩组3	20	4-2煤		1.00	1460	2.43	4.20	0.35	0.31
岩组3	19	泥岩		1.00	2533	10.45	21.00	1.40	0.30
岩组3	18	4-1煤		3.50	1460	2.43	4.20	0.35	0.31
岩组3	17	泥岩		6.80	2533	10.45	21.00	1.40	0.30
岩组3	16	细砂岩		1.30	2684	24.03	55.30	3.90	0.19
岩组3	15	砂质泥岩		3.65	2605	16.90	43.50	2.00	0.23
岩组3	14	泥岩		3.25	2567	11.37	21.00	1.40	0.32
岩组3	13	花斑状泥岩		3.80	2433	6.39	22.50	1.50	0.23
岩组3	12	鲕状泥岩		1.01	2433	6.39	22.50	1.50	0.23
岩组3	11	铝质泥岩		3.43	2433	6.39	22.50	1.50	0.23
	关键层3	粗砂岩		12.01	2704	15.15	61.40	5.60	0.13
岩组2	9	砂质泥岩		5.00	2565	21.64	43.50	2.00	0.27
岩组2	8	泥岩		4.80	2567	11.37	21.00	1.40	0.32
	关键层2	粉砂岩		6.50	2720	18.01	55.30	3.90	0.21
岩组1	6	粉砂质泥岩		5.65	2565	21.64	43.50	2.00	0.27
岩组1	5	粉细砂岩		2.00	2705	9.86	55.30	3.90	0.18
岩组1	4	泥岩		5.60	2689	10.45	21.00	1.40	0.30
岩组1	3	粉砂岩		3.60	2720	18.01	55.30	3.90	0.21
岩组1	2	粉细砂岩		3.20	2705	9.86	55.30	3.90	0.18
岩组1	关键层1	中粗砂岩		4.60	2741	27.46	61.40	5.60	0.15
		粉砂质泥岩		2.05	2565	21.64	40.00	2.00	0.27
		3煤		5.00	1460	2.43	4.08	0.34	0.31
		砂质泥岩		1.50	2605	16.90	43.50	2.00	0.23
		1煤		3.50	1460	2.43	4.08	0.34	0.31
		砂质泥岩		2.20	2494	16.90	43.50	2.00	0.23

(a) 西二段

岩组	序号	岩性	柱状图	厚度/m	密度/(kg/m³)	弹性模量/GPa	抗压强度/MPa	抗拉强度/MPa	泊松比
岩组2	16	砂质泥岩		4.02	2565	21.15	24.40	1.60	0.22
岩组2	15	4-2煤		0.80	1460	2.43	4.20	0.35	0.31
岩组2	14	泥岩		1.00	2433	10.45	22.80	1.90	0.30
岩组2	13	4-1煤		3.00	1460	2.43	4.20	0.35	0.31
岩组2	12	泥岩		8.50	2433	10.45	22.80	1.90	0.30
岩组2	11	互层		2.81	2558	21.64	20.40	1.70	0.19
岩组2	10	泥岩		5.20	2467	11.37	19.20	1.60	0.32
岩组2	9	花斑泥岩		3.80	2433	6.39	18.00	1.50	0.23
岩组2	8	砂质泥岩		6.70	2565	21.64	24.40	1.70	0.27
岩组2	7	粗砂岩		12.80	2704	15.15	61.40	5.60	0.13
岩组2	6	鲕状泥岩		2.80	2433	6.39	18.00	1.50	0.23
岩组2	关键层2	细砂岩		12.00	2684	20.82	75.60	6.30	0.17
岩组1	4	砂质泥岩		2.20	2505	16.90	32.40	2.70	0.23
岩组1	3	细砂岩		5.70	2684	20.82	75.60	6.30	0.17
岩组1	2	砂质泥岩		2.10	2516	5.94	28.40	3.10	0.26
岩组1	关键层1	砂泥岩互层		6.82	2565	21.64	20.40	1.70	0.19
		砂质泥岩		5.84	2460	6.03	24.40	1.60	0.22
		泥岩		2.00	2389	10.45	16.80	1.40	0.30
		3煤		5.00	1460	2.43	4.08	0.34	0.31
		泥岩		1.50	2389	10.45	16.80	1.40	0.30
		1煤		3.50	1400	2.43	4.08	0.34	0.31
		泥岩		2.20	2389	10.45	16.80	1.40	0.30

(b) 东一段

图 3-3　11223 工作面顶底板物理力学参数

2. 覆岩关键层判定[27]

采动覆岩中的任一层所受载荷除其自重外，一般还受上覆临近岩层相互作用产生的载荷。一般来说，采动岩层的载荷是非均匀分布的，但为了分析问题方便，假设岩层的载荷为均匀分布。以覆岩第一层岩层为例来说明岩层荷载的计算方法。如图 3-4 所示，直接顶上方共有 m 层岩层，各岩层的厚度为 $h_i(i=1, 2, \cdots, m)$，体积力为 $\gamma_i(i=1, 2, \cdots, m)$，弹性模量为 $E_i(i=1, 2, \cdots, m)$。其中第 1 层岩层(编号为 1)所控制的岩层达 n 层。第一层与第 n 层岩层将同步变形，形成组合梁。下面根据组合梁原理对第一层岩层所受载荷的计算公式进行推导。

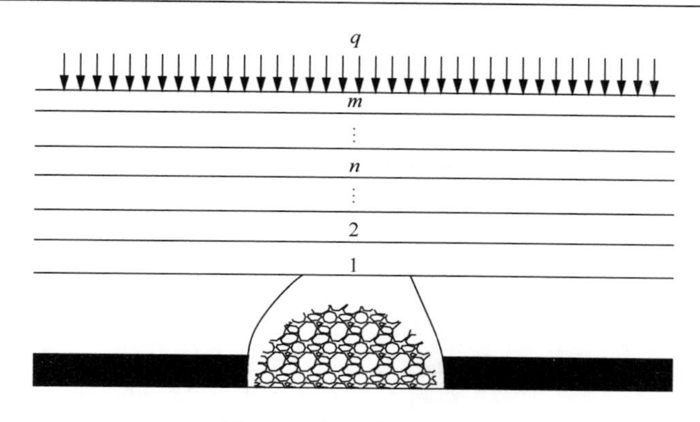

图 3-4　岩层载荷计算图

根据组合梁原理，组合梁上每一截面上的剪切应力 Q 和弯矩 M 都由 n 层岩层各自的小截面负担。其关系为

$$Q = Q_1 + Q_2 + \cdots + Q_n \tag{3-1}$$

$$M = M_1 + M_2 + \cdots + M_n \tag{3-2}$$

但每个岩层梁在其自重作用下形成的曲率是不同的，根据材料力学可知，曲率 $k_i = 1/\rho_i$（ρ_i 为曲率半径），它与弯矩 $(M_i)_x$ 的关系为

$$k_i = \frac{1}{\rho_i} = \frac{(M_i)_x}{E_i J_i} \tag{3-3}$$

此时各岩层组合在一起，上下层的曲率（由于岩层曲率半径较大）必然趋于一致，从而导致各层岩层弯矩形成上述分配。这样便形成了如式(3-4)所示的关系：

$$\frac{M_1}{E_1 J_1} = \frac{M_2}{E_2 J_2} = \cdots = \frac{M_n}{E_n J_n} \tag{3-4}$$

即
$$\frac{(M_1)_x}{(M_2)_x} = \frac{E_1 J_1}{E_2 J_2},\quad \frac{(M_1)_x}{(M_3)_x} = \frac{E_1 J_1}{E_3 J_3}, \cdots,\quad \frac{(M_1)_x}{(M_n)_x} = \frac{E_1 J_1}{E_n J_n}$$

而
$$M_x = (M_1)_x + (M_2)_x + \cdots + (M_n)_x \tag{3-5}$$

$$M_x = (M_1)_x \left(1 + \frac{E_2 J_2 + E_3 J_3 + \cdots + E_n J_n}{E_1 J_1}\right) \tag{3-6}$$

$$(M_1)_x = \frac{E_1 J_1 M_x}{E_1 J_1 + E_2 J_2 + \cdots + E_n J_n} \tag{3-7}$$

$\dfrac{\mathrm{d}M}{\mathrm{d}x}=Q$，则

$$(Q_1)_x=\frac{E_1J_1Q_x}{E_1J_1+E_2J_2+\cdots+E_nJ_n} \tag{3-8}$$

且 $\dfrac{\mathrm{d}Q}{\mathrm{d}x}=q$，则

$$(q_1)_x=\frac{E_1J_1q_x}{E_1J_1+E_2J_2+\cdots+E_nJ_n} \tag{3-9}$$

式中，$q_x=\gamma_1h_1+\gamma_2h_2+\cdots+\gamma_nh_n$；$J_1=\dfrac{bh_1^3}{12}$，$J_2=\dfrac{bh_2^3}{12}$，…，$J_n=\dfrac{bh_n^3}{12}$；$(q_1)_x$ 为考虑到第 n 层对第 1 层影响时形成的载荷，即 $(q_n)_1$。由此得到：

$$(q_n)_1=\frac{E_1h_1^3(\gamma_1h_1+\gamma_2h_2+\cdots+\gamma_nh_n)}{E_1h_1^3+E_2h_2^3+\cdots+E_nh_n^3} \tag{3-10}$$

如图 3-4 所示，第一层岩层为第一层关键层，它的控制范围达到 n 层，则第 $n+1$ 层成为第二层关键层必然满足：

$$q_{n+1}<q_n \tag{3-11}$$

式中，q_{n+1}、q_n 分别为计算到第 $n+1$ 层与第 n 层时，第一层关键层所受载荷。

按照式(3-11)的原则，由下往上逐层判别，直至确定出最上一层可能成为关键层的硬岩层位置，设覆岩共有 k 层硬岩层满足要求。

按照式(3-10)确定出的硬岩层还必须满足关键层的强度条件，即满足下层硬岩层的破断距小于上层硬岩层的破断距，即

$$L_j<L_{j+1}\quad (j=1,2,\cdots,k) \tag{3-12}$$

式中，L_j 为第 j 层破断岩层的破断距；k 为由式(3-10)确定的硬岩层数。

若第 j 层硬岩层不满足式(3-12)，则应将第 $j+1$ 层硬岩层所控制的全部岩层载荷作用到第 j 层上，重新计算第 j 层硬岩层的破断距之后再继续判别。按照式(3-12)的原则，由下往上逐层判别，最终确定出所有关键层的位置。

在一般情况下，弯矩形成的极限跨距要比剪切应力形成的极限跨距小，因此常常按弯矩来计算极限跨距。11223 工作面是潘二矿 A 组煤首采面，应按照固支梁计算：

$$L_1 = h\sqrt{\frac{2R_T}{q_1}} \tag{3-13}$$

式中，L_1 为岩层的极限跨距；R_T 为抗拉强度。

在 11223 工作面西二段，3 煤直接顶上方的第一层岩层(基本顶)为 4.60m 厚的中粗砂岩，则根据式(3-10)与图 3-3 可求得岩层载荷，见表 3-2。根据式(3-11)，$(q_6)_1<(q_5)_1$、$(q_7)_6<q_6$、$(q_9)_7<(q_8)_7$、$(q_{10})_9<q_9$，所以岩层 6、7、9、10 满足成为关键层的必要条件。又根据式(3-12)，计算得出破断岩层的破断距 $L_6<L_1$、$L_9<L_7$，所以岩层 6、9 均不是关键层。而岩层 7、10 满足 $L_7>L_6$、$L_{10}>L_9$，所以岩层 7、10 是关键层。最终得出西二段的关键层为岩层 1、7、10。

表 3-2　关键层位置判别表

区段	可能关键层	岩层载荷/kPa	极限跨距/m	区段	可能关键层	岩层载荷/kPa	极限跨距/m
西二段	岩层 1 岩层 6	q_1=126.09 $(q_2)_1$=189.71 $(q_3)_1$=216.38 $(q_4)_1$=217.33 $(q_5)_1$=239.50 $(q_6)_1$=182.79 q_6=144.92 $(q_7)_6$=141.90	L_1=31.36 L_6=29.68	东一段	岩层 1	q_1=174.93 $(q_2)_1$=225.96 $(q_3)_1$=242.57 $(q_4)_1$=273.11 $(q_5)_1$=110.96	L_1=30.07
	岩层 7 岩层 9	q_7=168.64 $(q_8)_7$=225.73 $(q_9)_7$=218.45 q_9=128.25 $(q_{10})_9$=42.33	L_7=38.21 L_9=27.92		岩层 5	q_5=322.08 $(q_6)_5$=388.69 $(q_7)_5$=390.20 $(q_8)_5$=439.17 $(q_9)_5$=481.60 $(q_{10})_5$=531.98 $(q_{11})_5$=562.31	L_5=75.06
	岩层 10	q_{10}=324.48 $(q_{11})_{10}$=404.23 $(q_{12})_{10}$=428.46 $(q_{13})_{10}$=513.20 $(q_{14})_{10}$=586.20 $(q_{15})_{10}$=657.93 $(q_{16})_{10}$=689.26	L_{10}=48.43				

同理，在 11223 工作面东一段，3 煤直接顶上方的第一层岩层(基本顶)为 6.82m 厚的砂泥岩互层，计算得出东一段的关键层为岩层 1、5。为了便于以后内容的理

解与分析，根据关键层的变形特征与破断特征，将关键层及其伴随岩层划分为一个岩组，划分结果如图 3-3 所示。

本章主要研究了 11223 工作面开采上行卸压 4 煤过程中 3 煤与 4 煤层间覆岩采动应力和采动裂隙演化规律、4 煤卸压效果及厚硬岩层破断对卸压瓦斯抽采的影响。为了便于研究，利用关键层理论仅对比分析东一段与西二段不同覆岩顶板条件下的 4 煤卸压特征，并未对 4 煤顶板以上至地表岩层进行关键层计算，因为计算得出的关键层并不确定是否有主关键层，所以将所计算出的关键层从 3 煤向上依次命名为关键层 1、关键层 2 与关键层 3，其中东一段无关键层 3，西二段关键层 3 距离 4 煤底板 23.25m，详见图 3-3。

3.1.3　多煤组远程上行卸压开采模型构建

1. 物理模型

为了研究上覆煤岩体的应力裂隙演化特征、卸压特征和关键层破断规律，有必要对远程上行卸压开采的应力裂隙演化规律进行研究。理论分析很难准确地掌握上覆煤岩体的应力变化、移动变形和裂隙发育扩展情况，现场试验受限于工程地质条件，试验过程不易开展，而通过相似材料模拟试验可以有效地监测应力变化、覆岩位移和裂隙发育扩展等现场难以观测到的规律。

基于潘二矿 3 煤远程上行卸压开采 4 煤的原型，依据相似理论分别构建了 11223 工作面西二段、东一段走向与倾向的相似材料模型(图 3-5)，对上覆采动煤岩体的应力裂隙演化规律进行研究。模型开挖 3 煤，观测上覆 4 煤的卸压效果，在 4 煤顶底板及关键层所控制的岩组内布置位移测线，观测覆岩运移规律及 4 煤膨胀变形量；在 4 煤及关键层所控制的岩组内布置应力测点，观测覆岩不同层位应力演化规律及 4 煤卸压效果；将高清数码相机固定在同一位置，定时对模型进行拍照，记录采动裂隙演化过程。

(a) 西二段走向

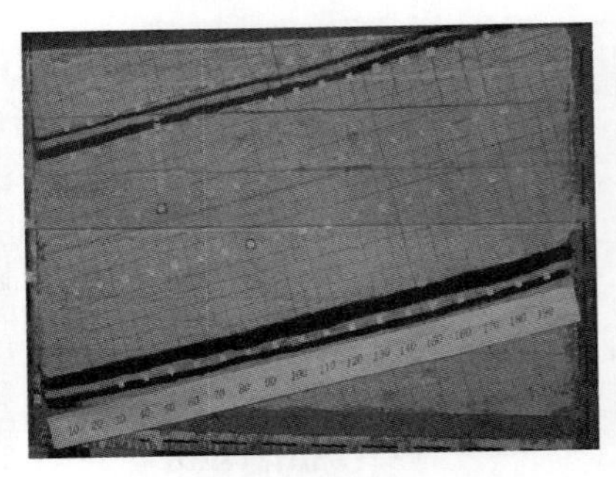

(b) 西二段倾向

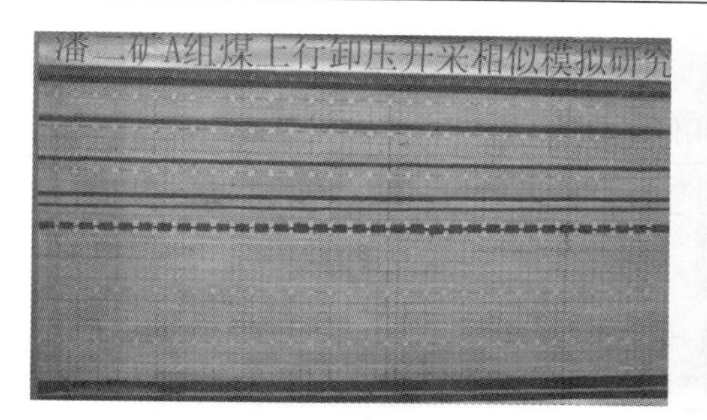

(c) 东一段走向

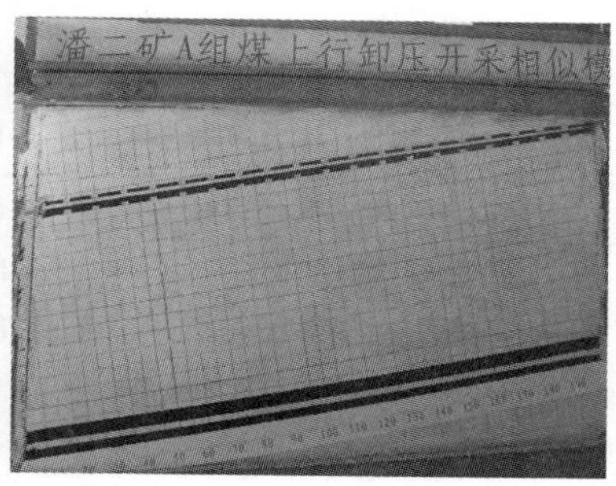

(d) 东一段倾向

图 3-5　相似材料试验模型

试验主要对关键层所在层位(或其控制岩组)及卸压煤层 4 煤的采动应力变化进行观测。本试验应力观测采用应力传感器与 CM-2B-64 静态应变仪测试系统完成。由表 3-3 和表 3-4 可知，每个相似材料模型按照预先设计好的层位铺设应力测线，随着卸压层 3 煤的开采，覆岩原岩应力将被扰动，不同层位的应力测线将全面反映卸压层 3 煤与被卸压层 4 煤之间覆岩的整体应力变化，从而反映相似材料模型开采过程中的高应力演化特征与煤岩体卸压特征。

表 3-3　走向相似材料模型应力测线布置

区段	测线序号	测线层位	压力盒数/个	测点间距/cm
西二段	I	4 煤顶板	19	测点间距 20cm，模型两侧各留 20cm
	II	3 煤顶板 44.8m(关键层 3)	19	
	III	3 煤顶板 24.2m(关键层 2)	19	
东一段	I	4 煤顶板	19	测点间距 20cm，模型两侧各留 20cm
	II	3 煤顶板上方 36.7m(岩组 2)	19	

表 3-4　倾向相似材料模型应力测线布置

区段	测线序号	测线层位	压力盒数/个	测点间距/cm
西二段	I	4 煤顶板	7	1 测点、2 测点、3 测点间隔 20cm，3 测点、4 测点、5 测点间隔 50cm，5 测点、6 测点、7 测点间隔 20cm，4 测点在模型长度中点
	II	3 煤顶板 55m(关键层 3)	7	
	III	3 煤顶板 27m(关键层 2)	7	
东一段	I	4 煤顶板	7	1 测点、2 测点、3 测点间隔 20cm，3 测点、4 测点、5 测点间隔 50cm，5 测点、6 测点、7 测点间隔 20cm，4 测点在模型长度中点
	II	3 煤顶板上方 50.7m(岩组 2)	7	
	III	3 煤顶板上方 27.8m(岩组 1)	7	

本试验采用自制的十字标记作为测点，使用拓普康 GPT-7500 型全站仪观测十字标记，记录覆岩的运移状态。试验主要对关键层所在层位(或其控制岩组)和卸压煤层 4 煤采动影响下煤岩层的运移特征及卸压层 4 煤的膨胀变形进行观测，

测线具体布置见表 3-5 和表 3-6。

表 3-5 走向相似模型位移观测线布置

区段	测线序号	测线层位	测点个数/个	测点间距/cm
西二段	I	4 煤顶板	33	10cm(模型两侧各留 10cm)
	II	4 煤底板	33	
	III	3 煤顶板 44.8m(关键层 3)	33	
	IV	3 煤顶板 24.2m(关键层 2)	33	
东一段	I	4 煤顶板	33	10cm(模型两侧各留 10cm)
	II	4 煤底板	33	
	III	3 煤顶板上方 50.7m(岩组 2)	33	
	IV	3 煤顶板上方 17.8m(岩组 1)	33	

表 3-6 倾向相似模型位移观测线布置

区段	测线序号	测线层位	测点个数/个	测点间距/cm
西二段	I	4 煤顶板	19	10cm(模型两侧各留 10cm)
	II	4 煤底板	19	
	III	3 煤顶板 44.8m(关键层 3)	19	
	IV	3 煤顶板 24.2m(关键层 2)	19	
东一段	I	4 煤顶板	19	10cm(模型两侧各留 10cm)
	II	4 煤底板	19	
	III	3 煤顶板上方 45.8(岩组 2)	19	
	IV	3 煤顶板上方 19.0(岩组 1)	19	

2. 数值试验模型

数值试验模型以潘二矿 3 煤 11223 工作面远程上行卸压开采 4 煤为背景，针对西二段、东一段不同覆岩顶板条件，结合实验室已测各煤岩层的物理力学参数，构建不同覆岩条件下的走向开采模型，重点分析采动过程中西二段、东一段不同覆岩顶板条件下应力场、裂隙场的演化特征及 4 煤的卸压效果。

本次数值试验对西二段、东一段二维走向数值模型分别进行构建，其中模型长度均设置为 400m，模型高度西二段为 199.9m、东一段为 196.03m，模拟采深 500m。为消除边界效应对模拟结果的影响，在模型左右两侧各留设 100m 的边界煤柱。模型边界条件设置如图 3-6 所示，模型底部加固定约束，左右边界采用滚轴边界，顶部边界施加均匀分布载荷模拟模型上方未能模拟的岩层重量，其中西二段施加均布载荷 q_1=7.91MPa，东一段施加均布载荷 q_2=8.28MPa。模型 11223 工作面每次开挖 5m，共开挖 200m，每步计算的最大不平衡力与典型内力的比率小于 10^{-5}，选用莫尔-库仑(Mohr-Coulomb)弹塑性理论模型。

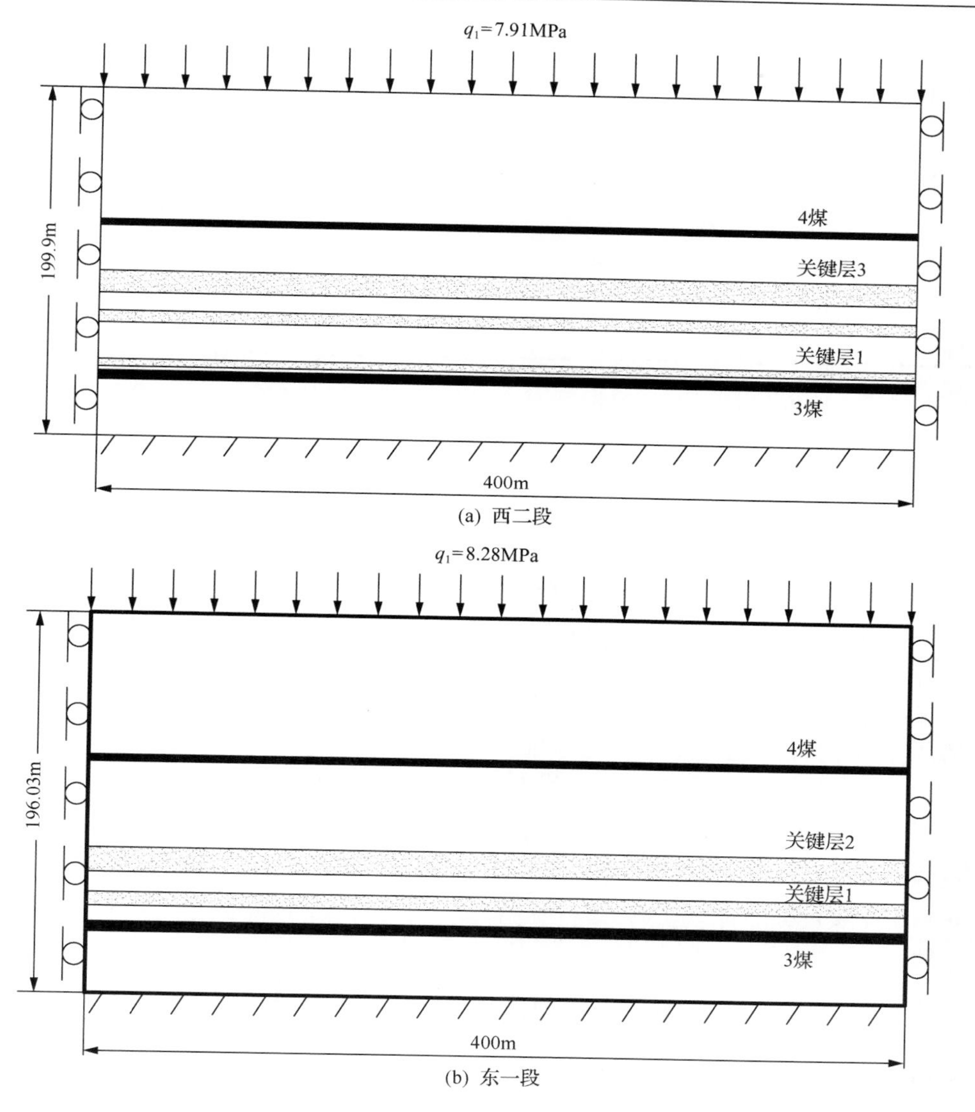

图 3-6　UDEC 数值模拟开采模型示意图

模型长度均为 400m；西二段模型高度为 199.9m；东一段模型高度为 196.03m

3.2　多煤组远程上行卸压开采可行性判断

上行卸压开采时，既要保证卸压煤层有良好的卸压效果，达到安全开采的目的，又要保证卸压煤层的开采条件不被破坏，所以进行 11223 工作面上行卸压开采 4 煤的可行性判断具有重要意义。

根据《保护层开采技术规范》(AQ 1050-2008)，确定保护层与被保护层之间的有效垂距，见表 3-7。

表 3-7 保护层与被保护层之间的有效垂距

煤层类别	最大有效垂距/m	
	上保护层	下保护层
急倾斜煤层	<60	<80
缓倾斜和倾斜煤层	<50	<100

开采下保护层时，上部保护层不被破坏的最小层间距 H_1 可用式(3-14)或式(3-15)确定：

$$\text{当}\ \alpha < 60°\ \text{时，}\quad H_1 = KM_{\text{保}}\cos\alpha \tag{3-14}$$

$$\text{当}\ \alpha \geqslant 60°\ \text{时，}\quad H_1 = KM_{\text{保}}\sin(\alpha/2) \tag{3-15}$$

式中，H_1 为允许采用的最小层间距，m；$M_{\text{保}}$ 为保护层开采高度，m；α 为煤层倾角，(°)；K 为顶板管理系数，当采用全部垮落法管理顶板时，K 取 10，采用充填法管理顶板时，K 取 6。

可以求得最小层间距为：H_1=10×5m×cos13°=48.72m。

潘二矿 3 煤与 4 煤之间平均垂距为 80m，煤层倾角为 13°，在最大有效垂距 100m 以内，同时大于上部保护层不被破坏的最小层间距为 48.72m，由此判定 3 煤远程卸压开采 4 煤是可行的。

3.3 多煤组上行卸压开采相似模拟试验

3.3.1 走向模型应力演化特征

针对西二段覆岩结构特征，主要对岩组 1、岩组 2 和 4 煤顶板的应力进行监测，应力演化特征如图 3-7 所示。在开采初期，采动对 4 煤围岩应力场影响很小，应力分布均匀。随着工作面的推进，对其影响越来越明显，但对 4 煤底板岩层的影响仍不大。在采空区两侧覆岩中均出现了应力集中现象，产生了应力峰值，而在采空区有明显的卸压效应，在远离采场的两侧仍然保持着初始应力。

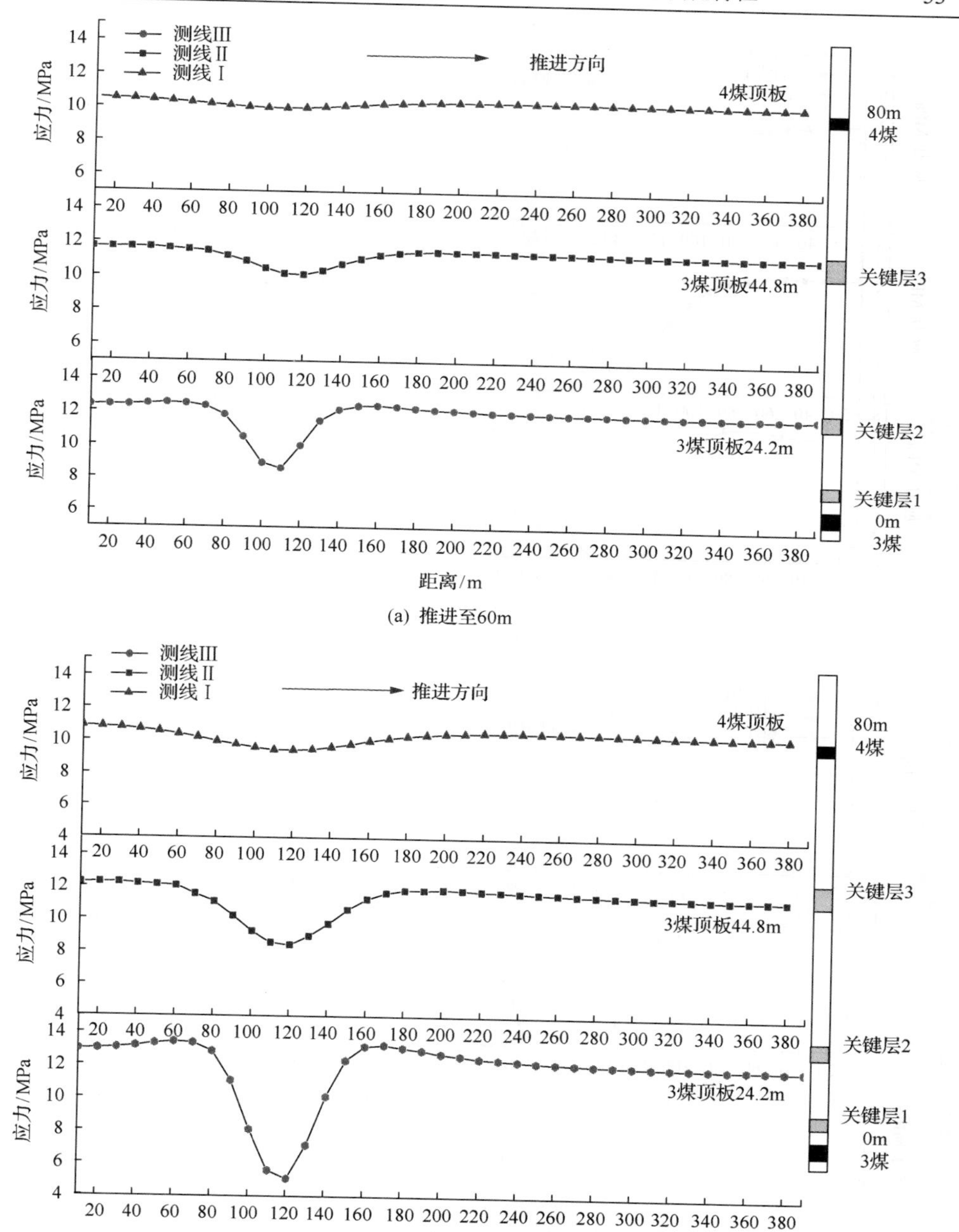

(a) 推进至60m

(b) 推进至80m

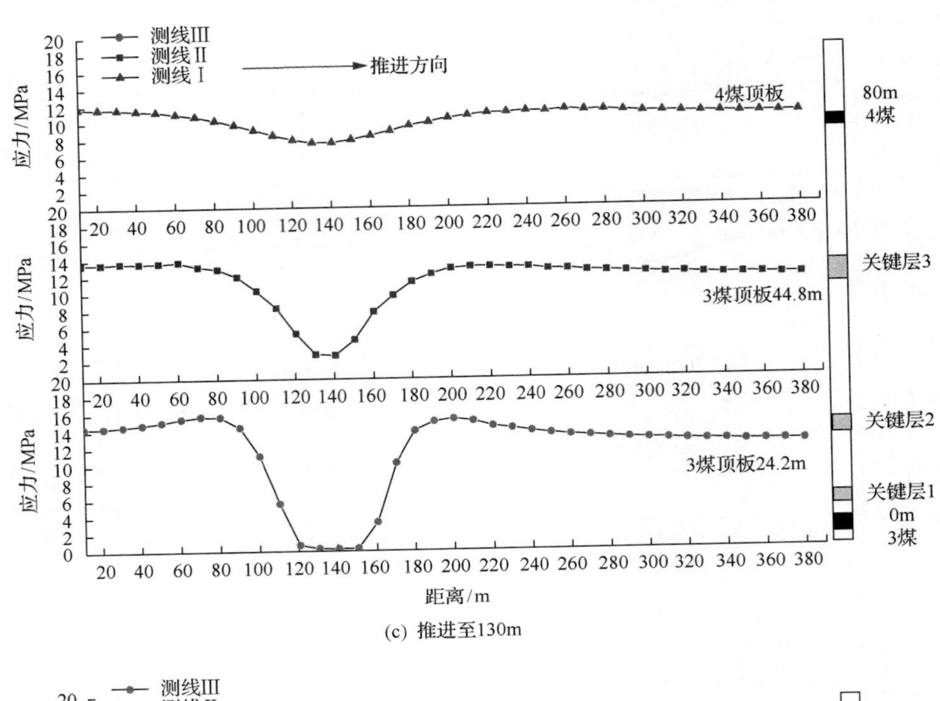

(c) 推进至130m

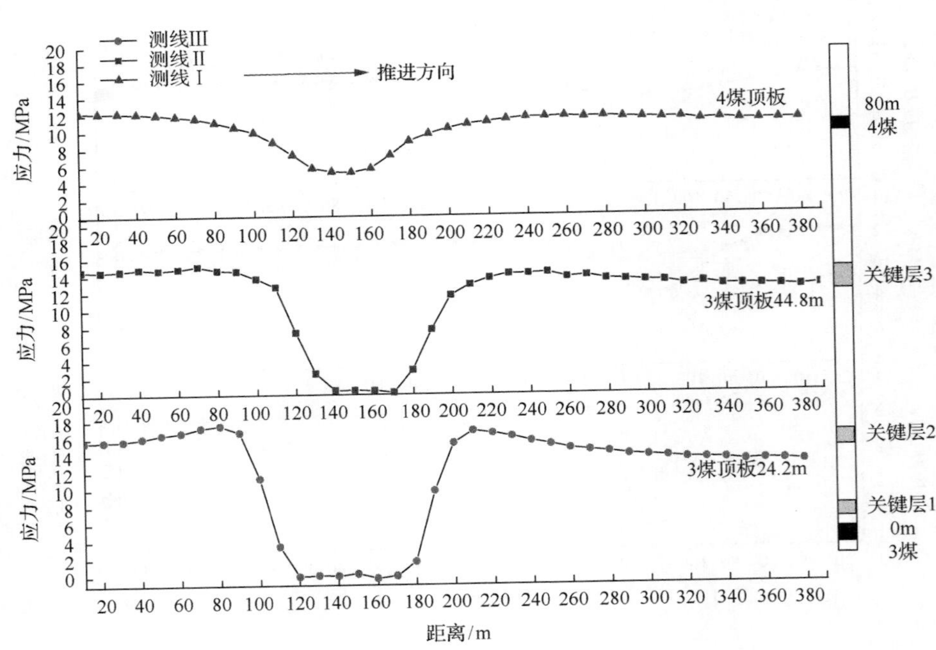

(d) 推进至150m

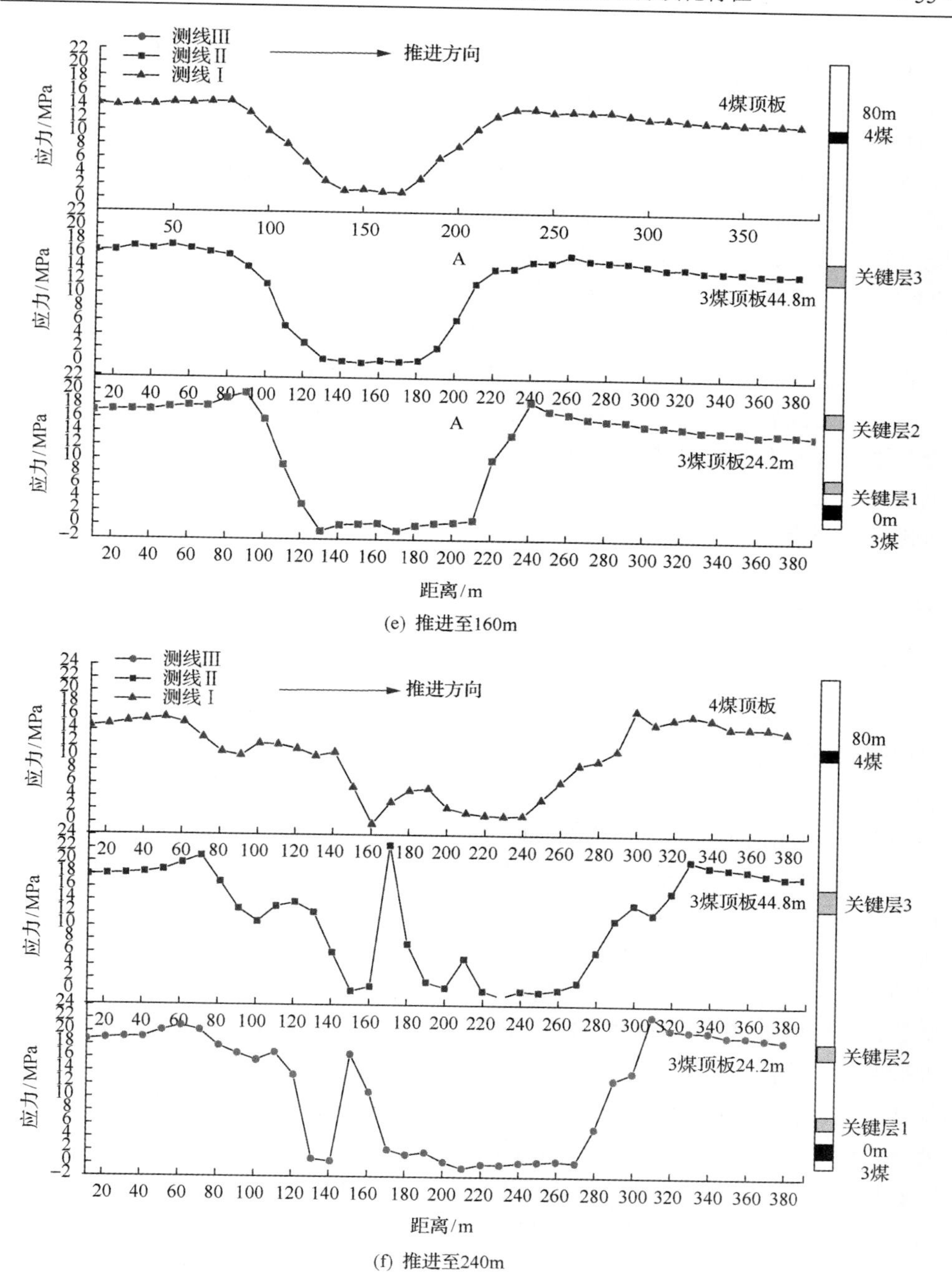

(e) 推进至160m

(f) 推进至240m

图 3-7　11223 工作面西二段推进不同距离应力变化曲线

当 11223 工作面西二段推进至 60m 时，测线III的应力下降约 3.5MPa，应力值下降幅度大，说明关键层 1(基本顶直覆)达到极限跨距，其简支梁结构破坏。

关键层 1 及其伴随岩层垮落并未完全充填采空区，关键层 2 的应力值降低明显，但对关键层 2 上方岩层基本没有影响。当 11223 工作面西二段推进至 130m 时，关键层 2 的应力值降低至接近于 0，此时关键层 3 的应力值降低至约 4MPa，说明关键层 2 破断，此时 4 煤的应力值变化较缓，关键层 3 并未破断。随着工作面的继续推进，关键层 3 及其伴随岩层缓慢下沉，对应采空区上方部分的应力值也缓慢降低。当 11223 工作面西二段推进至 150m 时，关键层 3 的应力测线有 4 个测点的应力值降低至约等于 0MPa，同时 4 煤顶板的应力值下降幅度增大，说明关键层 3 破断。当 11223 工作面西二段推进至 200m 以后，在采空区走向中部应力开始逐渐增加，说明采空区中部垮落的岩石被弯曲下沉的岩层重新压实。

东一段围岩应力演化规律大体与西二段类似，但是东一段关键层 2 较西二段关键层 3 层位低，破断条件更有利，应力更容易传递至 4 煤，东一段 4 煤卸压效果更明显。由于内容的重复性，11223 工作面东一段推进不同距离围岩应力演化规律不再赘述。

3.3.2 走向模型裂隙演化特征

1. 西二段

关键层在采场上覆岩层活动中起控制作用，当关键层破断时，其上覆所控制岩层(伴随层)将同步破断，引起较大范围的岩层移动，对覆岩裂隙发育有显著影响。潘二矿 11223 工作面至 4 煤覆岩范围内有 3 层关键层，关键层的破断将直接影响 11223 工作面西二段覆岩裂隙的发育和 4 煤卸压效果。

如图 3-8(a)所示，当 11223 工作面西二段推进至 80m 时，基本顶(关键层 1)初次来压，垮落范围为 60m，工作面侧基本顶形成悬臂梁，所以关键层 1 的初次破断步距为 60m。关键层 1 破断后，切眼侧岩层断裂线向采空区侧上方发育，其他部分裂隙发育不明显。当 11223 工作面西二段推进至 100m 时，工作面侧的悬臂梁回转失稳，关键层 1 第一次周期性破断，周期性破断步距为 40m。关键层 1 第一次周期性破断后，其伴随岩层同步破断，引起较大范围的岩层移动，裂隙跳跃发展至关键层 2 底部，并形成范围较大的离层裂隙，如图 3-8(b)所示。11223 工作面采高为 5m，有充足的空间使关键层 1 及其伴随岩层失稳垮落，在切眼侧和工作面侧有明显的岩层断裂线，而在采空区中部裂隙已经重新压实。当 11223 工作面西二段推进至 130m 时，关键层 2 首次破断，其伴随岩层同步破断，引起较大范围的岩层移动，裂隙跳跃发展至关键层 3 底部，并形成较大范围的离层裂隙，如图 3-8(c)所示。关键层 2 两端沿岩层断裂线破断，其距离关键层 3 不足 10m，伴随岩层层数为 2 层，重量相对较轻，所以关键层 2 与下部岩层的离层裂隙并未压实，在工作面侧和切眼侧更为明显。当 11223 工作面西二段推进至 150m 时，关键层 3 沿岩层中间底部竖直断裂，由于下部采空区已无充足的下沉空间，关键层 3 并未完全破断。由图 3-8(d) 可以发现，4 煤无明显裂隙，但有伴随关键层 3 竖直向下的较小位移，所以 11223 工作面西二段的开采对上覆 4 煤有一定的卸压作用，但是卸压效果不佳。

(a) 推进至80m

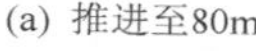

(b) 推进至100m

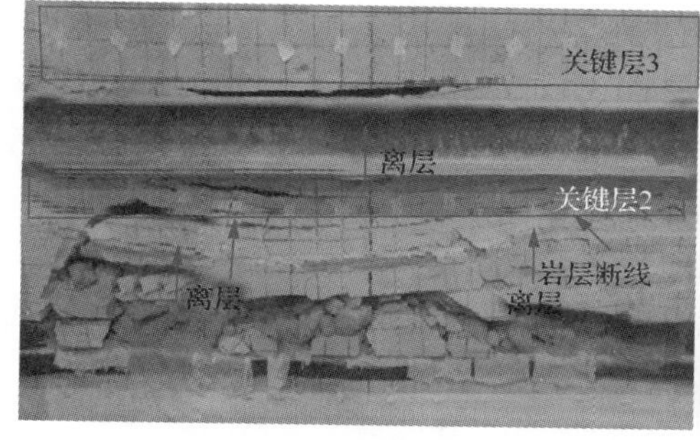

(c) 推进至130m

(d) 推进至150m

图 3-8　11223 工作面西二段不同推进距离围岩裂隙演化特征

关键层 1 破断后，由于开采尺寸远未达到充分采动尺寸，裂隙向上方发育不明显。当 11223 工作面西二段推进至 80m 时，关键层 1 的伴随岩层快速下沉，裂隙发育至关键层 2 下方，并在关键层 2 下方形成离层裂隙，该离层裂隙随着 3 煤的开采继续扩大。关键层 2 阻隔裂隙向上发育，直至当 11223 工作面西二段推进至 100m 时，即关键层 2 破断之前，关键层 2 上方都未出现明显裂隙。当关键层 2 破断后，其伴随岩层同步破断，裂隙跳跃向上发育至关键层 3 底部，并在关键层 3 下方形成较大范围的离层裂隙。当关键层 3 破断后，裂隙发育至 4 煤，说明关键层对裂隙发育有阻隔作用，同时裂隙伴随着关键层的破断跳跃性地向上发育。

当 11223 工作面西二段推进至 150m 时，11223 工作面西二段采空区中部完全压实，上部覆岩裂隙在发育之后也被压实。而在工作面切眼侧与工作面侧由于煤柱的作用形成了倾向方向砌体梁，采空区并未被压实，同时覆岩离层裂隙与岩层断裂裂隙发育，即 O 形圈倾向部分，形成了瓦斯的储存空间。

2. 东一段

为了研究 11223 工作面东一段覆岩关键层破断对 4 煤卸压效果的影响，采用相似模拟试验观测 11223 工作面开采 3 煤覆岩裂隙发育情况，从而分析 4 煤卸压效果。如图 3-9(a)所示，随着 11223 工作面东一段向前推进，直接顶垮落充填采空区，当 11223 工作面东一段推进至 65m 时，基本顶(关键层 1)初次破断。由于开采尺寸远未达到充分采动尺寸，基本顶上方岩层下沉与裂隙发育不明显，垮落的矸石也未能完全充填满采空区。当 11223 工作面东一段推进至 170m 时，基本顶已经发生了两次周期性断裂，周期破断步距约为 35m，此时在关键层 2 底部(切眼侧)形成了长度约 80m、宽度较大的离层裂隙。而由于关键层 2 厚度大、硬度强，阻隔了离层裂隙向上发育，所以在关键层 2 上方并未发现明显的离层裂隙。当 11223 工作面东一段推进至 180m 时，如图 3-9(c)所示，关键层 2 底部与两端出现岩层断裂裂隙，认为关键层 2 破断，初次破断步距为 180m。关键层 2 破断之后变形下沉，模型中其上覆岩层均为其伴随岩层，将随着关键层 2 变形下沉，即此时 4 煤将会产生膨胀变形，3 煤的开采对 4 煤形成了卸压效果。当 11223 工作面东一段推进至 260m 时，关键层 2 周期性破断，周期破断步距为 80m。在 11223 工作面东一段推进至 180m 上方，关键层 2 初次破断形成了约为 1m 宽的纵向裂隙，离层裂隙发育远远高于 4 煤，所以从裂隙发育判断，3 煤充分开采后对 4 煤有良好的卸压效果。

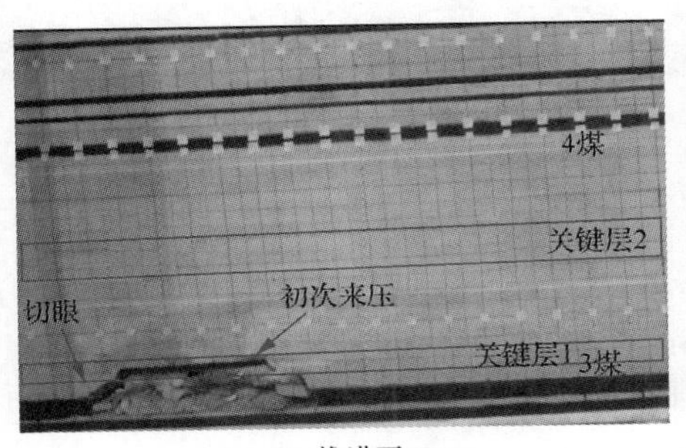

(a) 推进至65m

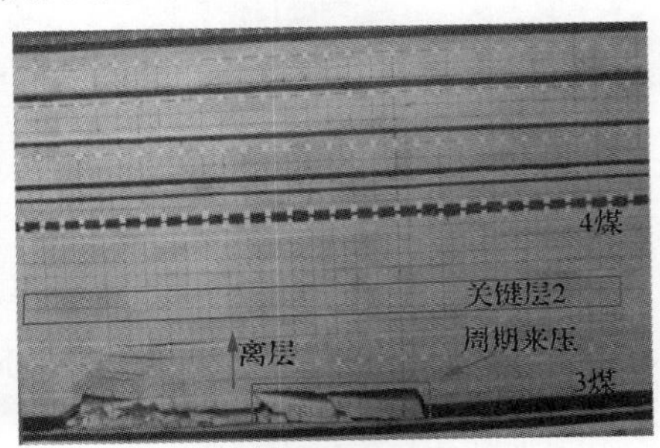

(b) 推进至170m

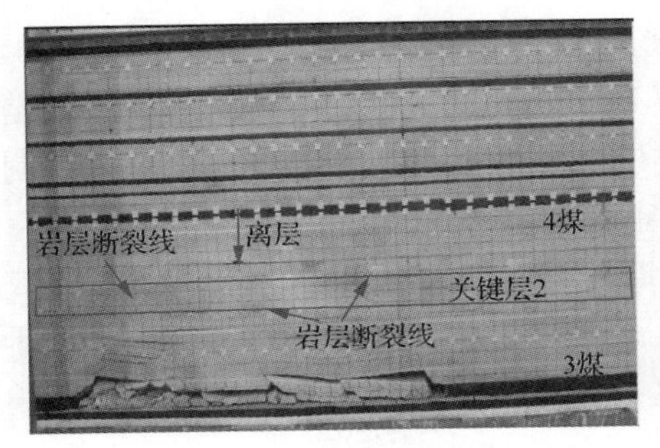

(c) 推进至180m

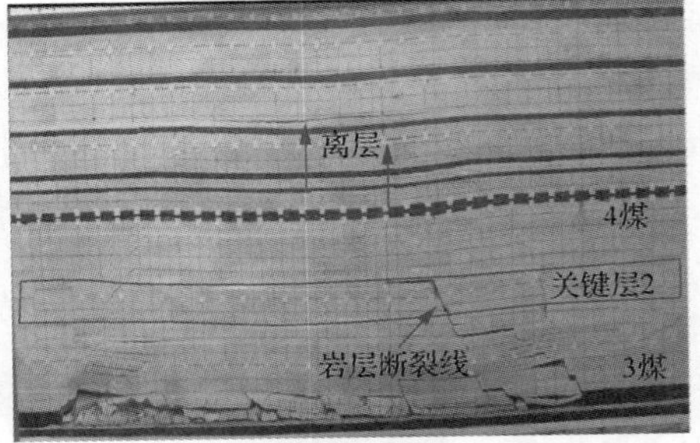

(d) 推进至260m

图 3-9　11223 工作面东一段不同推进距离围岩裂隙演化特征

关键层 1 破断后，由于开采尺寸远未达到充分采动尺寸，裂隙向上方发育不明显。当 11223 工作面东一段推进到 80m 时，关键层 1 的伴随岩层快速下沉，裂隙发育至关键层 2 下方，并在关键层 2 下方形成离层裂隙，该离层裂隙随着 3 煤的开采继续扩大。关键层 2 阻隔裂隙的向上发育，直至 11223 工作面东一段推进至 180m 时，即关键层 2 破断之前，关键层 2 上方都未见明显裂隙。当关键层 2 破断后，裂隙跳跃向上发育，直至模型顶部，说明关键层对裂隙发育有阻隔作用，同时裂隙伴随着关键层的破断跳跃性向上发育。

当 11223 工作面东一段推进至 180m 时，11223 工作面东一段采空区中部完全压实，覆岩裂隙在发育之后也被压实。而在工作面切眼侧与工作面侧由于煤柱的作用形成了倾向方向砌体梁，采空区并未被压实，同时覆岩离层裂隙与岩层断裂裂隙发育，即 O 形圈倾向部分，形成了瓦斯的储存空间。

3.3.3　走向模型卸压特征

1. 模型最终裂隙分布特征

走向模型开采完毕后，待岩层移动稳定，拍照记录最终裂隙的分布情况，如图 3-10 所示。模型裂隙沿模型中线大致呈左右对称，模型中部的裂隙由于覆岩弯曲下沉而重新被压实，切眼与工作面位置由于关键层与煤柱形成梁结构(砌体梁和悬臂梁)，采空区并未被压实，离层裂隙与岩层断裂裂隙发育，形成 O 形圈(A 区、B 区)。左右两侧的岩层断裂线与覆岩裂隙相通，构成梯形的裂隙区。

对比西二段与东一段的裂隙分布可以发现，在西二段关键层 2 与东一段关键层 2 下方，裂隙发育明显，形成裂隙带，且东一段裂隙发育高度高于西二段。东一段覆岩离层裂隙发育至 4 煤顶板上方约 40m 处，而西二段覆岩离层裂隙发育至 4 煤且离层裂隙不明显。同时，西二段关键层 3 只出现弯曲下沉并未破断，而东一段关键层 2 在 11223 工作面侧出现滑移破断，与煤柱形成悬臂梁结构。西二段有 3 层关键层且关键层 3 层位较高，11223 工作面开采后，直接顶垮落，覆岩弯曲下沉出现离层裂隙。而关键层 3 的破断需要达到极限弯矩，关键层 3 下方没有足够的空间使其达到极限弯矩，从而关键层 3 不破断，只出现弯曲下沉。关键层 3 不破断，形成简支梁结构承担伴随岩层的载荷，阻碍伴随岩层弯曲下沉，所以关键层 3 上方离层裂隙发育不明显，高度较东一段低，卸压效果不及东一段。

2. 模型卸压角对比

沿走向相似材料模型最终岩层断裂线与开采煤层的夹角认为是裂隙卸压角。在模型照片上测得 11223 工作面西二段切眼侧卸压角为 59°，停采线侧卸压角为 60°，而 11223 工作面东一段切眼侧卸压角为 63°，停采线侧卸压角为 65°(图 3-11)。

东一段的卸压区范围略大于西二段的卸压区范围，在相同开采条件下，西二段坚硬的覆岩结构缩小了卸压区范围。

(a) 西二段

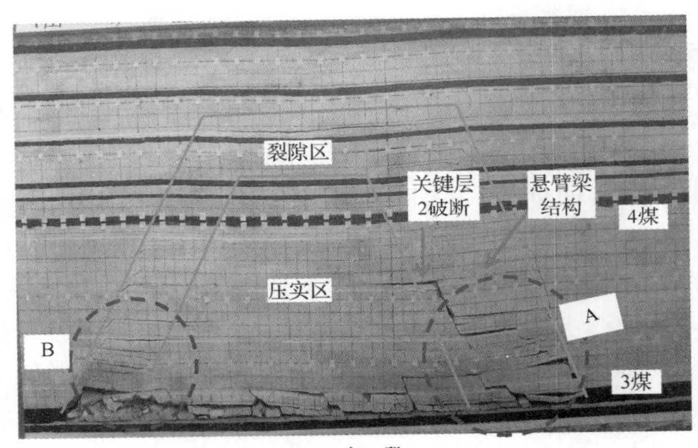

(b) 东一段

图 3-10　11223 工作面裂隙分布特征

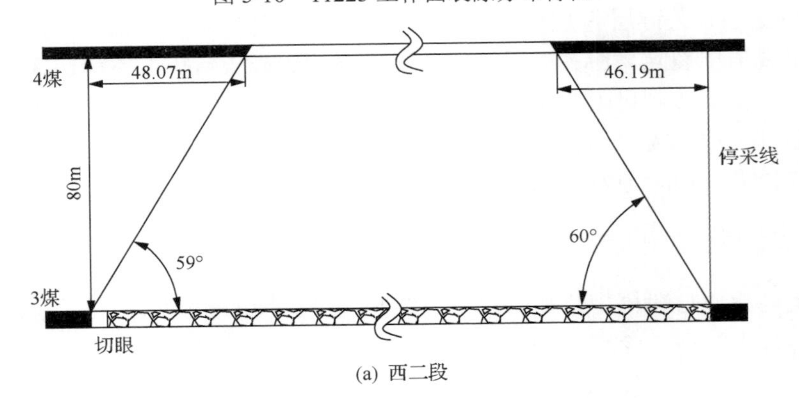

(a) 西二段

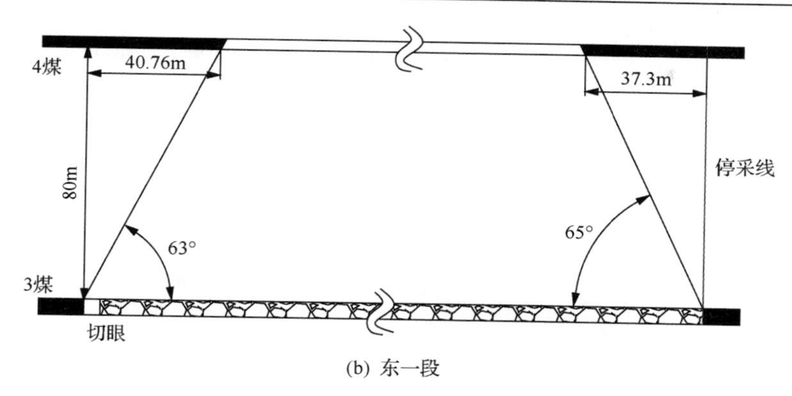

(b) 东一段

图 3-11　沿走向相似材料模型卸压角示意图

3.3.4　倾向模型卸压特征

1. 倾向模型卸压系数特征

通过观察倾向模型试验开采过程，上覆煤岩层 3 煤开采后得到不同程度的卸压，卸压效果可以通过卸压系数来反映。卸压系数公式为

$$r = \left(1 - \frac{\sigma_z}{\sigma_0}\right) \times 100\% \tag{3-16}$$

式中，r 为卸压系数；σ_0 为煤岩层的初始应力；σ_z 为煤岩层卸压后的应力。

将测线Ⅰ、测线Ⅱ、测线Ⅲ所得数据代入式(3-16)做卸压系数曲线，如图 3-12 所示。在 3 煤工作面开采后，3 条测线所在煤岩层有不同程度的变形下沉，在自重应力沿倾斜分力的作用下，机巷一侧煤柱的应力集中高于回风巷一侧。每条测线在机巷一侧的卸压系数约为回风巷一侧卸压系数的 2 倍，表现了上覆煤岩层卸压差异性的特征。在 11223 工作面采空区，上覆岩层应力得到不同程度的释放，且距离 3 煤垂距越大，卸压区范围越窄，卸压系数越小。在开采范围内，4 煤在倾向方向上卸压效果不均匀，呈抛物线状分布。

如图 3-12(a)所示，西二段应力测线Ⅰ(4 煤顶板)在倾向中部卸压效果最好，且在倾斜长度约 90m 处卸压系数最大，达到 14%。4 煤的卸压区范围在倾斜长度为 64～129m，而在卸压区范围之外出现了不同程度的应力集中。3 煤与 4 煤之间垂距为 80m，工作面面长为 140m(模拟实验台尺寸限制)，通过三角函数计算出机巷侧卸压角(下部卸压角)为 67°，回风巷侧卸压角(上部卸压角)为 62.9°[76]。

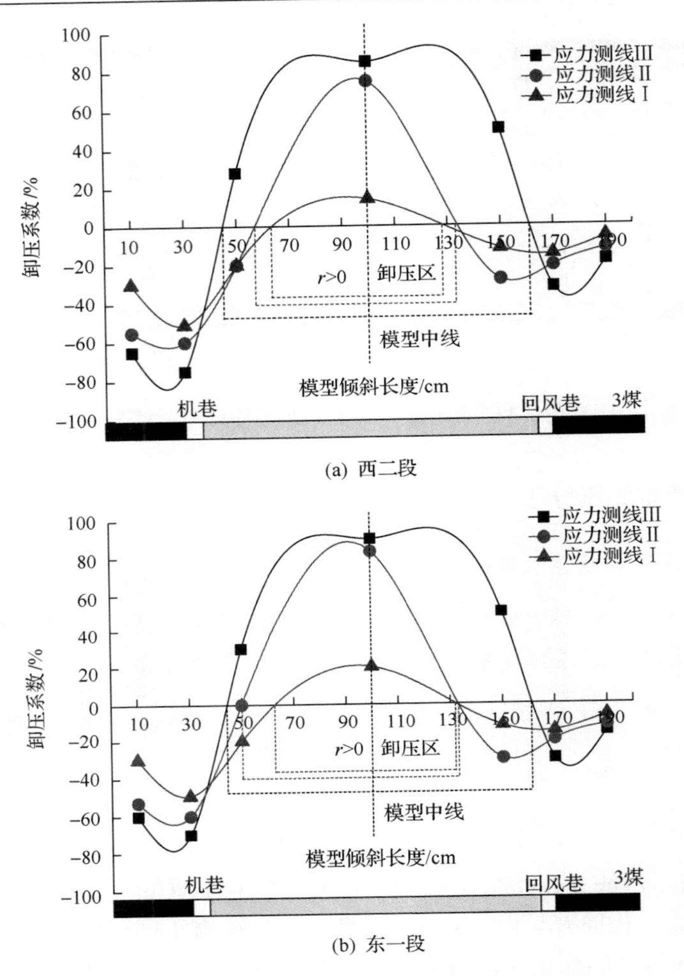

(a) 西二段

(b) 东一段

图 3-12　3 煤开采后各测线卸压系数曲线

如图 3-12(b)所示，东一段测线Ⅰ(4 煤顶板)也是在倾向中部卸压效果最好，且在倾斜长约 95m 处卸压系数最大，达到 20%左右。4 煤的卸压区范围在倾斜长度为 63～133m，而在卸压区范围之外出现了不同程度的应力集中。3 煤与 4 煤之间垂距为 80m，工作面面长为 140m，通过三角函数计算出下部卸压角为 67.6°，上部卸压角为 65.2°。

对比西二段与东一段的卸压系数曲线可以发现，11223 工作面覆岩下部的卸压区范围和卸压程度相差不大，而对 4 煤的卸压效果明显不同。西二段的卸压系数最大为 14%，小于东一段的 20%，上部卸压角最小为 2.3°，下部卸压角最小为 0.6°。西二段与东一段开采参数相同，但是西二段有 3 层关键层，东一段只有 2 层，且西二段关键层 3 层位较东一段关键层 2 层位高，相同开采条件下不易破断下沉，以至西二段 4 煤的卸压效果不如东一段明显。

2. 倾向模型裂隙分布特征

模型设计 3 煤工作面采宽为 140m、采高为 5m。11223 工作面西二段开采后覆岩裂隙发育分布如图 3-13(a)所示，覆岩向采空区回转下沉，沿着 11223 工作面西二段两巷一定倾角向上形成岩层断裂线，与 4 煤下方的离层裂隙形成裂隙区。在 11223 工作面西二段中部上方的覆岩，下沉变形量大，下部裂隙重新压实，形成压实区。从倾向断面来看，裂隙发育分布的范围是偏向上部的梯形。上端头的裂隙发育高度是下端头的 2 倍左右，上端头的裂隙数量也多于下端头，裂隙发育分布呈明显的非对称性，环形裂隙体也呈非对称性，且环形区上部瓦斯流动顺畅，高抽巷抽采效果优于下端头。

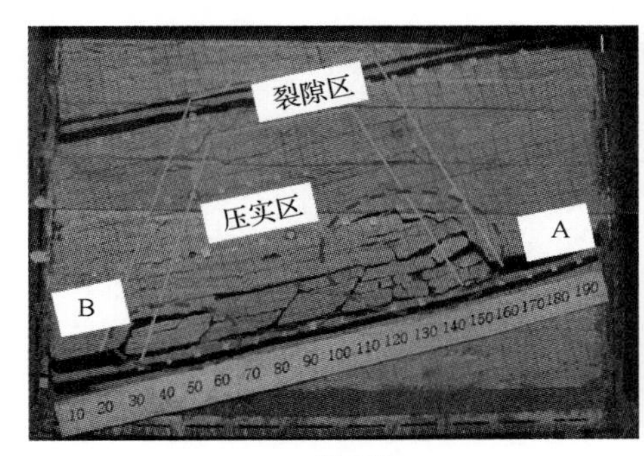

(a) 西二段

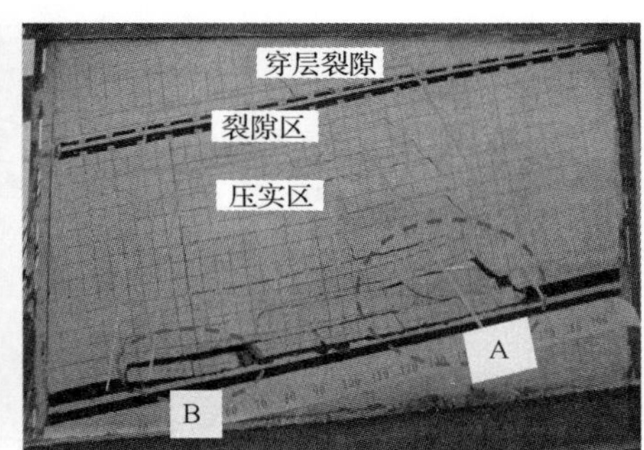

(b) 东一段

图 3-13　倾向模型裂隙分布特征

11223 工作面东一段裂隙分布[图 3-13(b)]整体与西二段相似，但由于西二段工作面基本顶直覆，垮落带高度高于东一段。西二段关键层 3 并未破断和发生明显弯曲下沉，其上方岩层裂隙发育不明显，而东一段关键层 2 有明显断裂和弯曲，其上方岩层伴随其破断下沉，裂隙发育至 4 煤。在工作面同为 140m 时，东一段 4 煤在 11223 工作面开采后，更有利于卸压瓦斯的解吸和抽采，卸压效果优于西二段。

3. 倾向模型卸压角对比分析

根据相似材料倾向模型工作面两侧断裂线走势，测出倾向模型的裂隙卸压角，其中西二段下部裂隙卸压角为 68°，上部裂隙卸压角为 70°；东一段下部裂隙卸压角为 70°，上部裂隙卸压角为 67°。结合卸压系数所确定的卸压角，基于工作面原始面长 180m(加两巷宽共 190m)，做卸压区范围的模型，如图 3-14 所示。西二段 4 煤卸压范围为 115.10～128.56m，东一段 4 煤卸压范围为 120.06～126.92m。

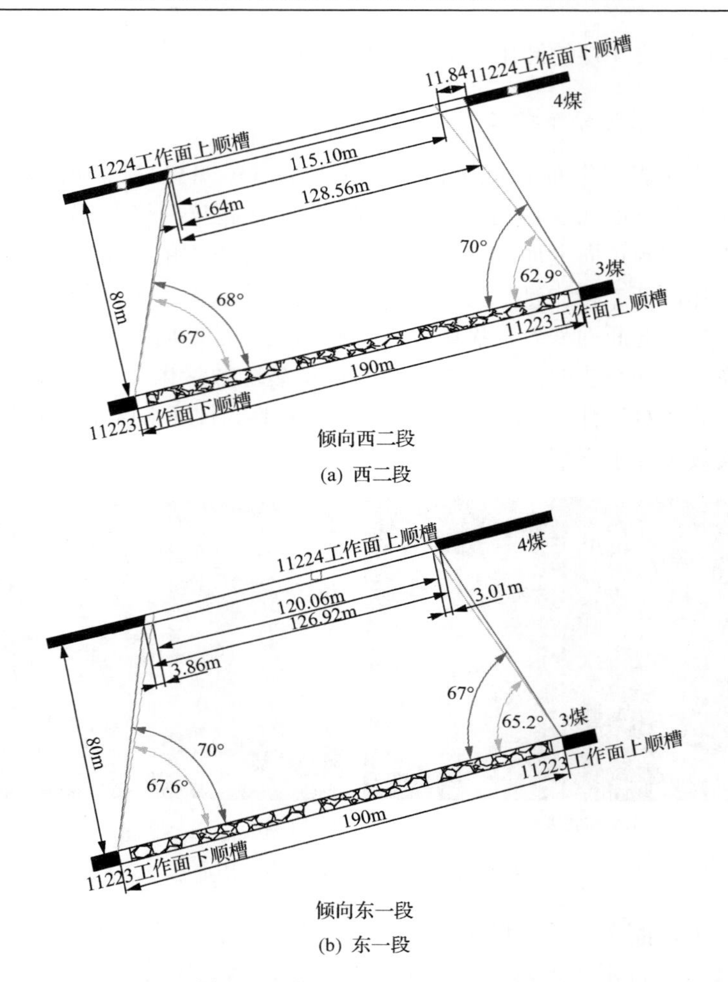

(a) 西二段

(b) 东一段

图 3-14　倾向模型卸压角示意图

根据《保护层开采技术规范》(AQ 1050-2008)，倾斜方向的理论卸压区范围内，沿倾斜方向煤层的卸压保护角受到煤系地层岩石的力学性质、煤层倾角等因素的影响，下保护层开采倾斜方向卸压角的大小可按式(3-17)和式(3-18)来确定：

$$\delta_1 = 180° - \left(\alpha + \theta_0 + 10°\right) \tag{3-17}$$

$$\delta_2 = \alpha + \theta_0 - 10° \tag{3-18}$$

式中，δ_1 为下保护层开采倾向下部卸压角，(°)；δ_2 为下保护层开采倾向上部卸压角，(°)；α 为煤层倾角；θ_0 为最大开采影响下沉角，θ_0 的值参考如下：当 $\alpha \leqslant 45°$ 时，$\theta_0 = 90° - 0.68\alpha$，当 $\alpha \geqslant 45°$时，$\theta_0 = 28.8° + 0.68\alpha$。由式(3-17)、式(3-18)可得 δ_1=76°，δ_2=84°，即机巷一侧卸压角为 76°，回风巷一侧卸压角为 84°。西

二段和东一段的卸压角均小于理论值，说明远程上行卸压开采，在坚硬的覆岩顶板条件下，卸压区范围将缩小。

3.4 多煤组上行卸压开采数值模拟试验

3.4.1 走向模型应力演化特征

1. 西二段

取模型 11223 工作面西二段分别推进至 20m、80m、100m、140m、160m、200m 时工作面顶底板应力分布云图进行对比分析，如图 3-15 所示。3 煤采出后，原岩应力场受到扰动，开采空间的应力释放或者转移，形成拱形卸压区或者应力集中区。采空区垂直方向顶底板岩层应力得到释放，形成卸压区，采空区煤壁前方出现应力集中区。随着工作面的推进，卸压区不断扩大，应力集中区向前推移。

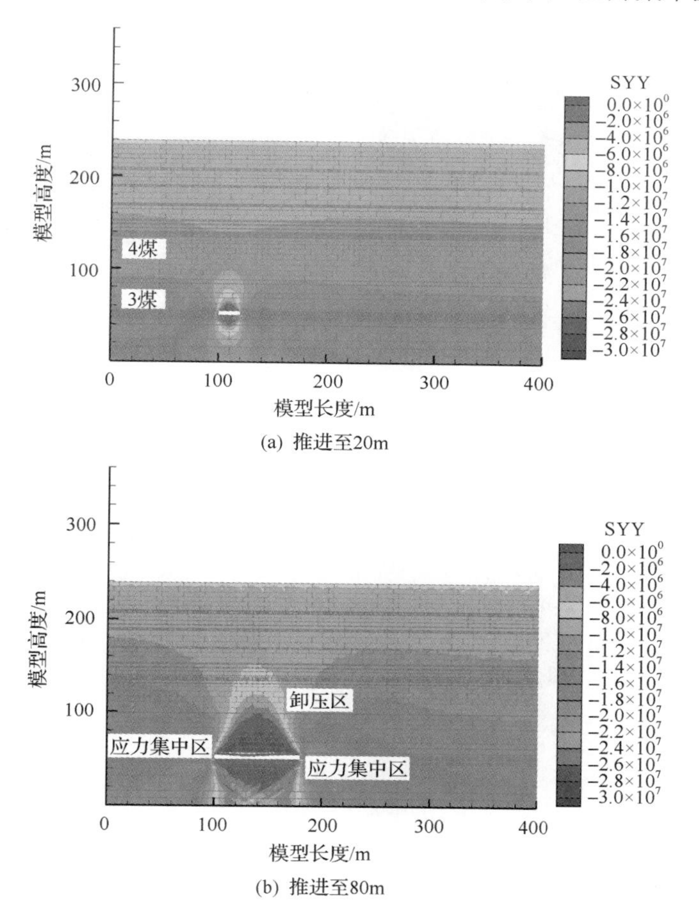

(a) 推进至20m

(b) 推进至80m

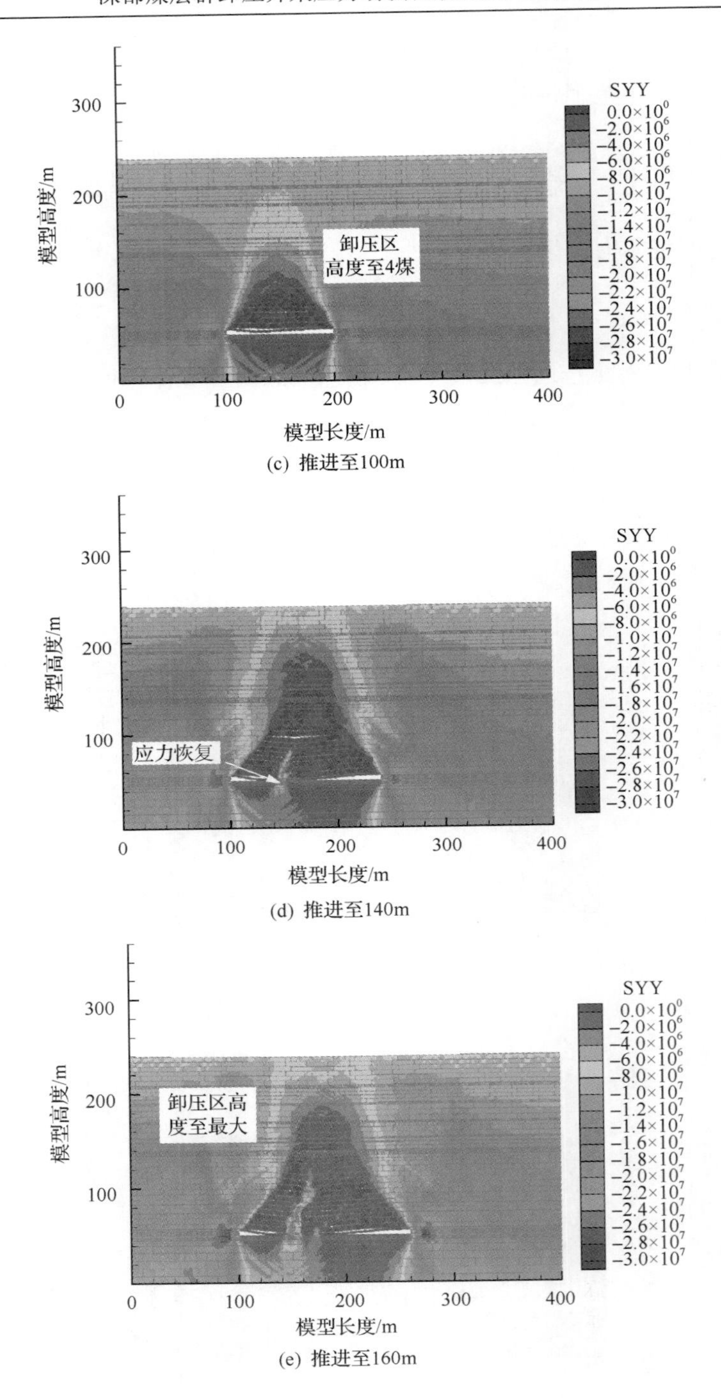

(c) 推进至100m

(d) 推进至140m

(e) 推进至160m

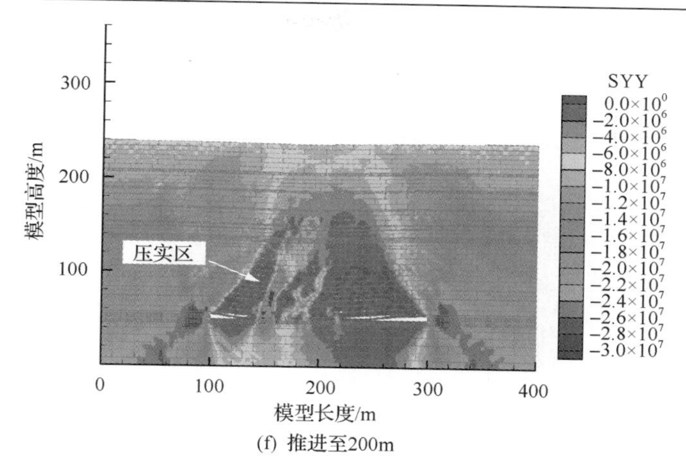

(f) 推进至200m

图 3-15　11223 工作面西二段开采数值模拟应力分布云图

当 11223 工作面西二段推进至 80m 之前，采空区覆岩卸压区范围高度与工作面推进距离呈线性正相关，关键层 1 距离 3 煤 2.05m，有充足的空间弯曲下沉、破断，对卸压区范围高度的影响较小。当 11223 工作面西二段推进至 80～140m 时，随着工作面的推进，关键层 2、3 相继破断，卸压区范围高度都会出现突然增加的现象，当 11223 工作面西二段推进至 100m 时，卸压区范围高度升至 4 煤。当 11223 工作面西二段推进至 140m 以后，即关键层 3 破断以后，卸压区范围高度不再增加，只随着工作面的推进在走向范围增加。此时，随着覆岩大范围下沉移动，采空区中部垮落，矸石重新压实，应力恢复；当 11223 工作面西二段推进至 180～200m 时，根据压力拱假说，在采空区形成后拱脚，出现应力集中现象，而在自然平衡拱内岩层应力卸压。西二段走向卸压形态在切眼侧与煤壁侧大致呈左右对称，卸压角约为 60°，且随着覆岩高度增加，卸压系数降低，卸压范围减小。

3 煤与 4 煤之间存在 3 层关键层，关键层对其伴随岩层起控制作用，因此随着关键层破断，都伴随着大范围的应力释放和转移，从而导致卸压区范围突然扩大。然而关键层所处层位不同，对覆岩卸压区范围影响有所变化，其中关键层 1 对卸压区范围影响较小，而关键层 3(主关键层)的破断导致大范围的岩层移动、破断，卸压区范围突然增大，卸压区范围高度升至最大后不再增加。

2. 东一段

东一段 3 煤与 4 煤之间有 2 层关键层且主关键层位相对西二段较低，所以东一段走向应力演化特征与裂隙演化特征必然有新的特点。图 3-16 为 11223 工作面东一段开采数值模拟应力分布云图，随着工作面的推进，覆岩卸压区范围宽度扩大、高度增加，且到达一定推进长度(120m)时，卸压区范围高度不再增加。

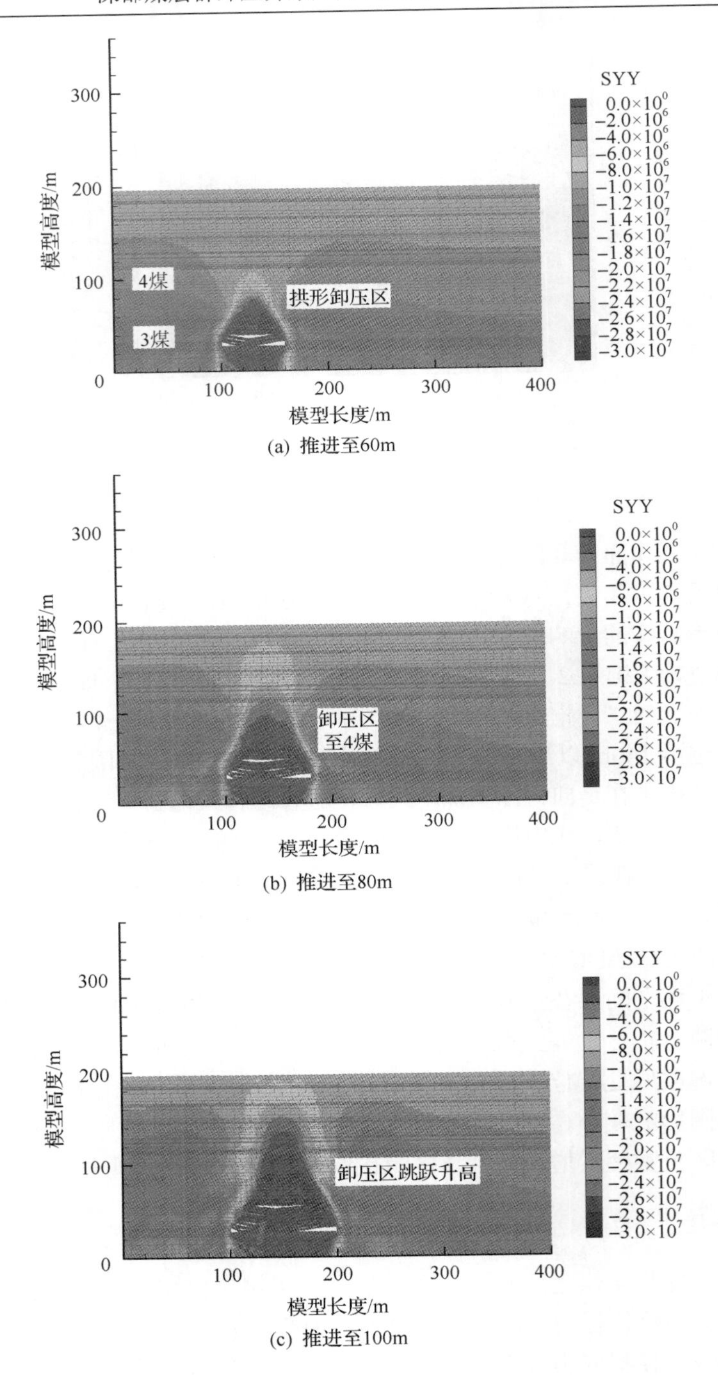

(a) 推进至60m

(b) 推进至80m

(c) 推进至100m

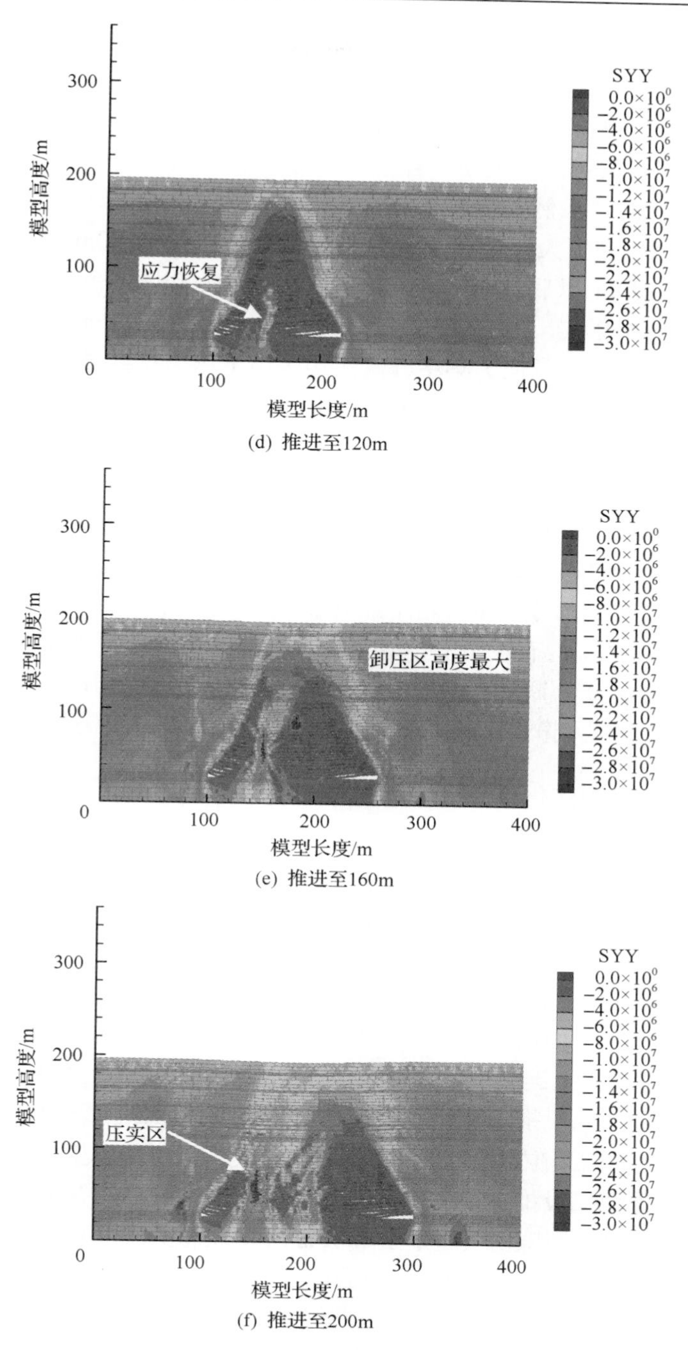

(d) 推进至120m

(e) 推进至160m

(f) 推进至200m

图 3-16　11223 工作面东一段开采数值模拟应力演化图

当 11223 工作面东一段推进至 60m 时，关键层 1(基本顶)破断，岩层弯曲下沉、垮落至采空区，在此推进距离范围内，卸压区范围随着推进距离的增加呈线性增加。随着工作面的继续推进，卸压区范围逐渐扩大，当 11223 工作面东一段推进至 100m 时，关键层 2 破断，岩层大幅向下移动，卸压区范围高度增加明显，已超出 4 煤。此时，虽然关键层 2 破断，但并未达到充分采动，随着工作面的推进，卸压区范围仍在扩大直至 11223 工作面东一段推进至 120m。当 11223 工作面东一段推进至 120m 以后，卸压区范围宽度增加，而卸压区范围高度不再增加，且采空区中部开采压实、应力恢复。当 11223 工作面东一段推进至 160m 时，除切眼侧与煤壁侧形成支承应力集中外，压实区由于压力拱拱脚的前移，已在压实区形成应力集中。当 11223 工作面东一段推进至 200m 时，压力拱拱脚继续前移，压实区扩大，应力恢复区范围扩大。

与西二段相比，东一段卸压区范围高度随着推进距离的增加速率较快，但最终卸压区范围高度与卸压区范围宽度增加速率相近。根据关键层理论，关键层在破断时承载自身及其伴随岩层的重量，当关键层破断后形成砌体梁结构，仍然承载自身与伴随岩层的部分重量。基于此观点，西二段相对东一段多了 1 层关键层 3，且层位较高，西二段有较多的承载结构，阻碍 3 煤覆岩的弯曲下沉、破坏。因此，东一段关键层 2 破断后，其上方再无承载结构，应力卸压区范围高度跳跃发展至 4 煤，卸压区范围高度随着 11223 工作面的推进发展较快。

3.4.2 走向模型裂隙演化特征

1. 西二段

与应力演化特征一致，随着 11223 工作面西二段的推进，覆岩裂隙发育高度逐渐增加，当 11223 工作面西二段推进至 140m 时，裂隙发育至 4 煤，之后高度不再增加。3 煤开采过程中 11223 工作面西二段开采裂隙变化分布特征如图 3-17 所示。当 11223 工作面西二段推进至 0～80m 时，由于关键层对覆岩裂隙向上发育的阻隔作用，仅在关键层 1 下部形成了离层裂隙，关键层 1 上方没有裂隙发育。当 11223 工作面西二段推进至 100m 时，关键层 1 已破断，裂隙突然发育至关键层 2 底部，形成离层裂隙，关键层 1 和关键层 2 之间的离层裂隙与破断裂隙密集。当 11223 工作面西二段推进至 120m 时，关键层 2 已破断，裂隙突然发育至关键层 3 底部，形成离层裂隙，关键层 2 和关键层 3 之间的离层裂隙与斜交裂隙较密集。当 11223 工作面西二段推进至 140m 时，关键层 3 破断，裂隙突然发育至 4 煤顶板，其后随着推进距离的增加走向裂隙宽度呈线性增加，而裂隙发育高度不再增加。在 11223 工作面西二段推进至 140m 以后，随着采空区矸石的压实，对应覆岩裂隙闭合，该区域裂隙密度降低。

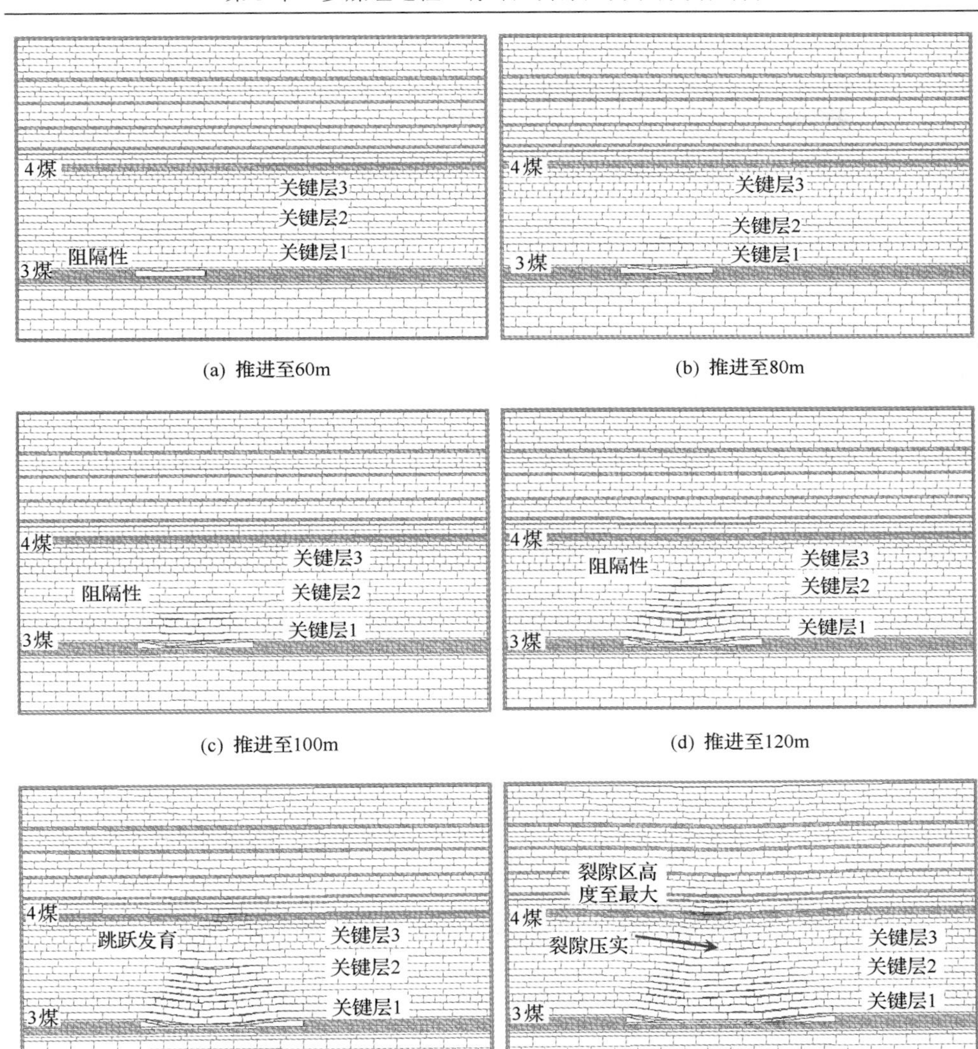

(a) 推进至60m　(b) 推进至80m

(c) 推进至100m　(d) 推进至120m

(e) 推进至140m　(f) 推进至160m

图 3-17　11223 工作面西二段开采裂隙分布云图(文后附彩图)

煤层开采过程中上覆岩层发生弯曲下沉、破断或冒落，在这个过程中平行煤岩层方向和斜交(包括垂直)煤岩层方向均会产生大量裂隙，裂隙不断向上发育。但关键层对其伴随岩层的控制作用和自身厚而坚硬不易破断的性质，将阻隔裂隙向上发育，关键层破断时裂隙突然向上发育至上一层关键层底部，并形成离层裂隙。

4 煤作为关键层 3 的伴随岩层，只有在关键层 3 破断后才会有明显的裂隙发育，即 11223 工作面西二段推进至 140m 时，4 煤才开始卸压，此时底抽巷卸压瓦斯抽采钻孔抽采量大幅度增加。覆岩裂隙形态大致呈拱形，关键层 3 下方裂隙发育较密集，其上方裂隙密度相对较小。随着工作面的推进，裂隙发育高度在关键层破断处有明显的跳跃性，而应力卸压区范围高度的增加随着关键层的破断相对缓和，阻隔作用不明显。

2. 东一段

与应力演化特征一致，随着 11223 工作面的推进，覆岩裂隙发育高度逐渐增加，当 11223 工作面东一段推进至 100m 时，裂隙发育至 4 煤，之后裂隙发育高

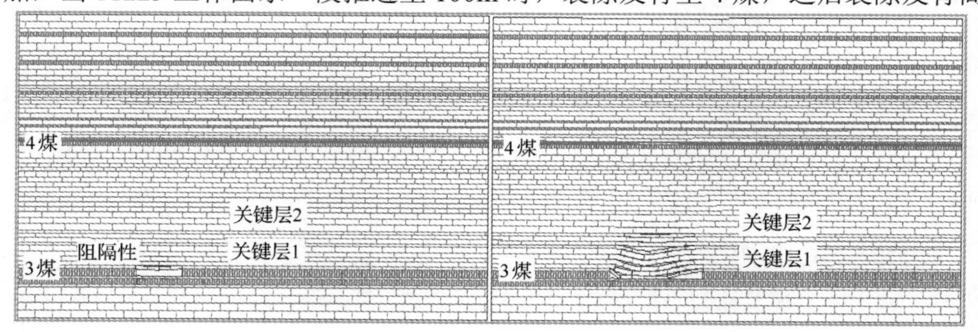

(a) 推进至40m　　(b) 推进至80m

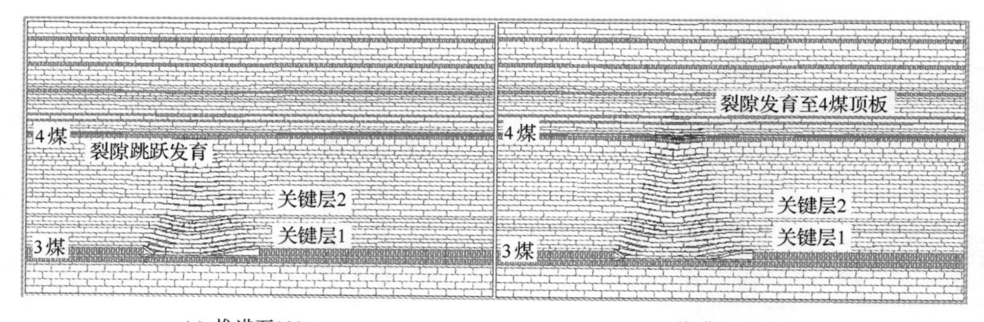

(c) 推进至100m　　(d) 推进至120m

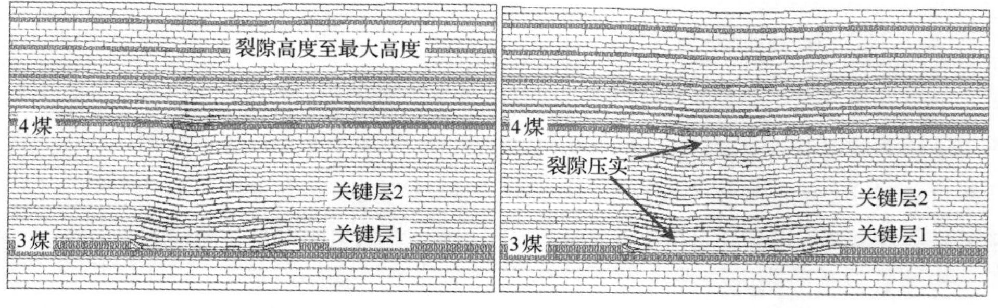

(e) 推进至140m　　(f) 推进至180m

图 3-18　11223 工作面东一段开采裂隙分布云图(文后附彩图)

度不再增加。11223 工作面东一段开采裂隙分布云图如图 3-18 所示，当 11223 工作面推进至 60m 时，关键层 1(基本顶)破断，裂隙跳跃性发展至关键层 2 下方并形成离层裂隙。当 11223 工作面东一段推进至 100m 时，关键层 2 破断，裂隙跳跃性发育至 4 煤底板，此时还未达到充分采动。随着工作面的推进，“三带”高度继续增加，当 11223 工作面东一段推进至 160m 时，裂隙发育高度达到最大后而不再增加。其中，当 11223 工作面东一段推进至 120m 以后，随着采空区矸石的压实，对应覆岩裂隙闭合，该区域裂隙密度降低。

煤层开采过程中上覆岩层发生弯曲下沉、破断或冒落，在这个过程中平行煤岩层方向和斜交(包括垂直)煤岩层方向均会产生大量裂隙，裂隙不断向上发育。但关键层对其伴随岩层的控制作用和自身厚而坚硬不易破断的性质，将阻隔裂隙向上发育，关键层破断时裂隙突然向上发育至上一层关键层底部，并形成离层裂隙。

东一段 4 煤作为关键层 2 的伴随岩层，在关键层 2 破断后裂隙发育至 4 煤底板，即当 11223 工作面东一段推进 120m 时，4 煤发生下沉变形，此时底抽巷卸压瓦斯抽采钻孔抽采量大幅度增加。覆岩裂隙形态大致呈拱形，关键层 2 下方裂隙发育较密集，其上方裂隙密度较小，关键层未破断前阻隔裂隙向上发育。随着工作面的推进，裂隙发育高度在关键层破断处有明显的跳跃性，而应力卸压区范围高度的增加随着关键层的破断相对缓和，阻隔作用不明显。

与西二段裂隙发育特征相比，随着工作面的推进，东一段裂隙发育速率较快，裂隙带高度到达 4 煤时推进距离短，整体裂隙分布较密集，卸压效果好。

3.5　小　　结

以潘二矿 3 煤 11223 工作面远程上行卸压开采 4 煤为研究背景，针对工作面西二段与东一段不同的覆岩顶板条件，构建相似材料模拟试验、UDEC 数值模拟试验，对多关键层条件下远程上行卸压开采覆岩应力场、裂隙场演化特征，4 煤的卸压效果、卸压区范围及多关键层的破断对裂隙发育和卸压瓦斯抽采的影响进行了深入研究，主要得到以下结论。

(1) 11223 工作面开采过程中，采空区顶板应力释放或转移，出现拱形卸压区，开切眼侧与煤壁侧出现支承应力集中区，覆岩卸压区域与裂隙分布范围随着工作面的推进而增大，当达到某一临界值时，卸压系数与裂隙发育高度不再增加，只是沿推进方向增加推进的宽度。同时，随着工作面的推进，采空区及其上方岩层逐渐压实，应力恢复。

(2) 关键层对其伴随岩层起控制作用，随着关键层破断，伴随着大范围的应力释放和转移，导致卸压区范围突然扩大。然而关键层所处层位不同，对覆岩卸压区范围的影响有所变化，其中下位关键层(关键层 1)对卸压区范围的影响较小，而上位关键层(西二段关键层 3、东一段关键层 2)的破断导致大范围的岩层移动、破断，卸压区范围突然增大，卸压区范围高度升至最大后不再增加。

(3) 11223 工作面开采过程中上覆岩层发生弯曲下沉、破断或冒落，在这个过程中平行煤岩层方向和斜交(包括垂直)煤岩层方向均会产生大量裂隙，裂隙不断向上发育。但关键层对其伴随岩层的控制作用和自身厚而坚硬不易破断的性质，将阻隔裂隙向上发育，关键层破断时裂隙跳跃式向上发育至上一层关键层底部，并形成离层裂隙。

(4) 关键层破断后形成承载结构，仍然承载自身与伴随岩层的部分重量，西二段相对东一段多了 1 层关键层 3，且层位较高，西二段有较多的承载结构，阻碍 3 煤覆岩的弯曲下沉、破坏，不仅缩小了 4 煤的卸压区范围，也降低了卸压程度。因此，东一段相对西二段，应力卸压区范围与裂隙发育高度发展较快，卸压效果好，西二段的卸压效果不及东一段。

(5) 走向相似模型中部的裂隙由于覆岩弯曲下沉而重新压实，切眼与工作面位置由于关键层与煤柱形成梁结构(砌体梁和悬臂梁)，采空区并未冒实，离层裂隙与岩层断裂裂隙发育，形成 O 形圈(A 区、B 区)。左右两侧的岩层断裂线与覆岩裂隙相连通，构成梯形的裂隙区；相似模型倾向上部覆岩裂隙发育高度是下部的两倍左右，裂隙数量也多于下部，裂隙发育分布呈明显的非对称性，环形裂隙体也将呈非对称性。

第4章　大倾角煤层群开采采场围岩力学特征

在大倾角近距离煤层下行开采中，大倾角上煤层的开采必将改变原岩应力状态，引起采场围岩应力重新分布，大倾角下煤层受到上煤层的采动影响，采空区煤柱下方应力集中区下的采场围岩变形严重。潘二矿 12124 工作面和 12125 工作面均为大倾角工作面，且 12124 工作面为旋转综采工作面，下煤层 12124 工作面较上煤层 12125 工作面采空区的空间相对分布不规则，导致 12124 工作面旋转综采采场围岩变形不规律。因此针对现场实际条件，对潘二矿 12124 工作面走向段及旋转综采段回采进行数值模拟分析，获得大倾角采空区近距离煤层下 12124 工作面旋转综采采场围岩变形特征，在此基础上进行 12124 工作面旋转综采采场围岩控制技术的研究。

4.1　大倾角近距离煤层工程地质概况

4.1.1　大倾角近距离煤层工作面布置情况

淮南矿业(集团)有限责任公司潘二矿西井(原潘北矿)西一采区均为大倾角煤层，西一采区的 12125 工作面开采后，进行其下部平均间距为 20m 的 12124 工作面的回采，12124 工作面中上部位于 12125 工作面采空区上部煤柱下方，12124 工作面中上部位于 12125 工作面采空区下。在 12124 工作面掘进过程中，12124 工作面下顺槽受断层影响，区域应力集中现象较为明显，掘进期间瓦斯涌出量明显增大，煤壁瓦斯涌出异常，且打钻过程中出现夹钻现象，且瓦斯治理效果不佳。采用了施工下顺槽改造巷道的方案，避开断层的影响区域。为解决这些技术难题，减少工作面搬家次数，增加工作面的连续推进度，采用大倾角旋转俯伪斜开采，避开复杂的地质构造，实现综采工作面的连续正常回采。12124 工作面煤层赋存情况见表 4-1，工作面位置概况见表 4-2。

表 4-1　12124 工作面煤层赋存情况

<table>
<tr><td rowspan="4">煤层情况</td><td rowspan="2">煤层厚度/m</td><td>1.1～4.1</td><td>煤层结构</td><td>夹矸层数</td><td rowspan="2">煤层倾角/(°)</td><td>16～35</td></tr>
<tr><td>平均为 3.4</td><td>简单—复杂</td><td>0～1</td><td>平均为 30</td></tr>
<tr><td>可采指数</td><td>1.00</td><td>变异系数</td><td>31%</td><td>稳定程度</td><td>较稳定</td></tr>
<tr><td colspan="6">4-1 煤：黑色，以粉末为主，顶部少量呈碎块状，局部含一层泥质夹矸，属半暗-半亮型。4-1 煤稳定，局部受层滑构造影响，煤层变薄、变软。本工作面煤层厚度为 1.1～4.1m，平均厚度为 3.4m</td></tr>
</table>

表 4-2　12124 工作面位置概况

<table>
<tr><td rowspan="5">概况</td><td>煤层名称</td><td>4-1</td><td colspan="2">水平名称</td><td>–650</td><td colspan="2">采区名称</td><td>西一采区</td></tr>
<tr><td>工作面名称</td><td>12124</td><td colspan="2">地面标高/m</td><td>+21.1～+21.8</td><td colspan="2">工作面标高/m</td><td>–520～–389</td></tr>
<tr><td>井下位置及四邻采掘情况</td><td colspan="7">该工作面位于西一采区，东起工业广场保护煤柱线，西至 WF5 断层，开采上限为–389m，下限为–520m，12124 工作面对应的上方 12125 工作面已于 2011.06.25 收作，无其他采掘活动</td></tr>
<tr><td rowspan="2">走向长/m</td><td>外面</td><td>小面</td><td rowspan="2">倾斜长/m</td><td>外面</td><td>小面</td><td rowspan="2">总面积/m²</td><td rowspan="2">93399</td></tr>
<tr><td>575</td><td>186</td><td>138.1</td><td>93.1</td></tr>
</table>

4.1.2　大倾角近距离煤层煤岩物理力学参数

为了更好地了解 12124 工作面的地质特征，以确保 12124 工作面的安全高效旋采，特在 12124 工作面上风巷选择两个点进行取心。1#取心孔共取岩心 35m，按岩石层位分为 3 组，其中捣碎法试验 1 组，加工 3 个抗压试件、5 个抗拉试件；2#取心孔，共取岩心 35m，按岩石层位分为 3 组，其中捣碎法试验 1 组，加工 3 个抗压试件、5 个抗拉试件。4 煤和 5 煤附近岩层的柱状图如图 4-1 所示，顶底板岩层物理力学特性参数如图 4-2 所示。

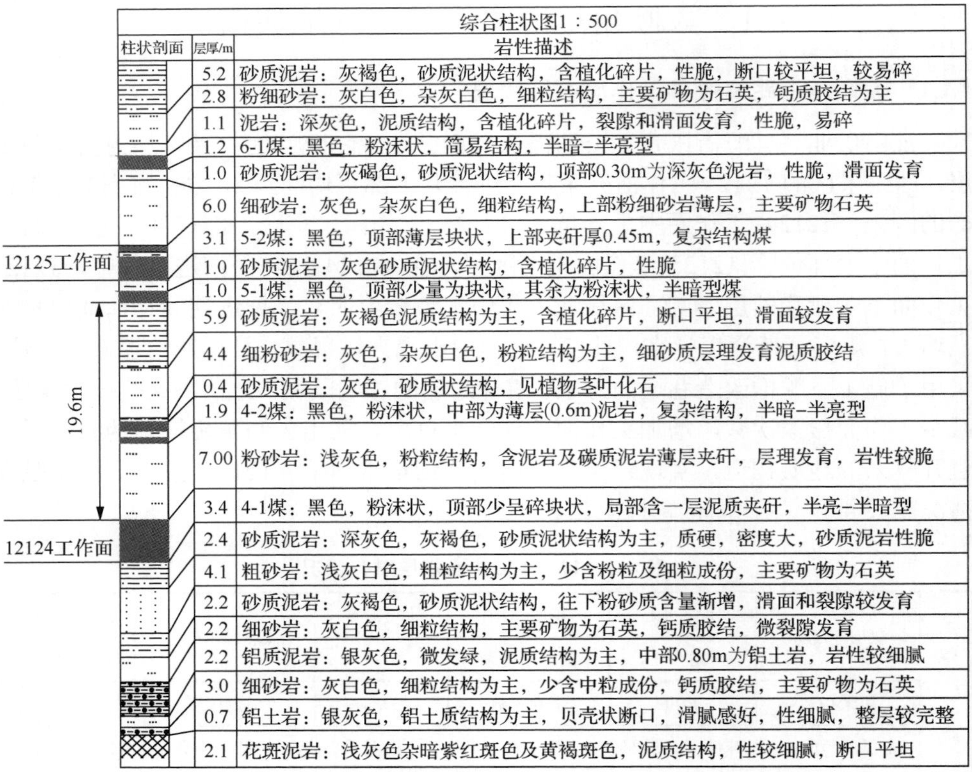

综合柱状图1：500

柱状剖面	层厚/m	岩性描述
	5.2	砂质泥岩：灰褐色，砂质泥状结构，含植化碎片，性脆，断口较平坦，较易碎
	2.8	粉细砂岩：灰白色，杂灰白色，细粒结构，主要矿物为石英，钙质胶结为主
	1.1	泥岩：深灰色，泥质结构，含植化碎片，裂隙和滑面发育，性脆，易碎
	1.2	6-1煤：黑色，粉沫状，简易结构，半暗–半亮型
	1.0	砂质泥岩：灰碣色，砂质泥状结构，顶部0.30m为深灰色泥岩，性脆，滑面发育
	6.0	细砂岩：灰色，杂灰白色，细粒结构，上部粉细砂岩薄层，主要矿物石英
	3.1	5-2煤：黑色，顶部薄层块状，上部夹矸厚0.45m，复杂结构煤
12125工作面	1.0	砂质泥岩：灰色砂质泥状结构，含植化碎片，性脆
	1.0	5-1煤：黑色，顶部少量为块状，其余为粉沫状，半暗型煤
19.6m	5.9	砂质泥岩：灰褐色泥质结构为主，含植化碎片，断口平坦，滑面较发育
	4.4	细粉砂岩：灰色，杂灰白色，粉粒结构为主，细砂质层理发育泥质胶结
	0.4	砂质泥岩：灰色，砂质状结构，见植物茎叶化石
	1.9	4-2煤：黑色，粉沫状，中部为薄层(0.6m)泥岩，复杂结构，半暗–半亮型
	7.00	粉砂岩：浅灰色，粉粒结构，含泥岩及碳质泥岩薄层夹矸，层理发育，岩性较脆
12124工作面	3.4	4-1煤：黑色，粉沫状，顶部少呈碎块状，局部含一层泥质夹矸，半亮–半暗型
	2.4	砂质泥岩：深灰色，灰褐色，砂质泥状结构为主，质硬，密度大，砂质泥岩性脆
	4.1	粗砂岩：浅灰白色，粗粒结构为主，少含粉粒及细粒成份，主要矿物为石英
	2.2	砂质泥岩：灰褐色，砂质泥状结构，往下粉砂质含量渐增，滑面和裂隙较发育
	2.2	细砂岩：灰白色，细粒结构，主要矿物为石英，钙质胶结，微裂隙发育
	2.2	铝质泥岩：银灰色，微发绿，泥质结构为主，中部0.80m为铝土岩，岩性较细腻
	3.0	细砂岩：灰白色，细粒结构为主，少含中粒成份，钙质胶结，主要矿物为石英
	0.7	铝土岩：银灰色，铝土质结构为主，贝壳状断口，滑腻感好，性细腻，整层较完整
	2.1	花斑泥岩：浅灰色杂暗紫红斑色及黄褐斑色，泥质结构，性较细腻，断口平坦

图 4-1　岩层综合柱状图

综合柱状图(1：500)		
柱状剖面	层厚/m	岩性
	5.2	砂质泥岩
	1.1	泥岩
	1.2	6-1煤
	1.0	砂质泥岩
	6.0	细砂岩
	3.1	5-2煤
	1.0	砂质泥岩
	1.0	5-1煤
	5.9	砂质泥岩
	4.4	细粉砂岩
	0.4	砂质泥岩
	1.9	4-2煤
	7.00	粉砂岩
	3.4	4-1煤
	2.4	砂质泥岩
	4.1	粗砂岩
	2.2	砂质泥岩
	2.2	细砂岩

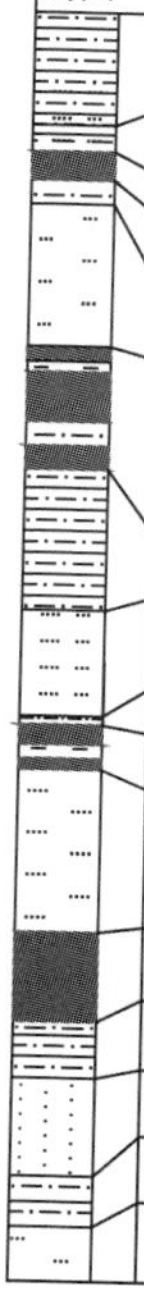

岩性	容重/(kg/m^3)	抗压强度/MPa	抗拉强度/MPa	弹性模量/GPa	变形模量/GPa	泊松比
砂质泥岩	2531～2548	34.9～43.4	2.91～4.56	5.94～6.21	3.33～4.21	0.26～0.34
泥岩	2528～2539	39.5～45.3	1.9～2.76	10.45～12.35	6.66～7.21	0.3～0.45
6-1煤	2210～2259	10.5～15.3	0.8～1.36	12.45～14.21	0.2～0.3	0.36～0.54
砂质泥岩	2533～2551	34.9～42.1	3.11～4.21	5.24～6.15	3.13～4.4	0.25～0.38
细砂岩	2584～2621	53.4～65.21	4.34～5.34	13.82～16.21	8.75～11.21	0.17～0.23
5-2煤	2189～2231	11.15～17.3	0.72～1.21	13.2～16.8	0.2～0.3	0.29～0.45
砂质泥岩	2545～2565	28.21～41.17	1.69～2,.54	13.64～15.34	8.32～11.84	0.27～0.33
5-1煤	2228～2269	9.5～13.23	0.62～1.32	12.3～14.5	0.2～0.3	0.29～0.45
砂质泥岩	2531～2549	34.9～43.23	3.1～3.91	4.98～5.84	3.33～4.12	0.26～0.34
细粉砂岩	2620～2635	65.6～76.16	4.31～8.23	18.01～21.22	11.8～15.32	0.21～0.34
砂质泥岩	2558～2572	22.21～37.17	1.49～2.34	11.64～12.34	7.32～9.84	0.37～0.43
4-2煤	2148～2199	8.5～10.3	0.68～1.39	13.5～16.11	0.2～0.3	0.3～0.5
砂质泥岩互层	2531～2572	43.4～55.11	3.34～4.34	11.82～12.21	7.78～9.21	0.28～0.35
4-1煤	2528～2539	9.5～13.3	0.62～1.19	15.5～18.61	0.2～0.3	0.39～0.55
砂质泥岩	2529～2542	34.9～44.13	3.2～3.71	4.81～5.64	3.43～4.51	0.29～0.36
粗砂岩	2604～2621	56.2～67.21	5.6～8.92	15.15～17.21	8.14～9.81	0.13～0.23
砂质泥岩	2567～2674	23.5～46.06	1.58～2.11	11.37～13.21	6.1～8.65	0.32～0.45
细砂岩	2584～2613	76.48～88.34	6.34～10.91	20.82～22.12	10.75～12.1	0.17～0.22

图 4-2　顶底板岩层物理力学特性参数

4.1.3　大倾角近距离煤层开采数值模型[77]

依据潘二矿 12124 工作面的现场实际参数确定计算模型的大小。如图 4-3 所示，该模型几何参数设置如下：走向长为 336m，倾向长为 320m，模型高度为 360.5m。其中 12124 工作面与 12125 工作面的煤层倾角平均为 30°。12124 工作面模型走向长度为 240m，旋转后俯伪斜开采模型长度为 90m，旋转角度为 18°，12124 工作面模型面长为 140m；12125 工作面模型走向长度为 320m，工作面模型面长为 130m。整个模型共模拟了 16 层煤岩层，比较真实地反映了煤岩层赋存情况，模型上方按至地表岩体自重施加垂直方向载荷。在模型的 4 个侧面采用法向约束，顶面即地表为应力和位移自由边界，底边界施加水平及垂直约束。

由于采矿工程岩体力学的独特性及工作面采场工程地质背景的特殊性，本书为了更好地模拟煤层采动引起的采场围岩应力场及位移场分布规律，模拟过程按以下步骤进行。

(1) 在给定的模型力学和几何参数及边界力学和位移条件下，计算模型的初始力学状态。

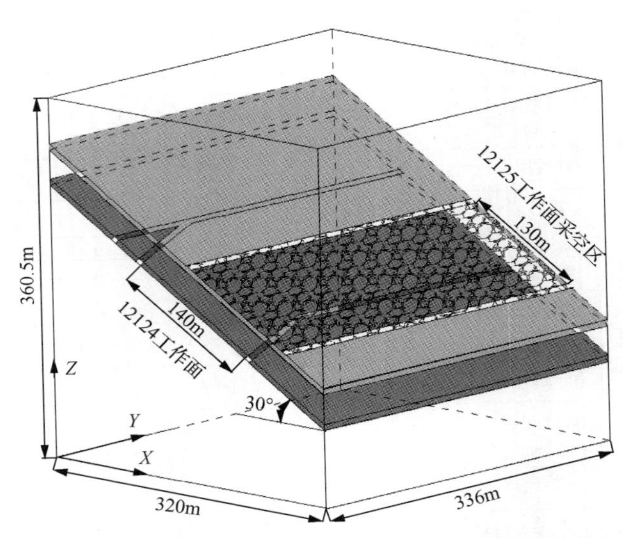

图 4-3　近距离采空区下 12124 工作面回采数值模拟计算模型

(2) 分步模拟开采 12125 工作面，并滞后 30m 充填采空区。由于大倾角工作面开采上覆岩层运动的非对称性，大倾角工作面顶板垮落不均匀，大倾角工作面上方 10m 范围内区域不充填，以便模拟采空区下近距离大倾角工作面开采。

(3) 12125 工作面模拟开采结束后，位移场平衡后模拟开采 12124 工作面。

(4) 分步模拟开采 12124 工作面。

4.2　12125 工作面开采围岩力学特征

4.2.1　12125 工作面采场围岩应力场特征

由图 4-4 可以得知：

(1) 12125 工作面开挖之后对其下方的 4 煤应力场产生了影响，其中 12125 工作面采空区下方的 4 煤形成卸压区，12125 工作面采空区上下煤柱形成了应力集中区，其中上部煤柱下方应力集中区应力值为 18MPa，下部煤柱下方应力集中区应力值为 20MPa，且 12125 工作面下部煤柱应力集中区范围大于上部应力集中区范围。

(2) 12125 工作面开挖后，12125 工作面采空区下部煤柱应力集中区高度大于采空区上部的应力集中区高度，造成采空区下部煤柱产生的应力集中区范围大。

(3) 12125 工作面顶板出现“倒勺”形应力释放区，其中 12125 工作面上部顶板的应力释放区高度最大，之后向工作面下部逐渐减小。

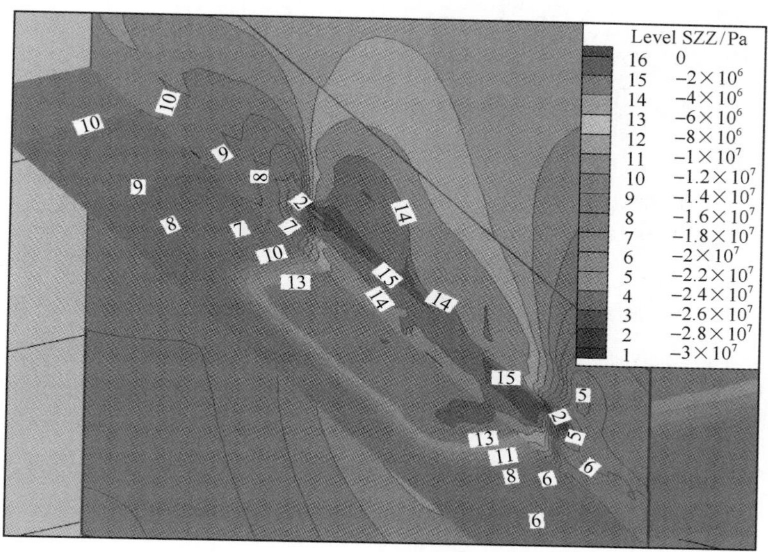

(a) 12125工作面采空区左侧

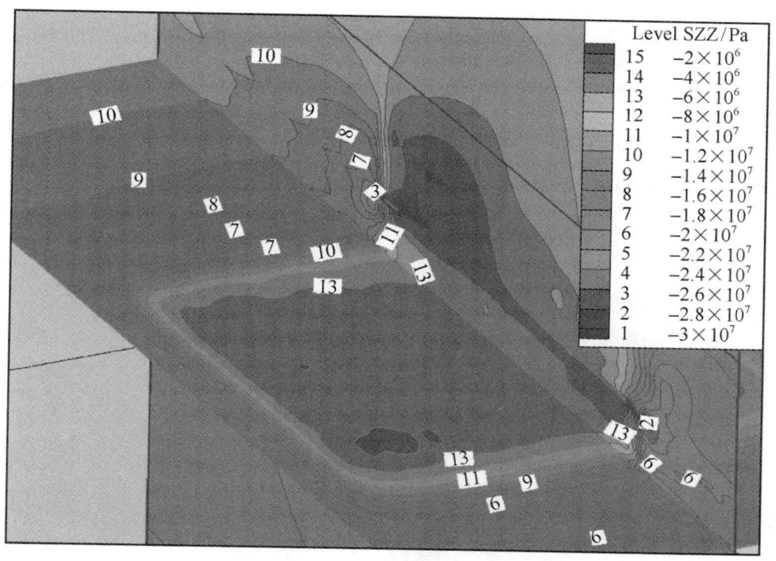

(b) 12125工作面采空区中部

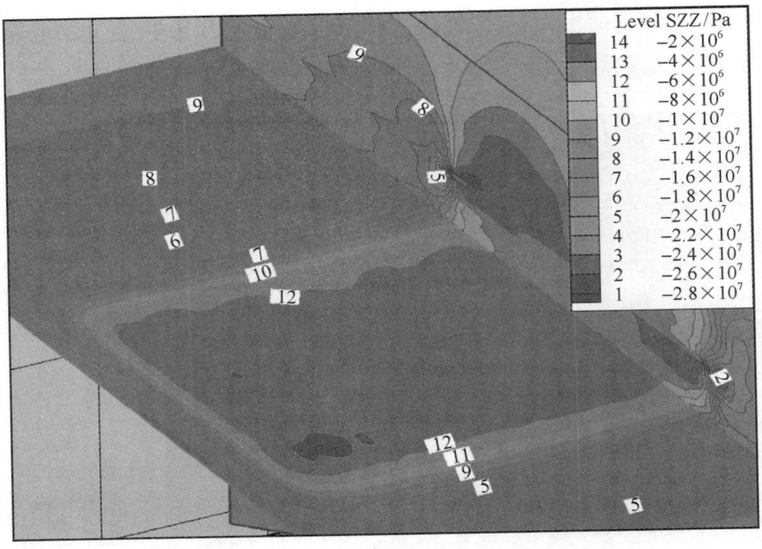

(c) 12125工作面采空区右侧

图 4-4 12125 工作面开采后采场支承压力分布云图(文后附彩图)

4.2.2 工作面开采后采场围岩位移场特征

由图 4-5 可以得知：

12125 工作面开挖之后采场顶板产生位移沉降，其中 12125 工作面顶板沉降最大位移处于工作面中下部，最大位移沉降达到 150mm，与此同时采空区煤柱的

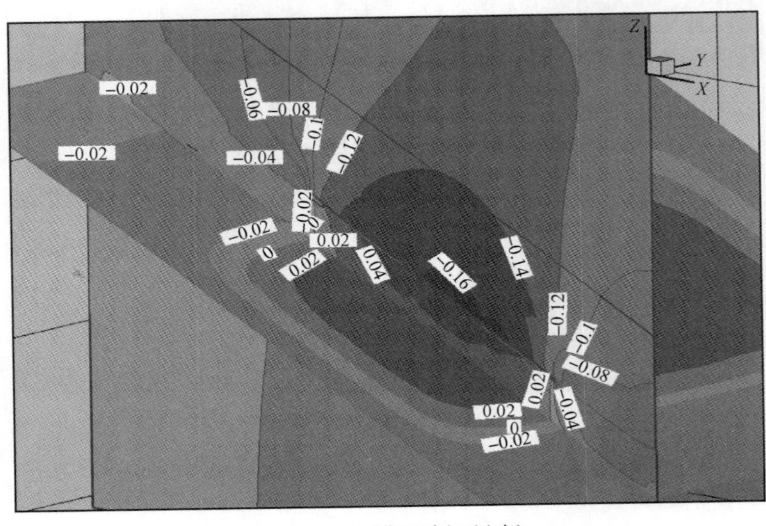

(a) 12125工作面采空区左侧

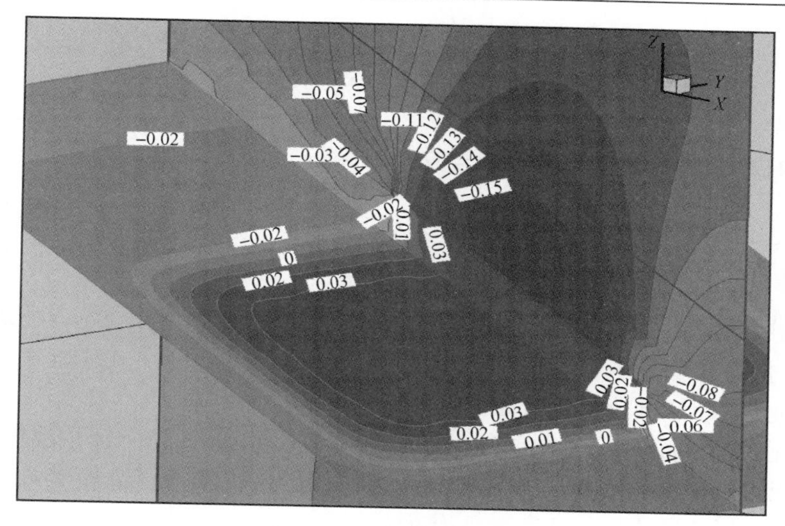

(b) 12125工作面采空区中部

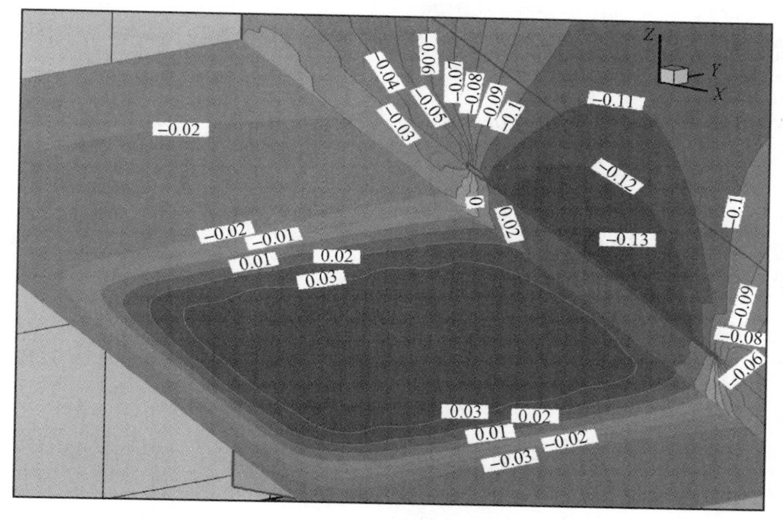

(c) 12125工作面采空区右侧

图 4-5　12125 工作面开采后采场垂直位移云图(单位：m)(文后附彩图)

应力集中导致 12125 工作面采空区底板岩层及 4 煤产生破坏，使得 12125 工作面采空区底板发生底鼓，此时 12125 工作面采空区下方的 4 煤煤岩体产生拉伸破坏，破坏产生的位移最大为 30mm 左右，而 12125 工作面采空区煤柱下方的 4 煤煤岩体产生压缩破坏，破坏产生的位移为 20mm 左右。说明 12125 工作面开采对 4 煤煤层造成大范围的塑性破坏。

4.3 12124 工作面开采围岩力学特征

4.3.1 12124 工作面走向段开采围岩应力场特征

1. 12124 工作面走向段采场支承压力云图

由图 4-6 可以得知：

(1) 由于受到 12125 工作面采空区的影响，12124 工作面中下部及巷道均处于 12125 工作面采空区卸压区下部，而 12124 工作面中上部受到 12125 工作面采空区煤柱的影响，该部分工作面处于应力集中区下方。

(2) 在近距离采空区下 12124 工作面推进初期，工作面中下部顶板仍存在“倒勺”形应力卸压区。其中工作面中部下方顶板的应力释放区高度最大，之后工作面中下部逐渐减小。当 12124 工作面推进至 20m 时，工作面顶板应力释放区的高度约为 98m。随着 12124 工作面的不断推进，工作面顶板的应力卸压区高度不断增加，当 12124 工作面推进至 100m 时逐渐趋于稳定，应力卸压区高度达到 132m 左右。

(3) 在近距离采空区下 12124 工作面推进过程中，工作面前方超前支承压力逐渐增大，当工作面推进至 20m 时，超前支承压力峰值为 32MPa；当工作面推进至 40～60m 时，超前支承压力峰值为 34MPa；当工作面推进至 80～100m 时，超前支承压力峰值为 36MPa；当工作面推进至 120m 时，超前支承压力为 38MPa，之后便趋于稳定。

(4) 在 12124 工作面推进过程中，上风巷煤柱中应力集中区呈“三角”区域分布，靠近工作面的上风巷煤柱应力集中区范围大，远离工作面时应力集中区范围逐渐减小。

(5) 在 12124 工作面推进过程中，工作面煤壁前方的支承压力范围呈不规则分布，12125 工作面采空区应力卸压区下方的 12124 工作面前方的支承压力范围比较规整，而 12125 工作面采空区上部煤柱下方的 12124 工作面前方的支承压力范围则不规则，其中靠近 12125 工作面采空区煤柱下方的 12124 工作面煤体中的支承压力影响范围较大，且应力集中系数较高，而 12124 工作面上部前方煤体中除靠近巷道的煤体中存在小范围的应力集中区，且应力集中系数较高，支承压力范围较大之外，其他区域应力集中系数较小，支承压力范围较小。因此 12125 工作面采空区煤柱下方的 12124 工作面上部支承压力呈双驼峰状，且 12124 工作面中部的驼峰大小宽度均大于 12124 工作面上部。

(6) 在 12124 工作面推进过程中，工作面上风巷的应力值远远大于工作面下部运输巷的应力值，且倍数最大达到 4 倍左右。

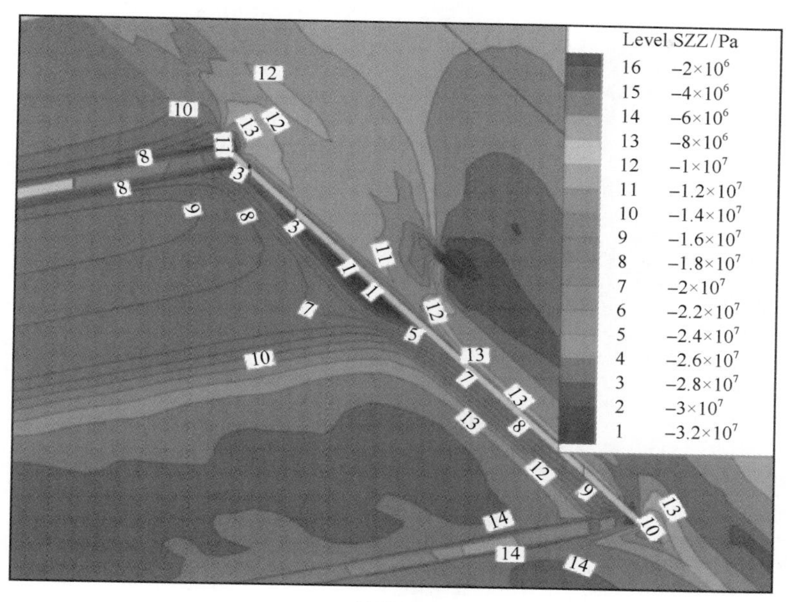

(a) 推进至20m

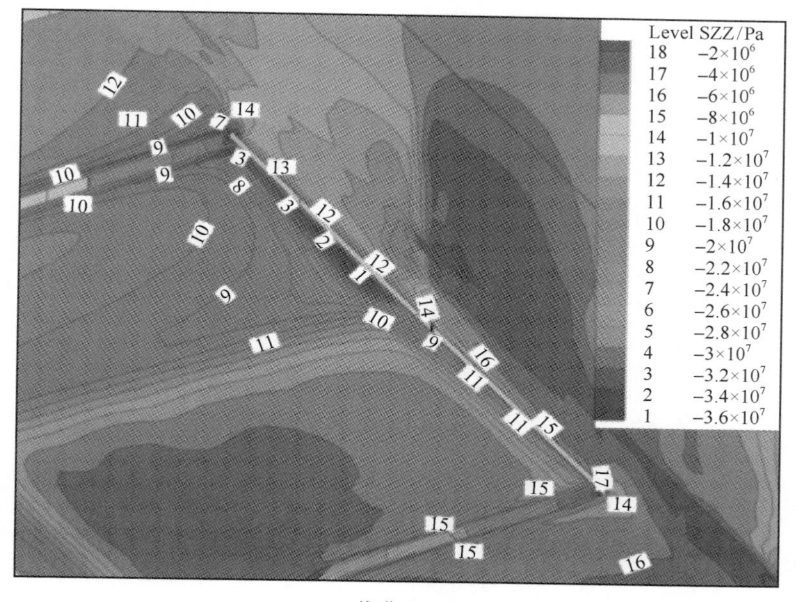

(b) 推进至100m

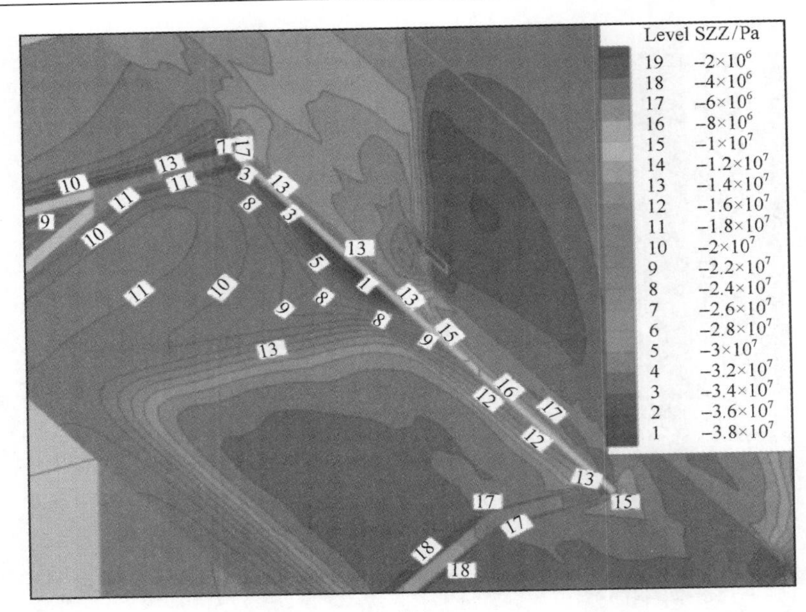

(c) 推进至160m

图 4-6　12124 工作面走向段采场支承压力分布云图(文后附彩图)

2. 12124 工作面走向段采场支承压力三维视图

由图 4-7 可以得知：

(1) 在 12124 工作面推进过程中，受 12125 工作面采空区的影响，12124 工作面中下部处于应力卸压区，而工作面中上部处于 12125 工作面采空区煤柱下方，应力集中程度大。

(2) 随着 12124 工作面的推进，采场围岩及工作面煤壁前方的支承压力值逐渐增大，且 12125 工作面采空区上部边界煤柱下方的 12124 工作面中上部煤壁前方的网格应力曲线高度高于上部风巷煤柱侧的应力曲线高度。

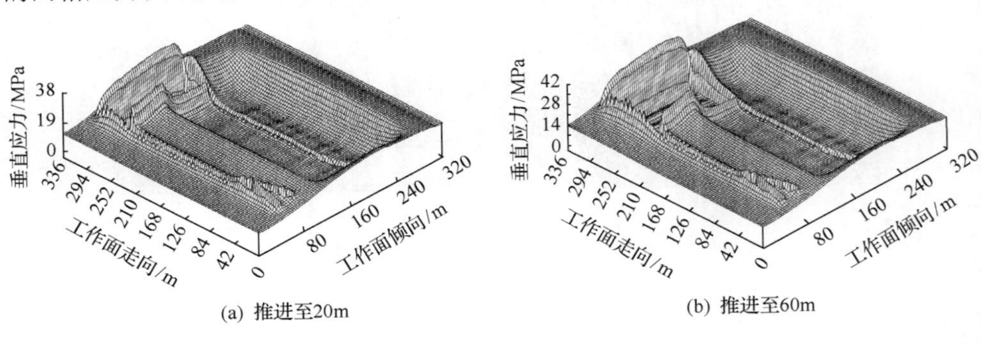

(a) 推进至20m　　(b) 推进至60m

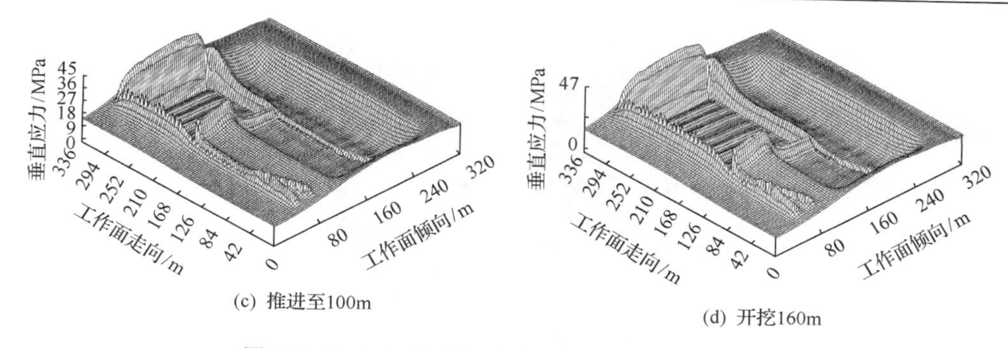

(c) 推进至100m　　(d) 开挖160m

图 4-7　12124 工作面走向段采场支承压力三维视图

(3) 在 12124 工作面推进过程中，工作面煤壁前方的上风巷的应力值较小，而拐点处上风巷及原风巷受到三角煤柱的影响，巷道应力值较大。

3. 12124 工作面走向段采场应力曲线图

由图 4-8 可以得知：

(1) 由工作面原岩应力曲线可知，当 12125 工作面未推进时，采场应力呈线性分布，工作面下部应力值较大。

(2) 当 12125 工作面开始推进后，4 煤受到其采动影响，应力重新分布，其中在 12125 工作面采空区下形成卸压区，该部分采场应力值低于原岩应力，应力值为 5MPa 左右，而 12125 工作面采空区煤柱下方 4 煤形成应力集中区，其中上部应力峰值为 19MPa 左右，应力集中系数为 1.65，下部应力峰值为 22MPa 左右，应力集中系数为 1.8。

(3) 在 12124 工作面推进过程中，工作面煤壁前方 40m 左右范围内均为支承压力区，且 5～10m 为支承压力峰值区域。

(4) 在 12124 工作面推进初始阶段，采场围岩应力峰值逐渐增加，当工作面推进至 20m 时，应力峰值为 35MPa 左右，当工作面推进至 100m 左右时，采场围岩应力值趋于稳定，应力峰值达到 40MPa 左右。

(5) 在 12124 工作面推进过程中，工作面煤壁前方形成超前支承压力，工作面前方 5m 左右处超前支承压力区域的应力值全部高于原岩应力。而 12124 工作面中下部由于受到 12125 工作面采空区影响应力集中程度低于工作面中上部，且 12124 工作面煤岩体中的应力峰值靠近 12125 工作面采空区上部边界煤柱下。12124 工作面巷道两侧实体煤及煤柱中形成应力集中区，工作面煤壁前方 5～10m 范围的巷道两侧实体煤中的应力值高于煤柱中的应力值，而超出 10m 范围的巷道两侧实体煤中的应力值低于煤柱中的应力值。

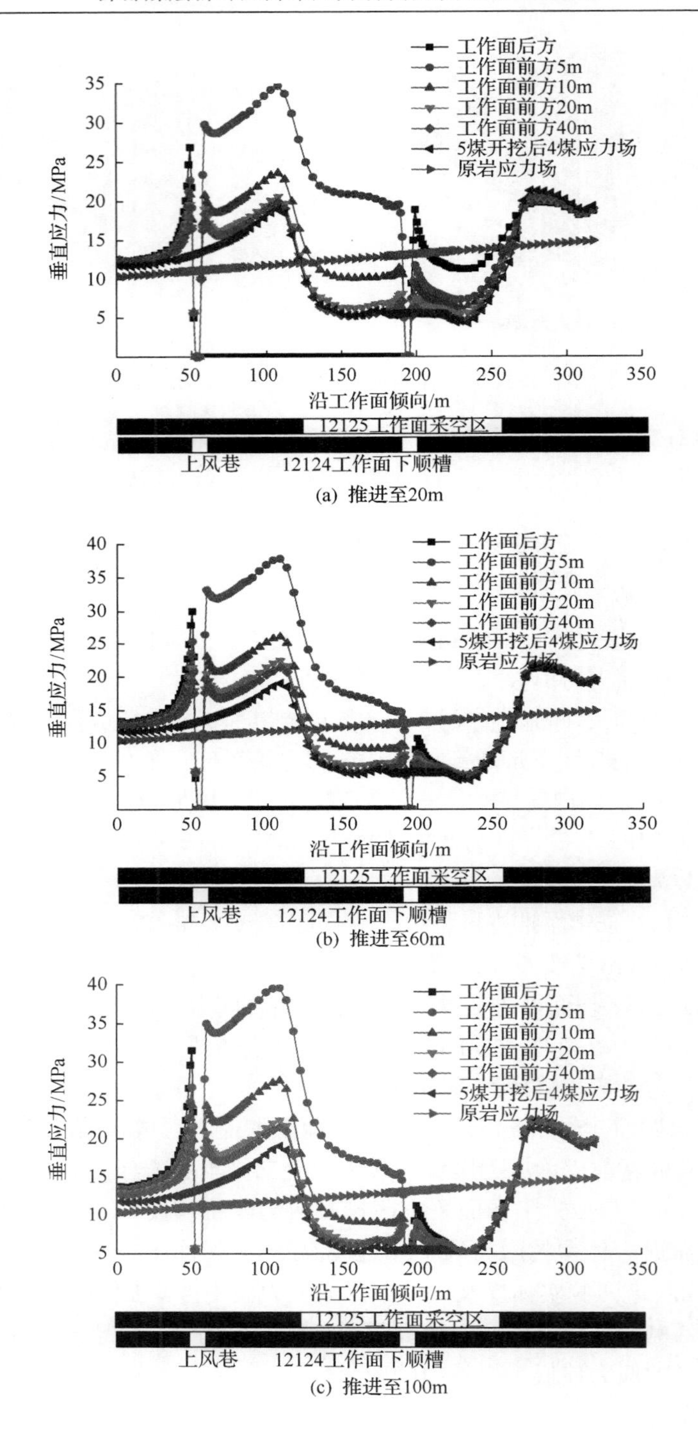

(a) 推进至20m

(b) 推进至60m

(c) 推进至100m

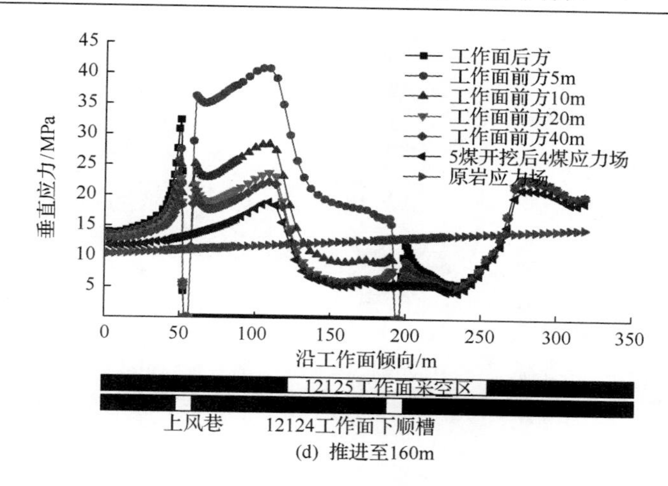

(d) 推进至160m

图 4-8　12124 工作面走向段采场支承压力曲线图

4.3.2　工作面走向段采场围岩位移场特征

1. 12124 工作面走向段采场垂直位移云图

由图 4-9 可以得知：

(1)在 12124 工作面走向段推进过程中，工作面采场顶板发生位移沉降，位移沉降的最大位置位于工作面的中上部，同时随着工作面的推进，顶板的位移沉降逐渐增大，最大值达到 55mm，而 12124 工作面中下部的顶板位移沉降量小于工作面上部。

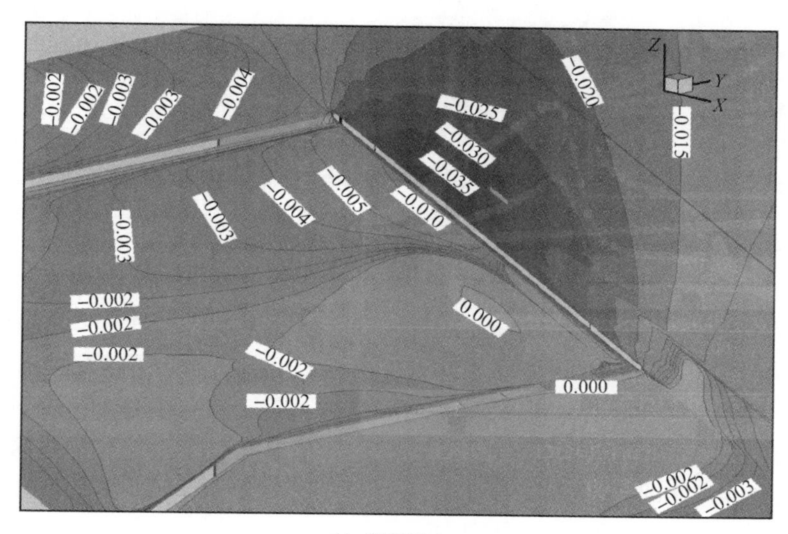

(a) 推进至20m

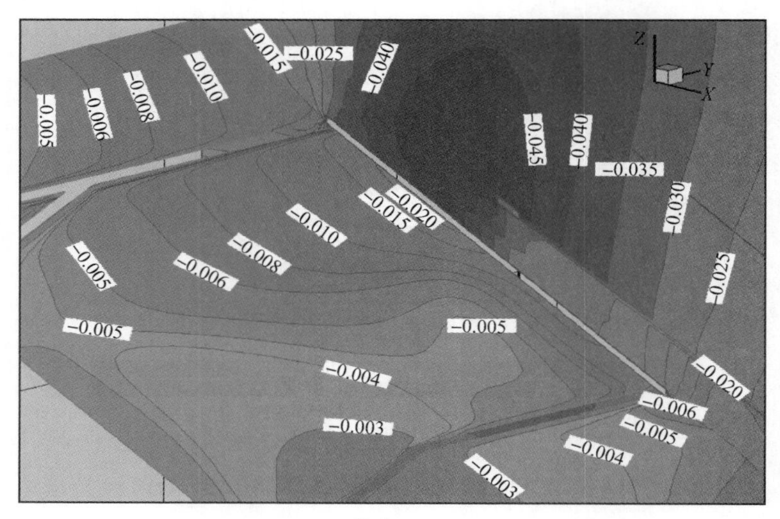

(b) 推进至100m

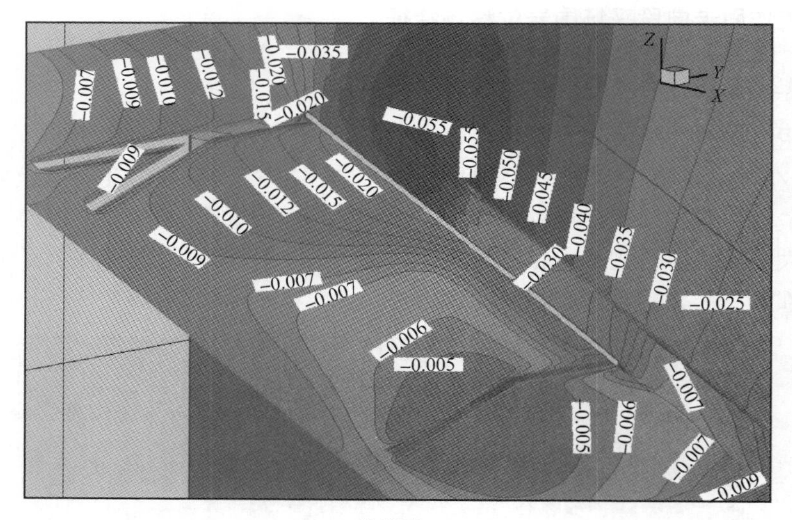

(c) 推进至160m

图 4-9　12124 工作面走向段综采采场垂直位移云图(单位：m)

(2) 在 12124 工作面走向段推进过程中，工作面采场煤层垂直位移呈现非对称性。其中，工作面中上部煤壁前方的垂直位移大于工作面中下部煤壁前方的垂直位移。

(3) 在 12124 工作面走向段推进过程中，煤壁前方的垂直位移值越来越大，当工作面推进至 80m 时，工作面中上部煤壁前方的垂直位移达到 20mm，而工作面中下部的垂直位移为 10mm，且中上部位移等值线分布不规则，而中下部位移等值线分布较规则。工作面中上部位移等值线向煤壁前方的煤岩体波及，且等值线密度越来越大，而工作面中下部煤岩体位移等值线处煤壁除前方 15～30m 呈平行分布外，30m 以外的煤岩体中垂直位移等值线闭合，呈“气泡”状，且位移值小于工作面中上部对应位置的位移值。

2. 12124 工作面走向段采场水平位移云图

由图 4-10 可以得知：

(1) 当 12124 工作面推进至 10m 时，工作面煤壁前方煤体受到采动影响产生位移，且位移最大值为 7mm，采动影响对煤体产生的位移向煤体深部波及，工作面煤体位移等值线波峰位置靠近工作面下部 1/3 处。

(2) 当 12124 工作面推进至 20m 时，工作面煤体前方位移场发生变化，位移峰值达到 10mm，且位移等值线波峰位置逐渐向工作面中上部移动，且上风巷煤柱侧内部的煤体位移变化越来越大。

(3) 当 12124 工作面推进至 60m 时，工作面煤壁前方煤体的位移变化波及旋转拐点处，且工作面上部端头的煤柱侧位移达到 6mm，此时工作面煤壁前方煤体位移等值线波峰位置趋于稳定。

(4) 当 12124 工作面推进至 100m 时，工作面煤壁前方位移峰值达到 14mm，工作面上部端头的煤柱侧位移达到 8mm，工作面下部端头煤柱侧位移为 4mm。

(5) 当 12124 工作面推进至 160m 时，工作面煤壁前方位移峰值达到 16mm，工作面上部端头的煤柱侧位移达到 10mm，且工作面煤壁前方位移等值线密度加大。

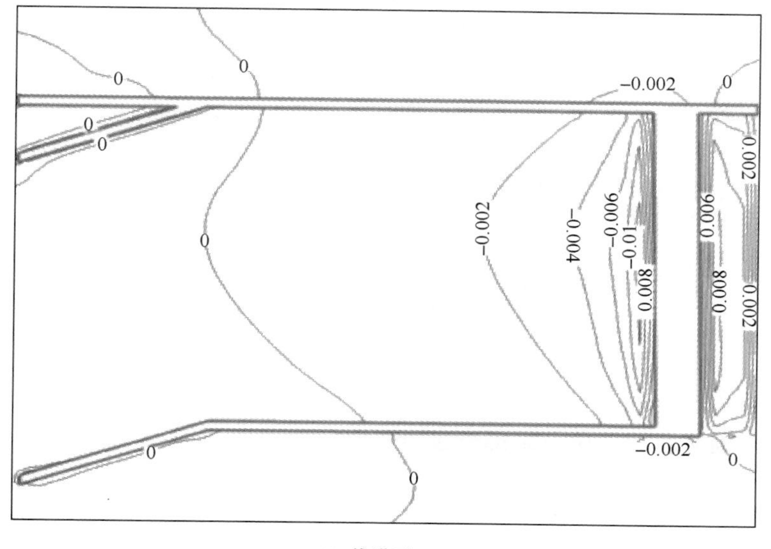

(a) 推进至20m

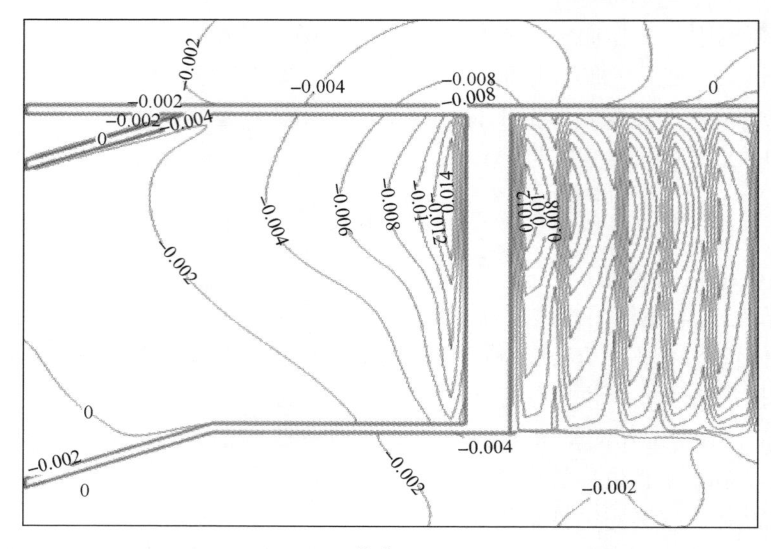

(b) 推进至100m

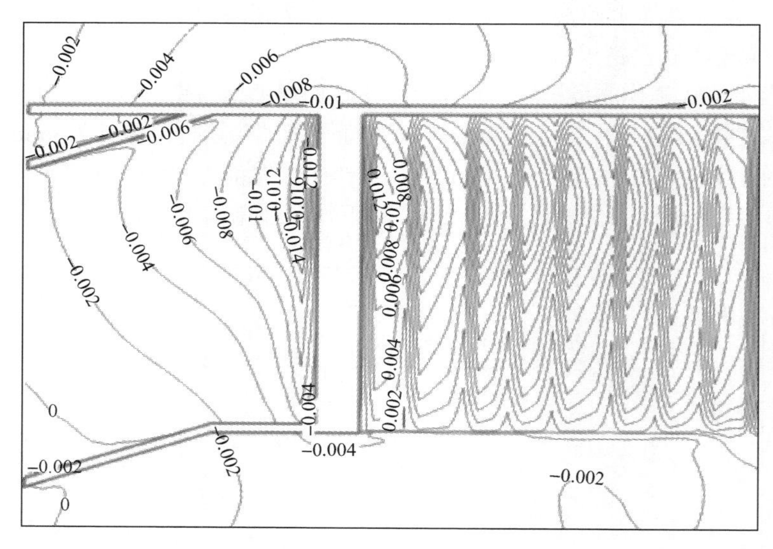

(c) 推进至160m

图 4-10　12124 工作面走向段综采采场水平位移云图(单位：m)

4.3.3　工作面旋转综采段开采围岩应力场特征

1. 12124 工作面旋转综采段采场支承压力

由图 4-11 可以得知：

（1）在 12124 工作面旋转综采过程中，12124 工作面采场顶板应力场特征与 12124 工作面走向段推进类似，仍存在“倒勺”形应力卸压区。

（2）工作面煤壁前方采场仍存在不规则应力场；旋转综采推进至拐点前 5m 时，煤壁前方的应力峰值增大，应力峰值逐渐增大到 40MPa。

（3）当 12124 工作面推进至拐点时，工作面中上部煤壁前方支承压力峰值逐渐贯通，推进过旋采拐点时，工作面中上部煤壁前方支承压力仍出现贯通，但是应力峰值减小。

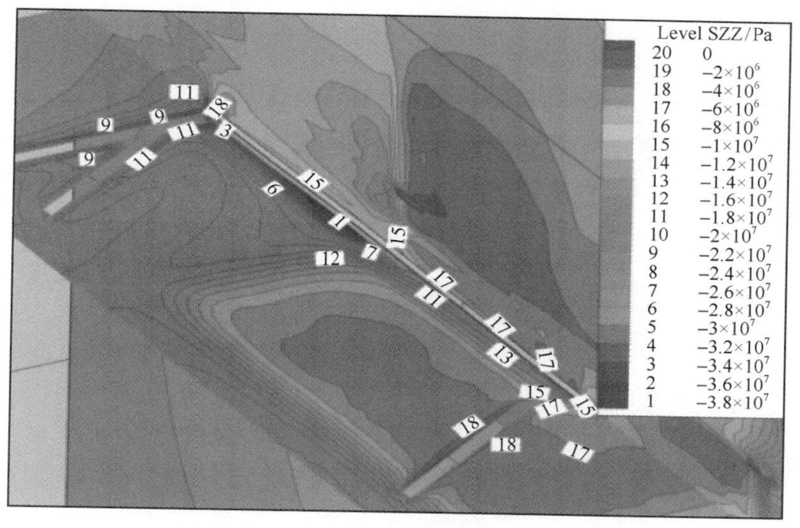

(a) 推进至旋采拐点前20m

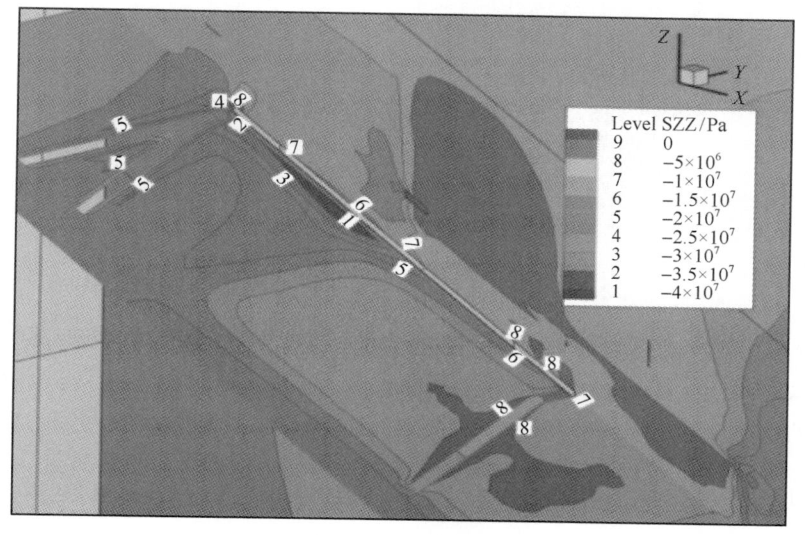

(b) 推进至旋采拐点前10m

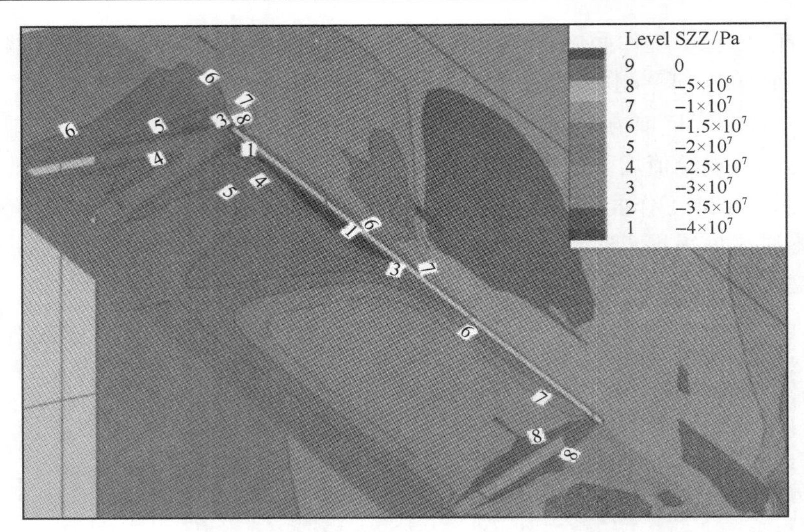

(c) 推进至旋采拐点处

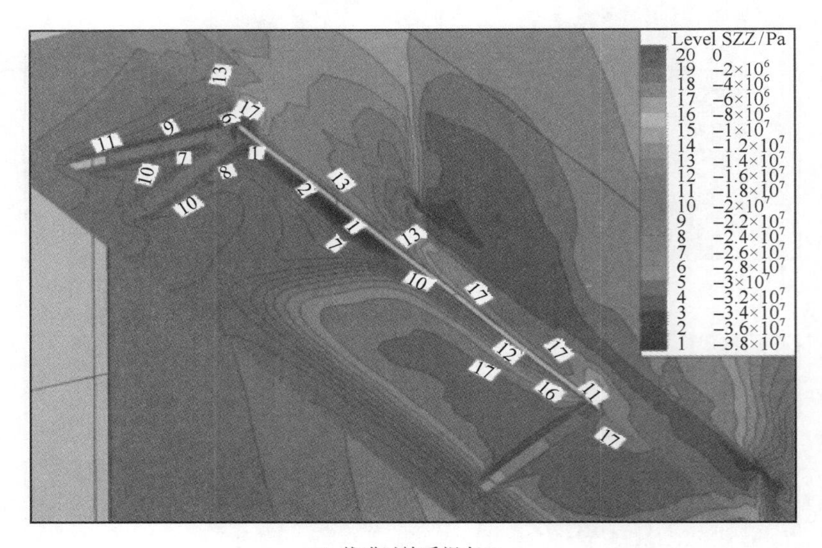

(d) 推进过旋采拐点10m

图 4-11 12124 工作面旋采段采场支承压力云图(文后附彩图)

(4)在 12124 工作面推进过程中，原风巷受到采动影响大，且原风巷下侧煤柱的应力集中程度大于上侧煤柱的应力集中程度。而过拐点后的上风巷实体煤中的应力集中程度大于上侧煤柱的应力集中程度，且为对应位置运输巷应力值的5倍左右。

2. 12124 工作面旋转综采段采场支承压力三维视图

由图 4-12 可以得知：

(1) 在 12124 工作面旋转综采过程中，12124 工作面中下部处于应力卸压区，而工作面中上部处于 12125 工作面采空区煤柱下方，应力集中程度大。

(2) 在 12124 工作面旋转综采过程中，工作面前方煤体的应力值逐渐增大至峰值，过旋采拐点后，煤壁前方应力值逐渐降低至原岩应力以下。

(3) 在 12124 工作面旋转综采过程中，拐点处上风巷及原风巷受到三角煤柱的影响，巷道应力值较大，且原风巷下侧煤柱的应力集中程度大于上侧煤柱的应力集中程度。

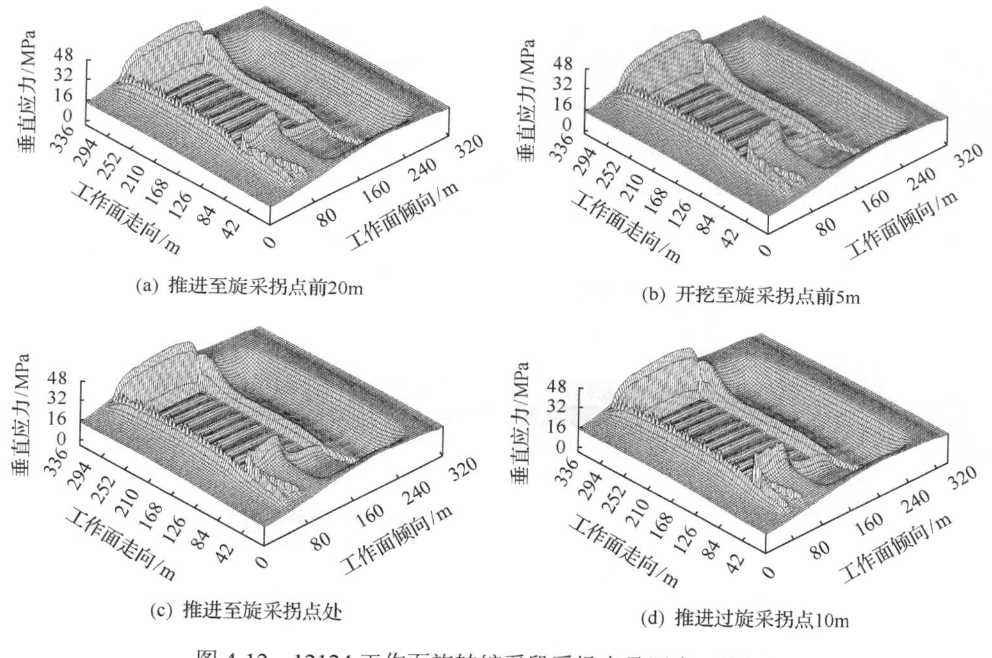

图 4-12　12124 工作面旋转综采段采场支承压力三维视图

3. 12124 工作面旋转综采段采场应力曲线图

由图 4-13 可以得知：

(1) 在 12124 工作面旋转段综采推进过程中，旋采拐点前方 5～20m，工作面前方应力场受 12125 工作面采空区的影响，仍呈现不规则特性，且应力场分布与走向段开采类似。

(2) 当 12124 工作面旋转综采 20m，工作面煤壁到达拐点前方 5m 处时，在旋采拐点处 12124 工作面中上部煤体应力值形成贯通，且上风巷实体煤的应力峰值高达 46.5MPa，高于 12125 工作面采空区上部煤柱下方的应力峰值(45.2MPa)。

(3) 当 12124 工作面旋转综采推进至过旋采拐点 10m 时，煤壁前方 5m 处工作面中上部应力峰值区域仍呈现贯通现象，但应力峰值减小为 42.4MPa，但是上风巷下侧实体煤中的应力峰值达到 45MPa。

(4) 当 12124 工作面旋转综采推进至旋采拐点后，工作面煤壁前方的支承压力峰值减小，但是上风巷下侧实体煤侧应力峰值高于 12125 工作面采空区上部煤柱下方附近的 12124 工作面煤体的应力峰值。

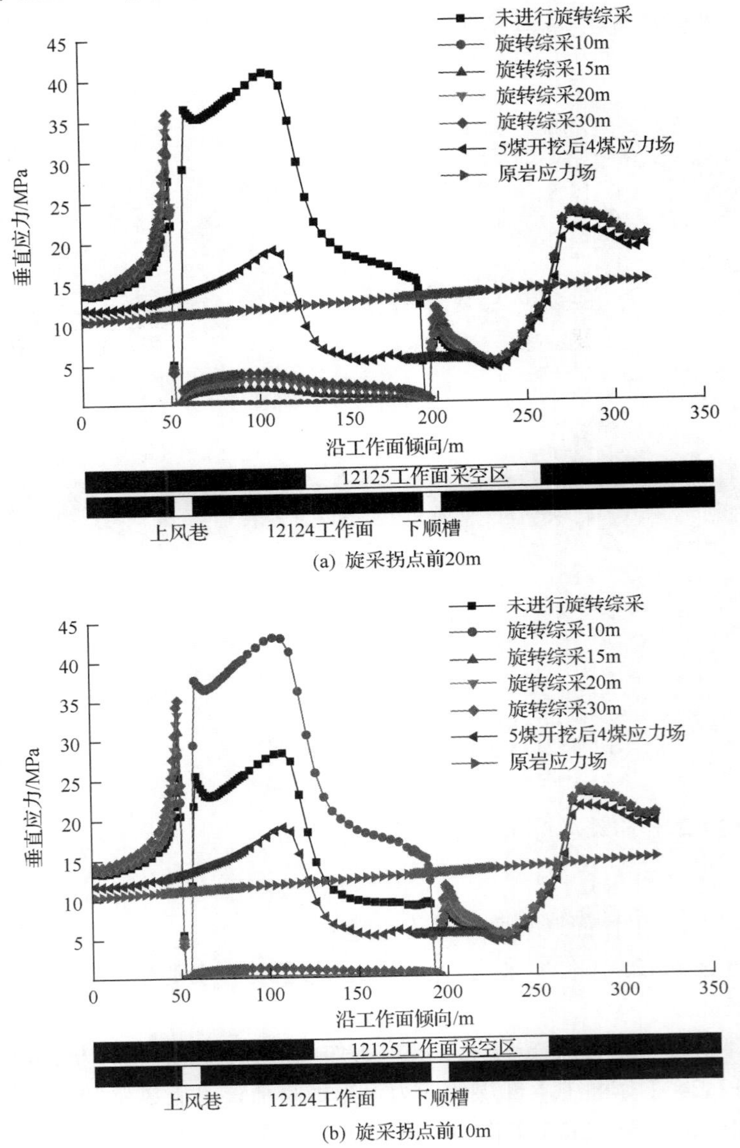

(a) 旋采拐点前20m

(b) 旋采拐点前10m

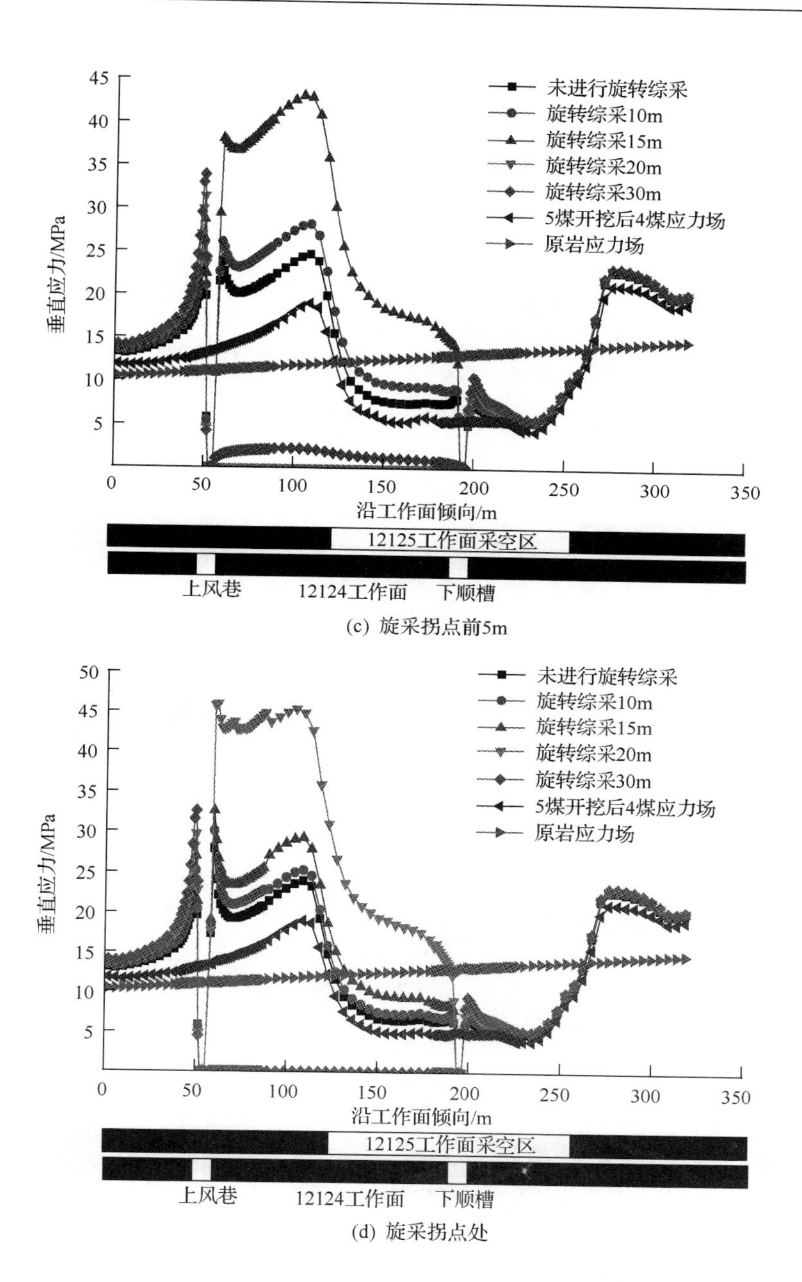

(c) 旋采拐点前5m

(d) 旋采拐点处

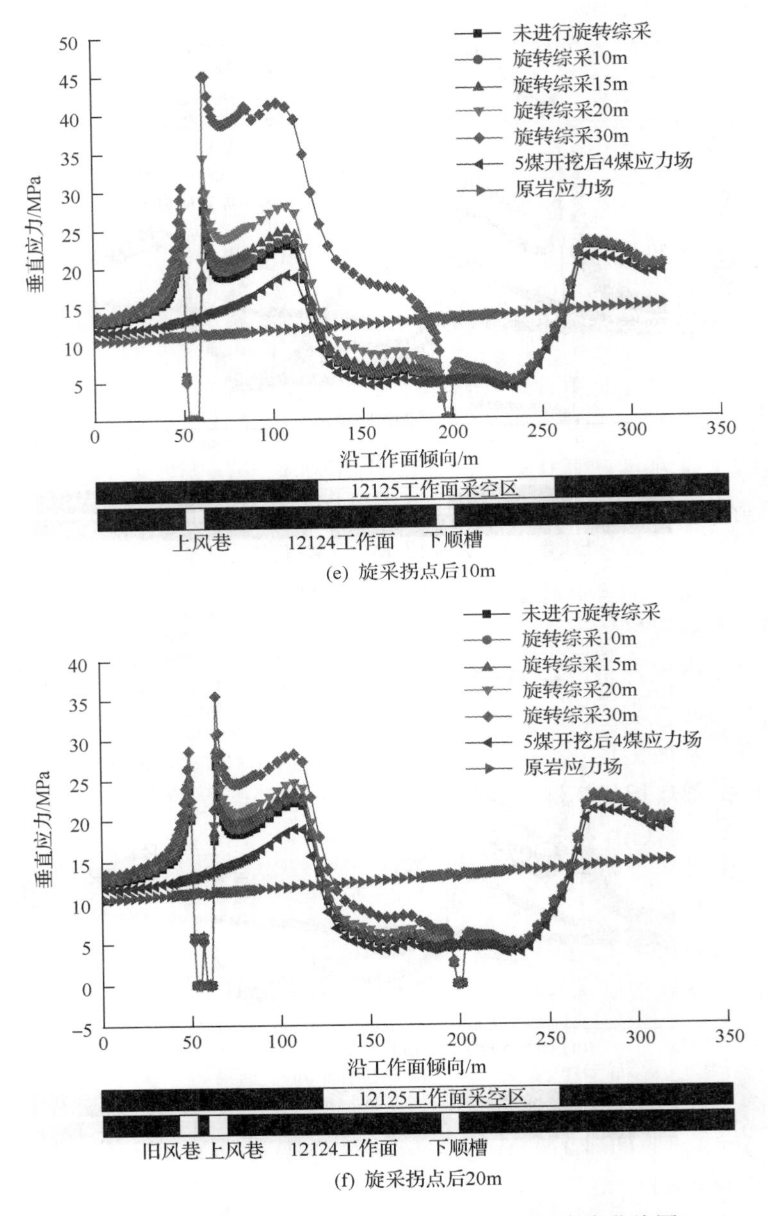

图 4-13　12124 工作面旋采段采场不同位置应力曲线图

旋转综采 10m 时煤壁距拐点 15m；旋转综采 15m 时煤壁距拐点 10m；
旋转综采 20m 时煤壁距拐点 5m；旋转综采 30m 时煤壁过拐点 5m

4.3.4　工作面旋转综采段采场围岩位移场特征

1. 12124 工作面旋采段采场垂直位移云图

由图 4-14 可以得知：

(1) 在 12124 工作面旋转段综采推进过程中，工作面采场顶板沉降特征与走向段综采类似，位移的最大位置位于大倾角工作面的中上部。

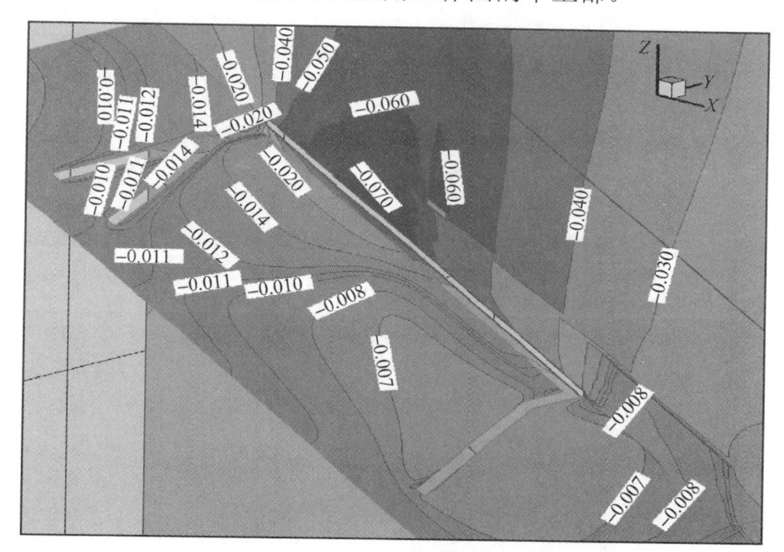

(a) 推进至旋采拐点前20m

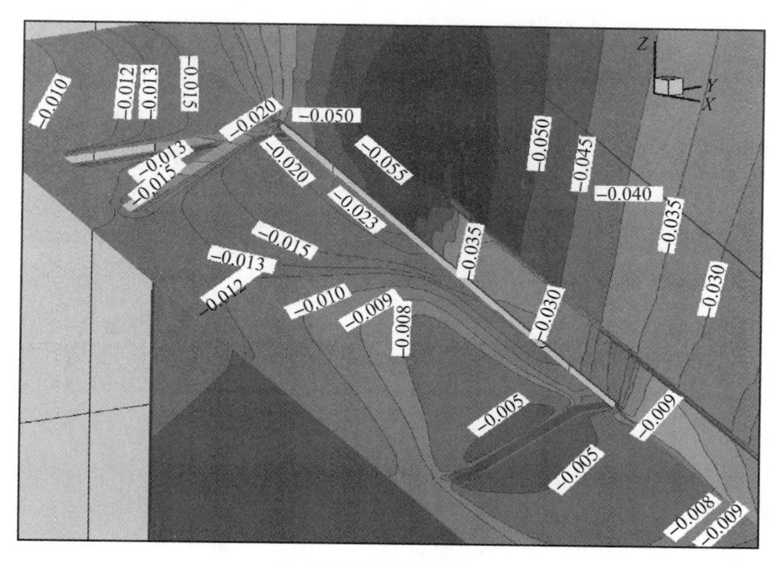

(b) 推进至旋采拐点前10m

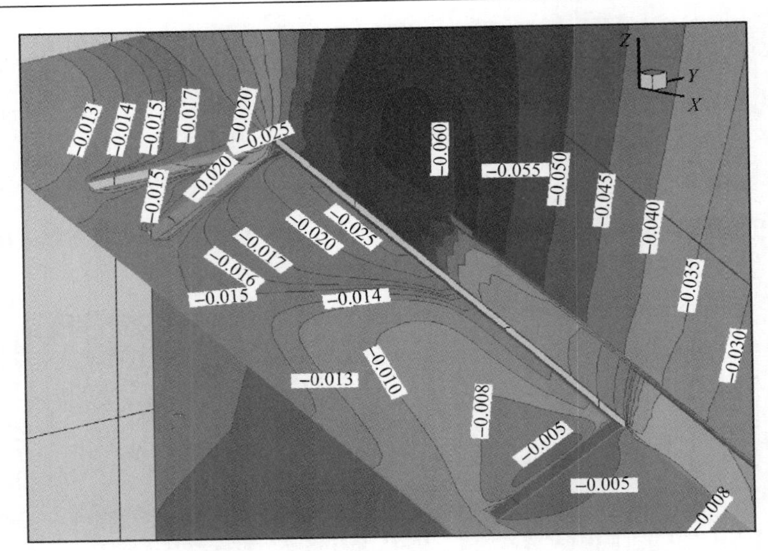

(c) 推进至旋采拐点处

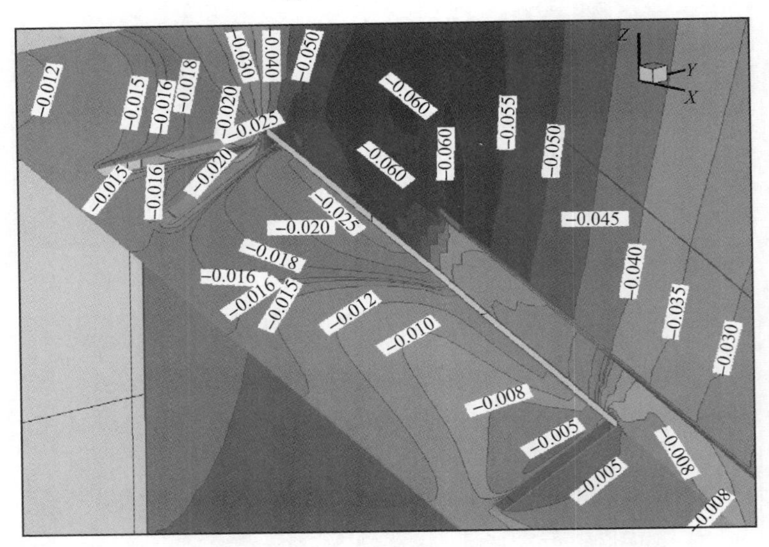

(d) 推进至过旋采拐点10m

图 4-14　12124 工作面旋采段采场垂直位移云图(单位：m)

(2) 在 12124 工作面旋转段综采推进过程中，工作面采场煤壁前方的垂直位移变大，最大垂直位移达到 25mm。工作面中上部煤壁前方煤体的位移等值线宽度逐渐减小，工作面中下部煤壁前方煤体中仍存在“气泡”状位移等值线，且位移值变大。

(3) 在 12124 工作面旋转综采段推进过程中，工作面上部原风巷、上风巷帮部及三角煤柱的垂直位移逐渐变大，当旋转综采推进至旋采拐点时三角煤柱的垂直位移达到 20mm，当推进过旋采拐点后三角煤柱的垂直位移稳定。

2. 12124 工作面旋转综采段采场水平位移云图

由图 4-15 可以得知：

(1) 当 12124 工作面旋转综采推进至拐点前 20m 时，工作面煤壁前方位移峰值达到 17mm，工作面上部端头煤柱侧位移达到 10mm，且煤壁前方位移等值线密度大于走向段开采时的位移等值线密度。

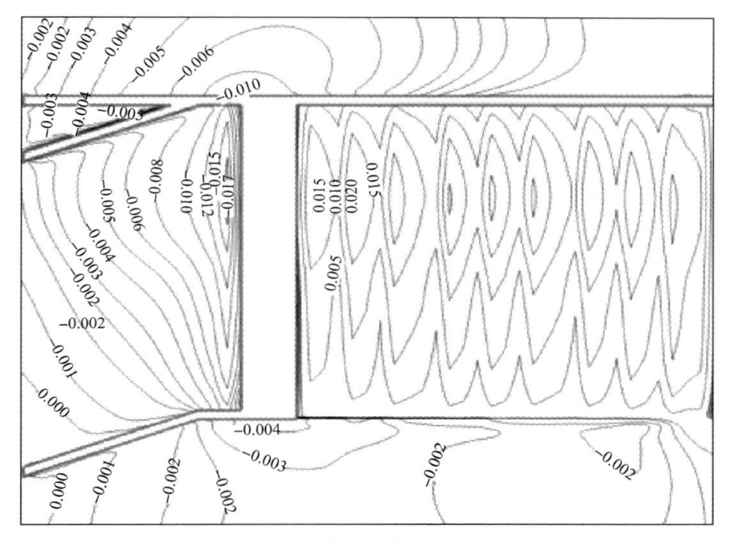

(a) 推进至旋采拐点前20m

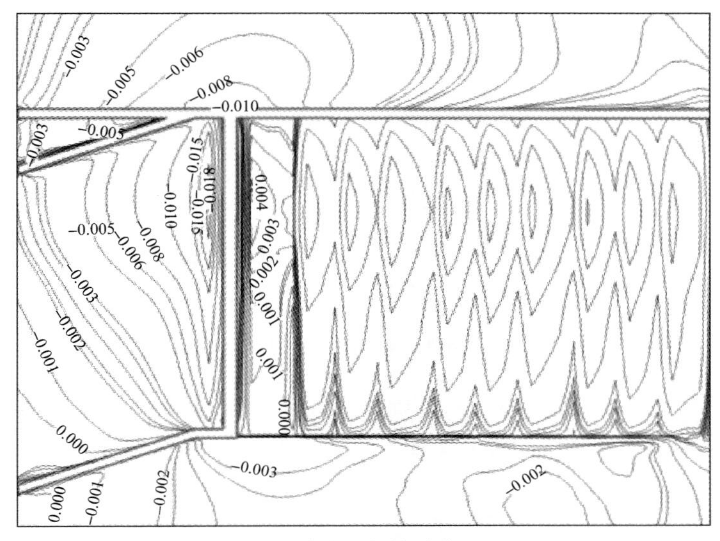

(b) 推进至旋采拐点前10m

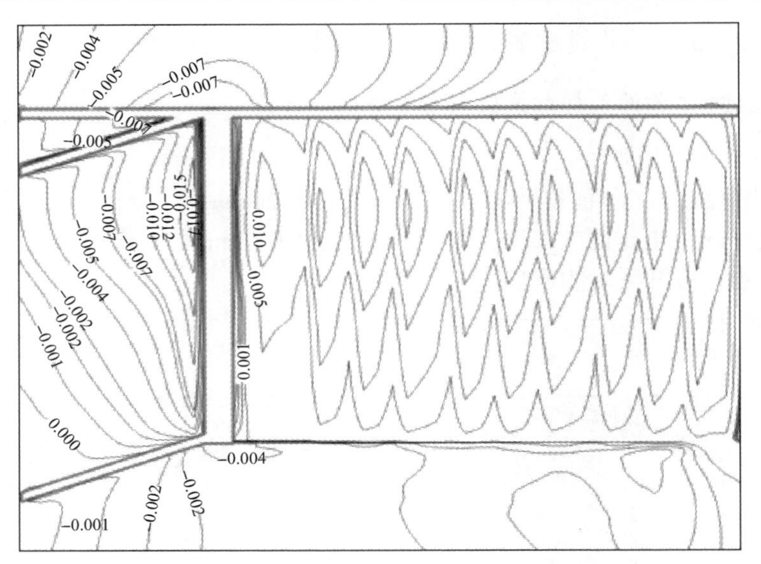

(c) 推进至旋采拐点处

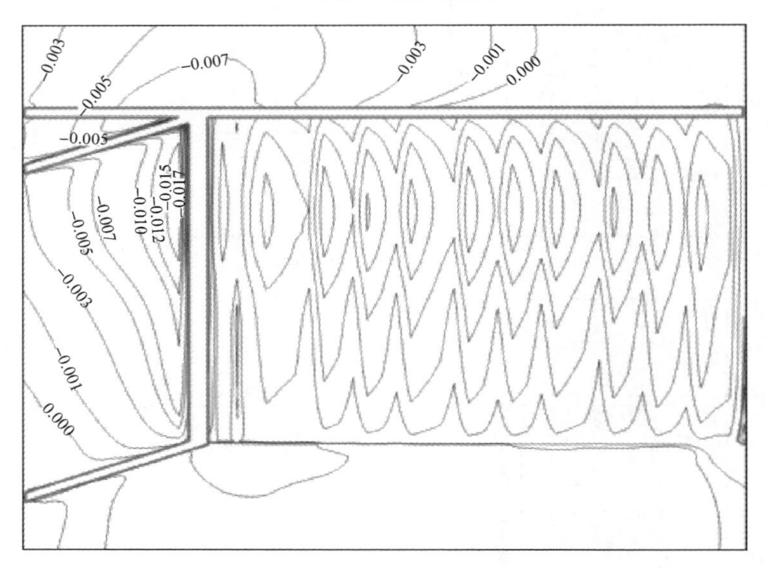

(d) 推进至过旋采拐点10m

图 4-15　12124 工作面旋采段采场水平位移曲线图(单位：m)

(2)当 12124 工作面旋转综采推进至拐点前 10m 时，工作面煤壁前方位移峰值达到 18mm，工作面上部端头煤柱侧位移达到 10mm，且煤壁前方位移等值线密度进一步加大。

(3)当 12124 工作面旋转综采推进至过拐点时，工作面煤壁前方位移峰值达到

17mm，工作面上部端头煤柱侧位移减小为 7mm，煤壁前方位移等值线密度减小。

4.4　小　结

结合潘二矿大倾角工作面 12125 工作面和 12124 工作面的工程地质条件，建立了 FLAC3D 数值模拟计算模型，对 12125 工作面开采底板破坏特征和采空区下近距离 12124 工作面开采采场围岩力学特征等进行了分析研究，得出如下结论。

(1) 在 12125 工作面开采过程中，采动影响产生的支承压力和剪切应力波及底板，底板岩层的支承压力和剪切应力分布与底板岩性有关。采动影响产生的支承压力峰值一般小于底板岩性的抗压强度，且随着深度的增加，支承压力峰值减小，但当支承压力峰值靠近并超过底板岩层的抗压强度时，底板将破断并卸压，导致应力峰值减小，之后随着工作面的推进，峰值又增加。12125 工作面开采产生的剪切应力使工作面下部 4 煤及上部顶板破断，且支承压力的重复加载导致 4 煤及上部顶板破碎，这将导致该部分煤层卸压。

(2) 近距离 12125 工作面采空区下 12124 工作面走向段综采时，受 12125 工作面采空区的影响，工作面中下部顶板仍存在“倒勺”形应力卸压区，工作面中上部受采空区煤柱的影响，产生“双驼峰”形应力集中区，其中靠近巷道侧应力集中峰值小于 12125 工作面采空区煤柱下方应力集中峰值。

(3) 进行旋转综采时，12124 工作面顶板特征与走向段类似，但是受旋采拐点的影响，旋转靠近拐点 5m 左右时，拐点处的应力峰值与 12125 工作面采空区下部应力峰值形成贯通，造成整个工作面上部大范围应力集中。

第 5 章　煤层群卸压开采应力裂隙演化机理分析

5.1　近距离煤层群卸压开采应力裂隙演化机理

煤炭采出后，采场围岩应力状态被打破，围岩应力场将重新分布。对于近距离煤层群的开采，由于受到多次采动的影响，围岩应力分布特征与演化规律更加复杂。采用数学统计及弹塑性力学方面的有关理论，分析数值模拟和相似模拟中单一煤层及多煤层开采后围岩应力分布及变化规律，进而建立近距离煤层群开采的力学模型，为多煤层开采应力作用规律及产生的卸压效应提供理论依据。

5.1.1　单一煤层开采采动应力分布规律

当工作面煤层未开采时，采场围岩应力处于原始平衡状态。当工作面煤层开采后，造成煤层顶板下沉、变形直至破断垮落，而煤层底板由于采空区卸压使得底板破坏岩体向上鼓起形成破坏性裂隙，从而对煤层底板一定范围内近距离煤层造成破坏。采场围岩原有的应力平衡状态被破坏，使得应力重新分布，形成应力集中区和应力降低区。针对潘二矿西四采区 8 煤的开采条件，建立 8 煤开采后工作面围岩力学模型并以此来分析研究 8 煤开采对其下部近距离煤层开采的影响，图 5-1 为 8 煤开采顶底板力学模型。

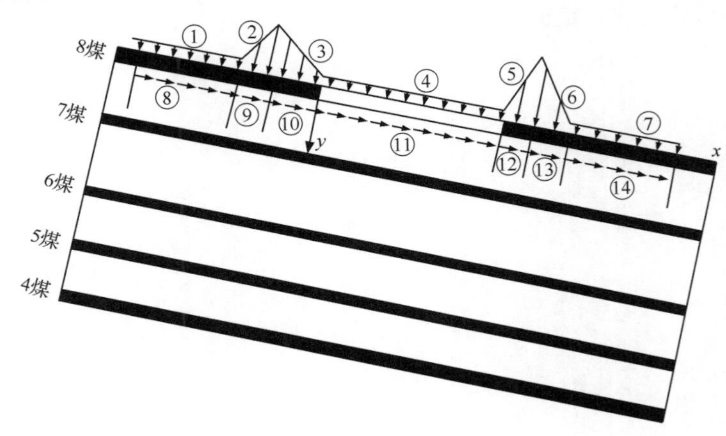

图 5-1　8 煤开采顶底板力学模型

理论研究及现场观测表明，煤层开采后都会在采场四周形成支承压力，在工作面走向和工作面倾向产生的应力分布也有类似的规律，即在工作面周围的围岩内产生高于原岩应力的支承压力，而在采空区内则形成应力小于原岩应力的卸压区。8 煤开采后，在工作面前方形成超前支承压力，在工作面上下两侧形成侧向支承压力，采场覆岩应力传递到采场四周煤柱和底板岩体内，造成采场围岩破坏。煤层存在角度时，不同于水平及近水平煤层，采场围岩和底板岩体受力情况与破坏特征比较复杂。倾斜煤层工作面上下两侧巷道(顺槽)埋深不同，使得工作面上下两侧的侧向支承压力峰值、峰值分布范围及其距离巷道煤壁的距离不同，与水平工作面采场侧向支承压力的分布特点不同。

为了研究沿煤层倾斜方向工作面底板应力分布特征，将倾斜煤层沿煤层倾斜方向的工作面底板简化为空间半无限体，而将工作面两侧的侧向支承压力分解为垂直于煤层的横向力及平行于煤层的纵向力(垂直于煤层的横向力对煤层底板产生压破坏；而平行于煤层的纵向力，产生沿煤层斜向下的剪切应力，使底板岩层产生滑移，对底板岩层产生剪切破坏)，并将其简化为线性载荷加载到空间半无限体上。依据倾斜煤层沿煤层倾斜方向工作面侧向支承压力的分布特点，建立沿煤层倾斜方向工作面顶底板力学模型(工作面采用走向长壁开采，工作面沿煤层倾斜方向布置)，建立的二维直角坐标系如图 5-2 所示。图中，煤层倾角为α，(°)；煤层工作面上顺槽煤层的埋深为H，m；工作面岩体容重为γ，KN/m^3；冒落带高度为H_{m}；c、g、o、a、b、d、e、f为线性分布载荷的拐点在x轴上的垂直投影点；k_1、k_2、k_3、k_4为支承压力集中系数，且$k_1>k_2>1>k_3>k_4$；①、②、③、④、⑤、⑥、⑦区为简化的支承压力在垂直煤层方向的垂向分力；⑧、⑨、⑩、⑪、⑫、⑬、⑭为简化的支承压力在平行煤层方向的倾斜分力(产生沿x方向斜向下的剪切力)；④、⑪区为回采工作面位置冒落带在回采工作面中部产生的垂向分力与倾斜分力分别为$\gamma H_m \cos\alpha$和$\gamma H_m \sin\alpha$；①、②、③、⑧、⑨、⑩区位于倾斜煤层工作面的上侧，②、③、⑨、⑩区为上侧侧向支承压力升高区，①、⑧区为上侧原岩应力区；横向载荷由工作面上侧边缘o点的$k_4\gamma H\cos\alpha$线性增加到a点的$k_2\gamma(H+x_a\sin\alpha)\cos\alpha$，然后再降低到$b$点的原岩应力$\gamma(H+x_b\sin\alpha)\cos\alpha$，而纵向载荷由工作面上侧边缘$o$点的$k_4\gamma H\sin\alpha$线性增加到$a$点的$k_2\gamma(H+x_a\sin\alpha)\sin\alpha$，然后再降低到$b$点的原岩应力$\gamma(H+x_b\sin\alpha)\sin\alpha$；⑤、⑥、⑦、⑫、⑬、⑭区位于倾斜煤层工作面的下侧，⑤、⑥、⑫、⑬区为下侧侧向支承压力升高区，⑦、⑭区为下侧原岩应力区；横向载荷由工作面下侧边缘d点的$k_3\gamma(H+x_d\sin\alpha)\cos\alpha$线性增加到$e$点的$k_1\gamma(H+x_e\sin\alpha)\cos\alpha$后，再降低到$f$点的原岩应力$\gamma(H+x_f\sin\alpha)\cos\alpha$，而纵向载荷由工作面下边缘$d$点的$k_3\gamma(H+x_d\sin\alpha)\sin\alpha$线性增加到$e$点的$k_1\gamma(H+x_e\sin\alpha)\sin\alpha$，然后再降低到$f$

点的原岩应力 $\gamma(H + x_f \sin\alpha)\sin\alpha$ 。

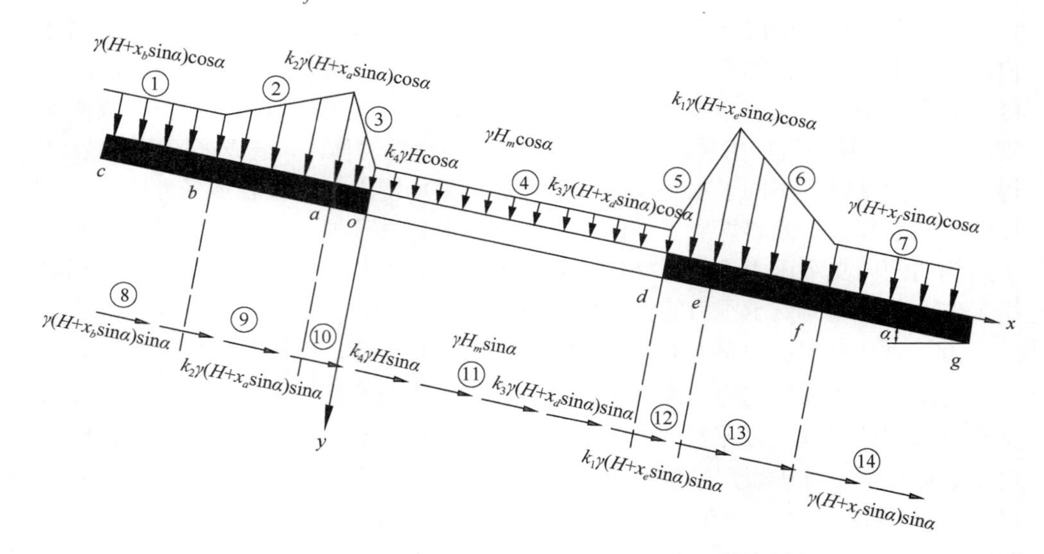

图 5-2 简化的沿煤层倾斜方向工作面顶底板力学模型

5.1.2 近距离煤层群下行卸压开采应力场演化特征

顶煤层(8 煤)开采后，煤层顶板自下而上依次发生冒落、离层、弯曲沉降等过程，上覆岩层的应力转移使得煤层顶板产生卸压效应(图 5-3)，煤层底板则因开采后形成自由面而卸压，因此顶底板形成拱形卸压区(底板为倒拱形状)，顶板应力拱具有承载上覆岩层应力及向下方传递载荷的作用；相应的应力转移到两侧煤柱造成应力集中现象，形成环形增压区域，向内环发展，应力集中系数增加；随着开采尺寸的增大，顶底板拱形卸压区范围在不断增大；基本顶断裂后，都会逐渐分为两部分，后半部分采空区后方，逐渐缩小并随着时间的推移而消失，前半部分则一直伴随着工作面后上方，其形态及范围基本属于稳定的拱形形态；基本顶破断后开采工作面后方采空区的应力具有很不均匀的波动特征；随着向覆岩顶部及底板深部发展，波动范围将逐渐缩小，呈现向深部发展的均化效应。

如图 5-4 所示，在下煤层顺序开采中(以 7 煤开采示意为例)，处于 7 煤、8 煤之间的局部应力拱范围随着开采距离的增加而变大，在进入整体影响区域后，顶板应力拱高度骤增，形成整体应力拱，但受 8 煤、7 煤二次开采扰动的影响，顶板采空区岩层残余应力分布不均，因此整体应力拱的承载作用比局部弱，易发生拱结构的失稳而使上覆岩层应力迅速向下方转移，而这种拱结构的承载效应随着多煤层多次开采扰动的影响逐渐地变弱；在 8 煤开采残留煤柱的情况下，残留煤柱段两侧采空区煤岩体的质量由残留煤柱承担，煤柱下方存在高应力影响区域，在 7 煤开采进入高应力影响区域内，工作面开采出现的超前支承压力与煤柱下应力之间的共同作用会产生高应力，其应力集中程度远大于二者的简单叠加，会使顶板出现大面积来压，伴随着大量的能量释放，原来的采空区由卸压低应力区及煤柱下方集中高应力区恢复至原岩应力区，实现了应力场的重新分布。然而岩层整体垮落带来的应力重新分布必然对现场支护造成较大的困难。一方面，支架需要承受瞬间的应力冲击；另一方面，煤柱范围的集中应力释放出来会使煤壁方受到较大的剪切应力影响，使得砌体梁结构被破坏，导致支架需要承受跨度、高度都较大的不规则岩块的重量。因此，在开采上部煤层时，应尽量不留煤柱以防止高应力长期存在造成岩层错位、离层量大、裂隙发育不对称等现象，并在实际生产中应尽量避免叠加高应力区域开采，或者采取放顶措施防止在因采场剧烈来压造成的压架事故的发生。

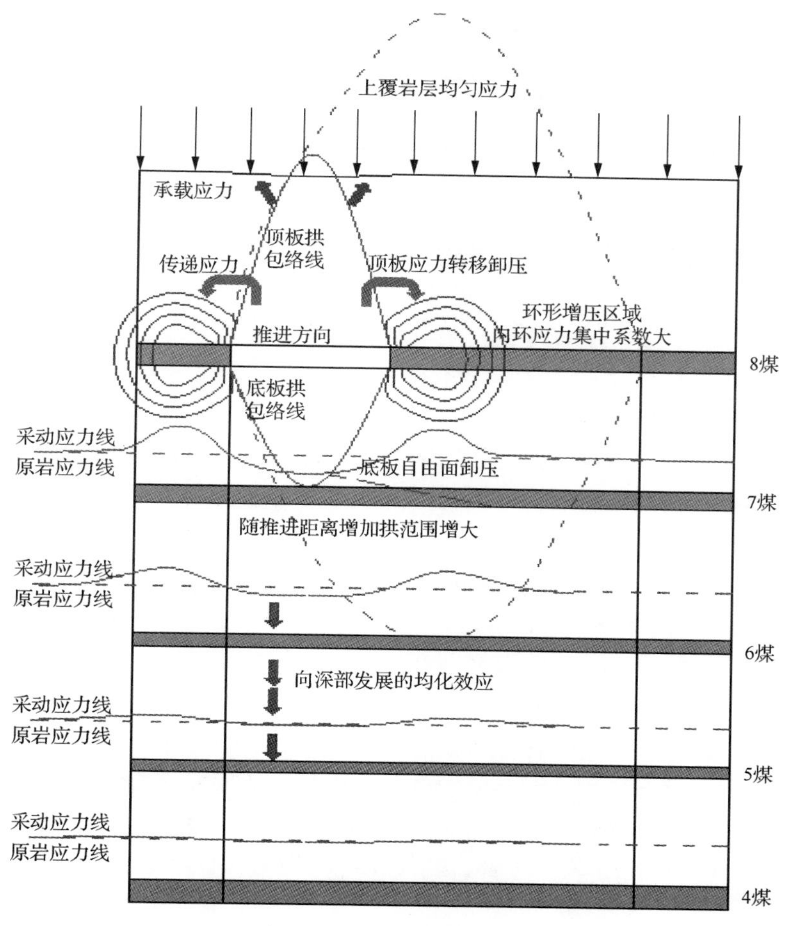

图 5-3　上层煤开采应力场演化特征示意图

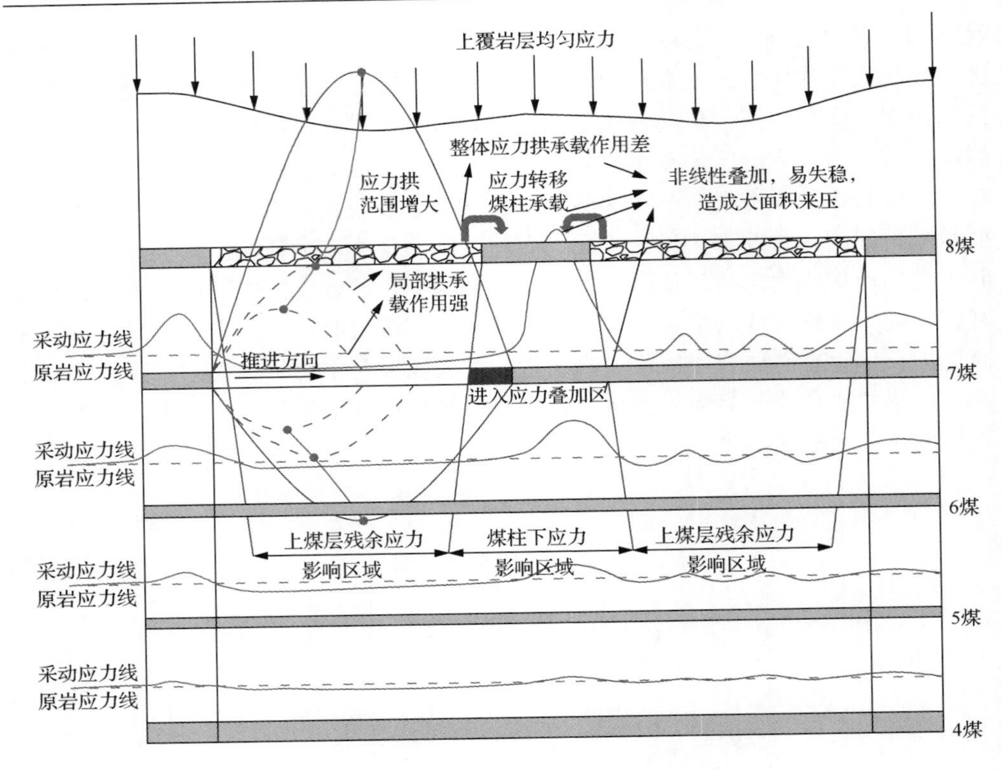

图 5-4　多煤层开采应力场演化特征示意图

5.1.3　卸压区演化趋势

煤层开采后，周围煤岩体的初始应力平衡遭到破坏，致使煤岩体内部的应力得到重新分布。在开采煤层顶底板易形成拱形卸压区，其拱形卸压区的演化过程如图 5-5 所示。

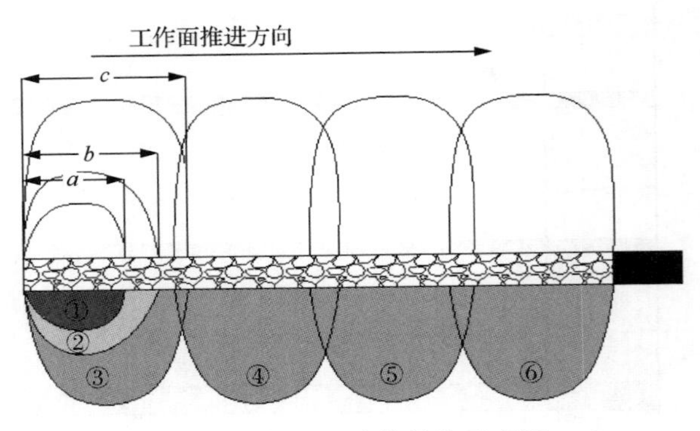

图 5-5　卸压区演化趋势示意图

当工作面推进 a 距离(较小)时，初始应力向煤壁前方转移，在顶板和底板垂直方向分别出现较小的拱形卸压区(顶板为正拱形、底板为倒拱形)①；随着工作面继续向前推进(推进 b 距离)，拱形卸压区范围②在竖向高度和横向跨度上都呈现增大的趋势，但越往拱顶，其卸压效果越弱，拱形卸压区范围也越来越小；当工作面进一步推进时，拱形卸压区在垂直方向的高度及深度在基本顶将要断裂时(推进 c 距离)达到最大值，基本顶破断后，拱形卸压区则分成两个部分，在工作面后方逐渐远离工作面的那部分随着工作面的推进逐渐缩小并最终趋于稳定，在煤壁处的那部分卸压区③呈拱形(顶板为正拱形、底板为倒拱形)慢慢向前方移动(③→④→⑤→⑥)。

1. 走向方向拱形卸压区范围

为确定煤层回采过程中上、下煤层的卸压区范围，需简化演化模型，建立卸压拱包络线公式。将图 5-5 中③的演化趋势简化成卸压区范围计算模型，如图 5-6 所示，L 为基本顶破断步距，H_{max} 为最大卸压区范围高度或深度，其最大值出现在 $x = L/2$ 处，D 为老顶与开采煤层的垂直距离(顶板)或底板煤层与开采煤层的垂直距离(底板)，α 为开切眼侧卸压角，β 为工作面侧卸压角，①、②(Ⅰ、Ⅱ)两个非对称卸压区组成拱形卸压区，①区由 $H_1 = f(x_1)$、$0<x_1<L/2$、$0<y_1<H_{max}$ 3 条线包络而成，②区由 $H_2 = f(x_2)$、$L/2<x_2<L$、$0<y_2<H_{max}$ 3 条线包络而成。

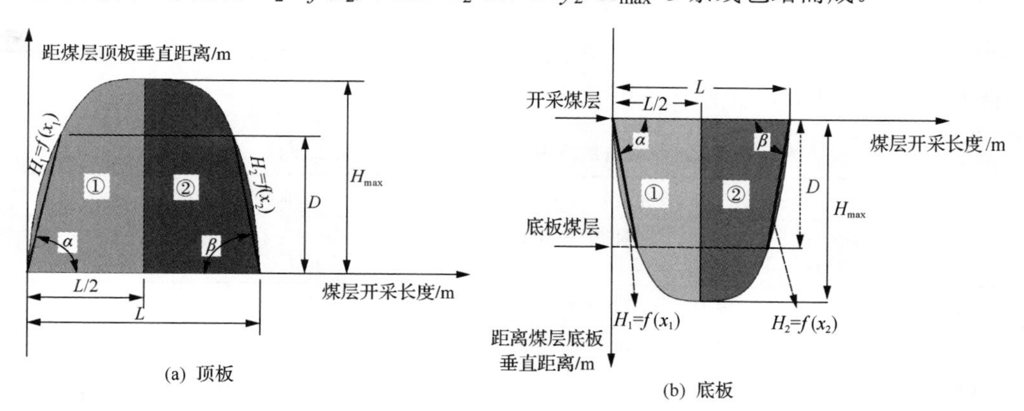

图 5-6　顶底板卸压区范围计算模型

以煤层群下行卸压开采为例，图 5-7 为 8 煤沿走向开采后应力扩散角及卸压角计算示意图，即采动应力集中系数等值线分布曲线(数据为数值模拟结果)。该值大于 1 时，表示该区域为采动应力增高区，数值越大表明受采动影响越剧烈；该值小于 1 时，表示该区域为采动卸压区；而当该值为负值时，则表示该区域采动后煤层底板的底鼓引起底板应力转变为拉应力。由图 5-7 可以看出，8 煤开采 54m 后，基本顶断裂，相对于 7 煤来说，切眼侧的采动卸压角为 80°；而工作面侧采动采动卸压角为 85°，开采最大卸压深度为 73m。

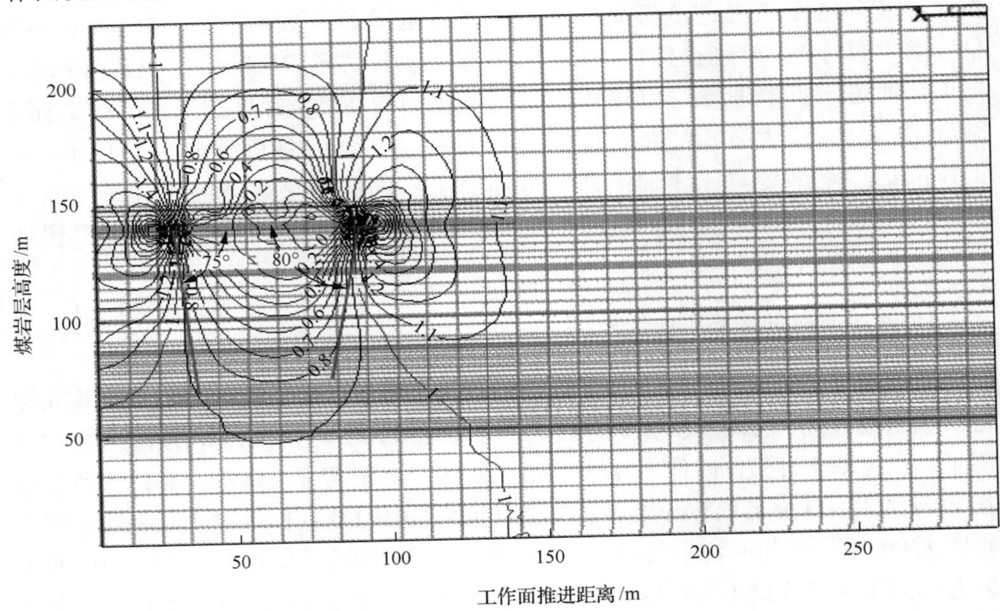

图 5-7　8 煤采后卸压角计算示意图

开采 8 煤相对于其他煤层的卸压角及其他各层煤下行开采的卸压角可采用同样的方法进行计算，详见表 5-1。

表 5-1　开采各层煤并稳定后的卸压角(沿走向)

煤层开采	切眼侧卸压角/(°)				工作面侧卸压角/(°)			
	相对于 7 煤	相对于 6 煤	相对于 5 煤	相对于 4 煤	相对于 7 煤	相对于 6 煤	相对于 5 煤	相对于 4 煤
8 煤开采	80	79	74	71	85	79	76	73
7 煤开采	—	77	76	74	—	82	80	76
6 煤开采	—	—	73	69	—	—	75	72
5 煤开采	—	—	—	75	—	—	—	80

开采 8 煤及其他各层煤下行开采的基本顶破断步距及最大卸压深度统计见表 5-2。

表 5-2　计算模型参数(沿走向)

煤层开采	基本顶破断步距/m	最大卸压区范围深度–相对开采煤层深度/m
8 煤开采	64	73
7 煤开采	56	68
6 煤开采	56	58
5 煤开采	56	51

由表 5-1、表 5-2 可知，8 煤开采后最大卸压区范围深度(相对 8 煤的距离)$H_{max}=73$m，基本顶破断步距 $L=64$m，切眼侧卸压角相对于 7 煤、6 煤、5 煤、4 煤分别为 80°、79°、74°、71°，工作面侧卸压角相对于 7 煤、6 煤、5 煤、4 煤分别为 85°、79°、76°、73°，按卸压角绘制各层煤卸压边界线与煤层相交，连接各交点形成卸压区域两端包络线 1 和包络线 2(图 5-8)。

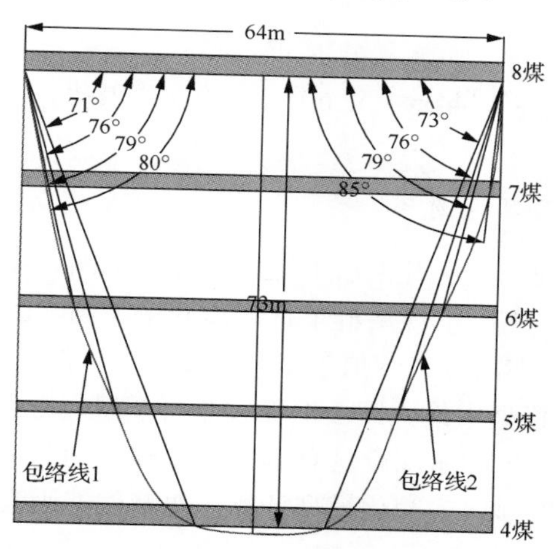

图 5-8　8 煤开采后包络拟合线计算示意图

提取包络线数据点进行数值拟合，8 煤开采卸压区域包络线拟合如图 5-9 所示。

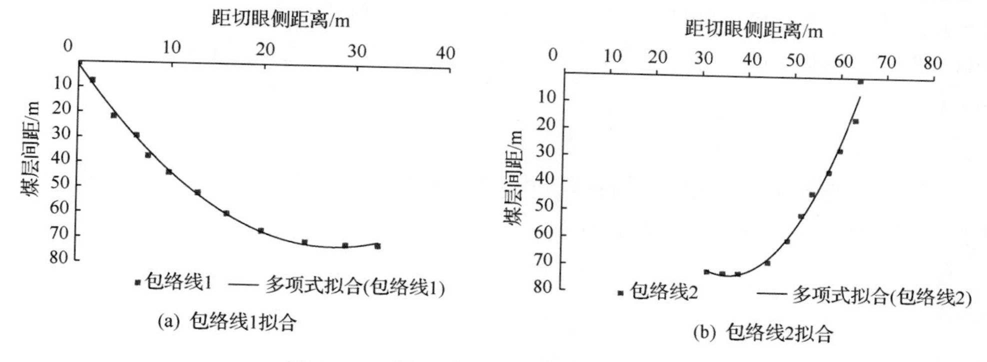

图 5-9　8 煤开采后卸压区包络线拟合图

由拟合线方程即可确定 8 煤开采的拱形卸压区范围：

卸压区域①：

$$H_1 = -0.102x_1^2 + 5.448x_1 + 0.726(R^2 = 0.998 < x_1 < 32 < H_1 < 73) \tag{5-1}$$

卸压区域②：

$$H_2 = -0.091x_2^2 + 6.722x_2 - 50.53\,(R^2 = 0.998\ 32 < x_2 < 64 < H_2 < 73) \tag{5-2}$$

同理可确定 7 煤开采的拱形卸压区范围：

卸压区域①：

$$H_1 = -0.084x_1^2 + 4.777x_1 - 0.215\,(R^2 = 0.999 < x_1 < 28 < H_1 < 68) \tag{5-3}$$

卸压区域②：

$$H_2 = -0.112x_2^2 + 7.344x_2 - 52.60\,(R^2 = 0.984\ 28 < x_2 < 56 < H_2 < 68) \tag{5-4}$$

2. 倾向方向开采卸压范围

为了确定倾向方向上煤层开采后下煤层的卸压范围，需要建立倾向方向煤层开采卸压范围的计算模型。以煤层群下行卸压开采为例，B 组煤为缓倾斜煤层，倾向方向计算模型引入倾角 γ_1，数值模型与相似模型平均倾角为 7°～15°，计算取 10°，底板拱形卸压区模型中最大卸压深度线垂直于煤层方向，由下行卸压开采多场演化特征分析可知最大卸压深度具有偏向下顺槽一侧的特征，但相对于缓倾斜煤层，这种特征不甚明显，为简化模型计算，忽略偏态因素，按与水平方向夹角 10°顺时针旋转坐标系建立底板拱形卸压区范围计算模型，如图 5-10 所示。

图中，L 为初次最大卸压深度时切眼推进长度，$H_{\max}$ 为煤层开采后最大卸压深度，D 为开采煤层与底板煤层之间的间距，其最大卸压深度线出现的位置在 $x = L/2$ 处，延伸方向与煤层倾向垂直，α 为上顺槽侧卸压角，β 为下顺槽侧卸压角，拱形卸压区由①、②两部分非对称卸压区域构成，①区域由 $0 < x_1 < L/2$ 、$0 < y_1 < H_{\max}/\cos\gamma_1$ 、 $H_1 = f(x_1)$ 3 条线包络形成，②区域由 $H_2 = f(x_2)$ 、$L/2 < x_2 < L$ 、$0 < y_2 < H_{\max}/\cos\gamma_1$ 3 条线包络形成。

开采其他各层煤并稳定后的卸压角及计算模型的参数可采用与走向开采同样的方法进行计算，见表 5-3 和表 5-4。

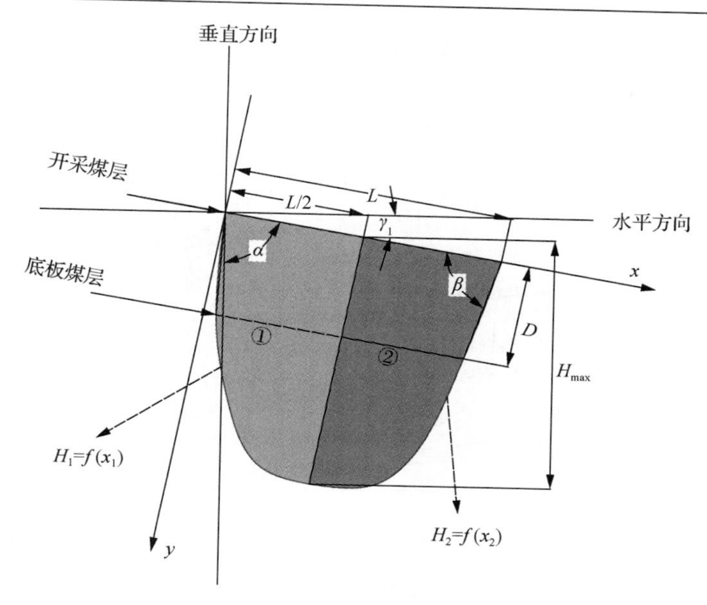

图 5-10　倾向开采底板拱形卸压区范围计算模型

表 5-3　开采各层煤并稳定后的卸压角(沿倾向)

煤层开采	上顺槽侧卸压角/(°)				下顺槽侧卸压角/(°)			
	相对于7煤	相对于6煤	相对于5煤	相对于4煤	相对于7煤	相对于6煤	相对于5煤	相对于4煤
8煤开采	85	81	77	—	87	83	78	—
7煤开采	—	81	77	73	—	83	78	74
6煤开采	—	—	80	72	—	—	82	74
5煤开采	—	—	—	74	—	—	—	79

表 5-4　计算模型参数(沿倾向)

煤层开采	切眼长度/m	最大卸压区范围深度-相对开采煤层深度/m	倾角/(°)
8煤开采	64	65	10
7煤开采	56	61	10
6煤开采	56	53	10
5煤开采	56	48	10

由表 5-3 和表 5-4 可知，8 煤开采后最大卸压区范围深度(相对 8 煤) $H_{max}=65\text{m}$，初次出现最大卸压深度时切眼推进长度 $L=64\text{m}$，切眼侧卸压角相对于 7 煤、6 煤、5 煤分别为 85°、81°、77°，工作面侧卸压角相对于 7 煤、6 煤、5 煤分别为 87°、83°、78°，按卸压角绘制各层煤卸压线与煤层相交，连接各交点形

成卸压区域两端包络线 1 和包络线 2(图 5-11)。

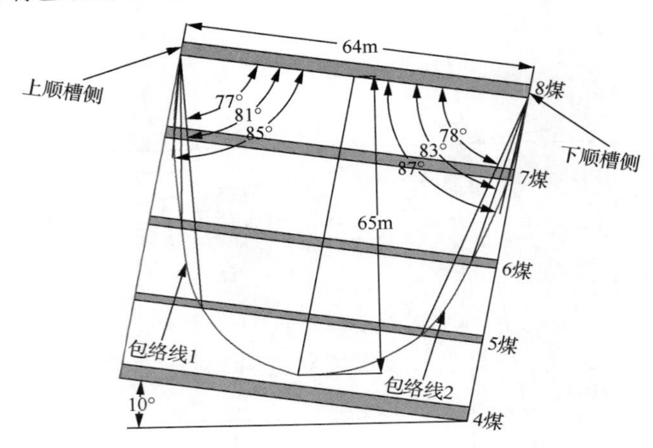

图 5-11　8 煤开采后包络拟合线计算示意图

提取包络线数据点进行数值拟合,8 煤开采卸压区域包络线拟合如图 5-12 所示。

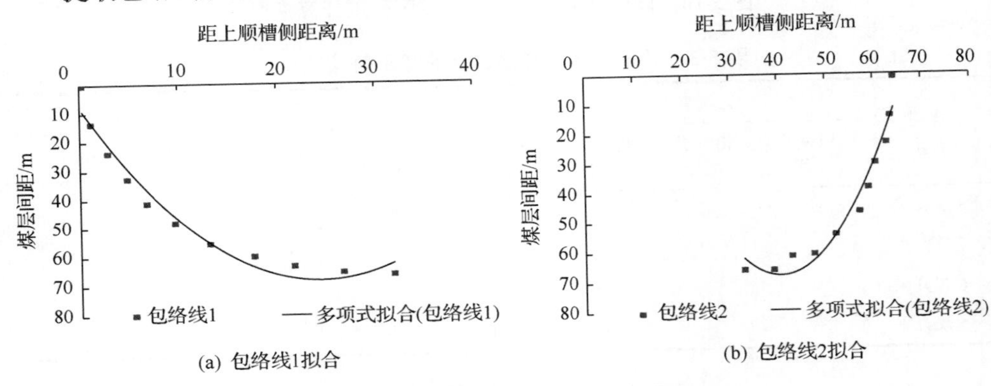

图 5-12　8 煤开采后卸压区包络线拟合图(倾向)

由拟合线方程即可确定 8 煤倾向方向开采的拱形卸压区范围:

卸压区域①:

$$H_1 = -0.105x_1^2 + 5.148x_1 + 6.461(R^2 = 0.971 \; < x_1 < 32 \; < H_1 < 65 \times \cos 10°) \quad (5\text{-}5)$$

卸压区域②:

$$H_2 = -0.108x_2^2 + 8.773x_2 - 108.2(R^2 = 0.949 \;\; 32 < x_2 < 64 \; < H_2 < 65 \times \cos 10°) \quad (5\text{-}6)$$

同理可确定 7 煤倾向方向开采的拱形卸压区范围:

卸压区域①:

$$H_1 = -0.095x_1^2 + 4.725x_1 + 3.043(R^2 = 0.994 \ < x_1 < 28 \ < H_1 < 61\times\cos 10°) \quad (5\text{-}7)$$

卸压区域②：

$$H_2 = -0.095x_2^2 + 6.203x_2 - 33.15(R^2 = 0.949 \ 28 < x_2 < 56 \ < H_2 < 61\times\cos 10°) \quad (5\text{-}8)$$

5.1.4　下行卸压多煤层开采裂隙场演化特征

煤层开采产生一定范围的应力集中区和卸压区，这一范围内的煤岩层将承受压缩和拉伸变形，因而在煤岩层内部产生具有一定规律的横向离层裂隙和纵向破断裂隙，这些裂隙的发育都经历了发展期、活跃期与衰减期。

在下煤层顺序开采中，如图 5-13 所示(以下行开采 7 煤示意为例)，在局部影响区域，随着开采距离的增加，横向裂隙逐渐向上方发展、加密，纵向破断裂隙线向前方递进且其角度呈现顺时针向工作面侧偏移的特征，局部顶板裂隙场范围不断增大，在进入整体影响区域后，其与顶板裂隙之间相互贯通，使得顶板裂隙场整体增加范围较大。因此，顶板裂隙场具有顶板裂隙的形成→裂隙的加密→初次来压时顶板局部裂隙的扩展→继续开采后顶板裂隙的整体加密→周期来压时顶板整体裂隙的扩展及采空区后方裂隙逐渐闭合的演化特征。

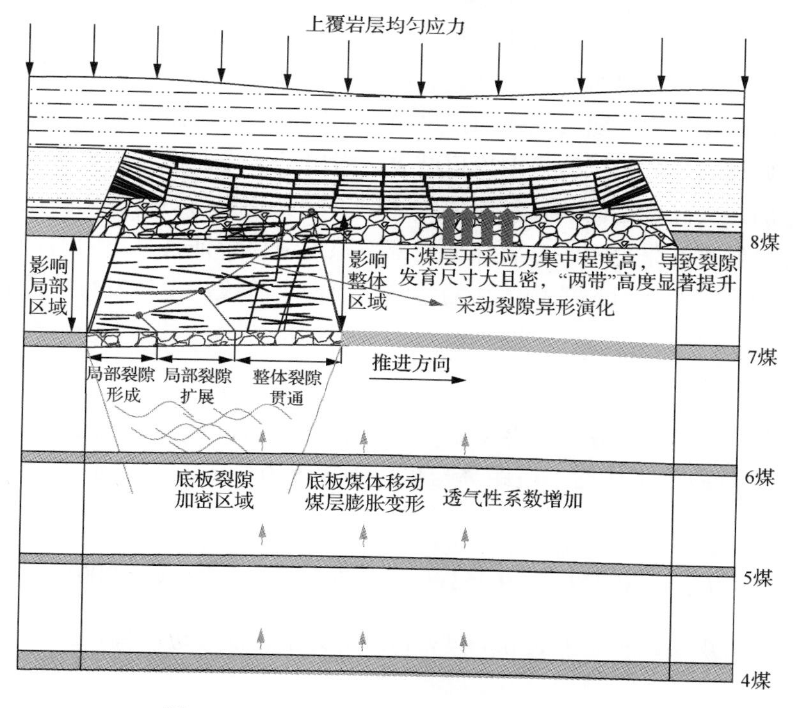

图 5-13　多煤层开采裂隙场演化特征示意图

覆岩“三带”的形成和其范围的改变与煤层推进距离有关。随着工作面不断推进，采空区范围不断增加，随着上覆煤岩层的下沉量增加，弯曲下沉带的范围也向上方移动扩展。采空区下煤层开采的高应力将导致裂隙密度增大，裂隙带高度显著增加。以 8 煤和 6 煤下行开采的相似试验为例，其煤层间距为 22～27m，8 煤初次来压步距为 40～50m，6 煤初次来压步距为 75m，当 6 煤工作面推进至 75m 时，顶板大面积来压，顶板一直断裂至煤壁，上覆岩层的砌体梁结构被破坏，采场空间瞬间缩小，开采后裂隙带的发育高度距离 8 煤为 45～50m，距离 6 煤为 69～74m，这正是 8 煤工作面残留不规则煤柱导致高应力集中作用下采动裂隙异形演化特征，使得采空区上覆岩层移动较多，岩层错位，裂隙较为发育，导水裂隙带范围增大。对于有水害威胁的工作面，一定要避免遗留这种形式的煤柱。

5.1.5 煤层群开采采动裂隙场演化效应

1. 煤层群开采覆岩裂隙场演化模型

煤层开采后将引起上覆煤岩层的移动与破断，形成采动裂隙，随着开采的不断扰动与破坏，覆岩中的采动裂隙将进一步发生变化，从而影响地下水、瓦斯等有害气体的运移。因此，为保证煤矿开采的安全，防止矿井突水、瓦斯涌出等灾害事故的发生，有必要对覆岩采动裂隙场演化规律进行研究，定量描述裂隙在采动过程中的演化规律。随着工作面推进距离的增加，动态监测覆岩裂隙发育的最大高度，通过统计分析试验模型模拟结果，得出了工作面推进距离与上覆煤岩层裂隙发育的最大高度之间的计算模型，体现了覆岩裂隙场动态演化的过程。因为在近距离煤层群开采过程中，整体与局部裂隙场演化特征具有不同的特点，所以可将工作面推进距离对裂隙场演化的影响分为两个阶段：整体发育阶段和局部发育阶段。

1) 整体发育阶段

对 8 煤单层煤开采所得结果(表 5-5)进行线性拟合，得出了该地质条件下裂隙的整体发育阶段的工作面推进距离与煤层顶板上方裂隙高度关系式(5-9)和拟合曲线(图 5-14)。

$$H_{r1} = -0.002x_1^2 + 0.463x_1 - 3.857(R^2 = 0.956 \ < x_1 < 200) \tag{5-9}$$

式中，H_{r1} 为煤层顶板上方裂隙高度，m；x_1 为工作面推进距离，m。

表 5-5　试验模型模拟结果

试验条件	单一层煤层开采										
工作面推进距离/m	8	16	24	32	40	56	64	80	120	160	200
煤层上方裂隙高度/m	0	2.5	2.9	12.5	13	14	22	25	29	29	29

如图 5-14、图 5-15 所示，在采动影响下，煤层顶板上方裂隙发展变化经历了起裂、突变张裂、吻合缩小、加速闭合、裂隙维持、再次加速闭合直至完全闭合压实的过程。在工作面推进的初始阶段，煤层顶板上方裂隙发育的最大高度增加迅速，煤层顶板上方裂隙发育较快，采动裂隙塑性区逐步扩大，而随着工作面的不断推进，这种增幅逐渐减小，直至达到煤层顶板上方裂隙发育的最大高度。随着工作面的推进，煤层顶板上方裂隙闭合压实，煤层上方裂隙的最大高度保持不变，随着工作面的推进新形成的裂隙与旧裂隙贯通，增加了塑性区的宽度，而与煤层垂直方向上的裂隙高度维持不变。

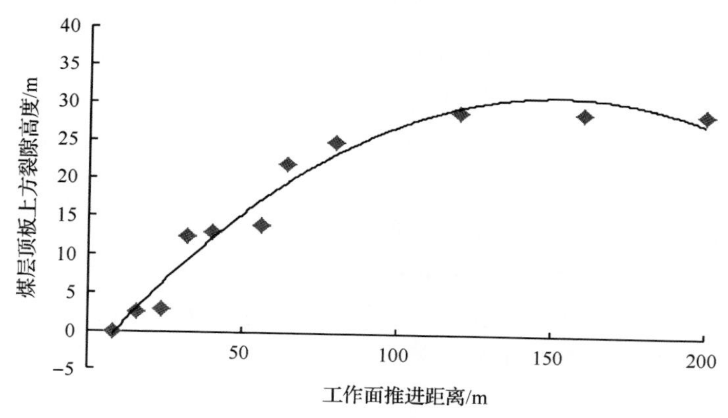

图 5-14　煤层顶板上方裂隙高度和工作面推进距离的关系曲线

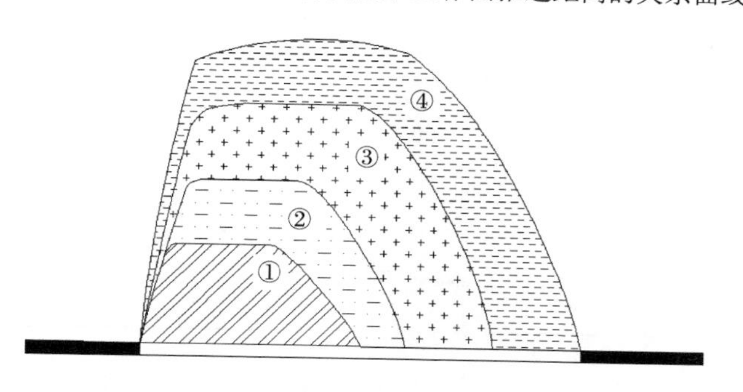

图 5-15　单一煤层开采顶板上方裂隙演化示意图

2) 局部发育阶段

对近距离煤层群下煤层 7 煤、6 煤、5 煤的开采所得结果进行线性拟合，得出了该地质条件下裂隙的局部发育阶段的工作面推进距离与煤层上方裂隙高度的关系式(5-10)和 7 煤拟合曲线(图 5-16)。

$$\begin{cases} \text{7 煤开采采动裂隙演化公式：} \\ H_{r2} = -0.005x_2^2 + 0.272x_2 + 1.12(R^2 = 0.978 < x_2 < 56) \\ \text{6 煤开采采动裂隙演化公式：} \\ H_{r3} = 0.007x_3^2 + 0.0268x_3 + 2.52(R^2 = 0.956 < x_3 < 56) \\ \text{5 煤开采采动裂隙演化公式：} \\ H_{r4} = -0.003x_4^2 + 0.374x_4 - 0.46(R^2 = 0.943 < x_4 < 56) \end{cases} \tag{5-10}$$

式中，H_{r2}、H_{r3}、H_{r4} 均为煤层顶板上方裂隙高度，m；x_2、x_3、x_4 均为工作面推进距离，m。

如图 5-16、图 5-17 所示，受上煤层开采的影响，下煤层顶板上方为采空区，应力分布不均匀。与整体发育阶段不同，局部发育阶段具有上覆煤层压力小的特点，煤层顶板上方裂隙发育最大高度增幅较整体发育阶段小，但随着工作面的推进，煤层顶板上方裂隙发育至开采完成的煤层上方，与原裂隙形成组合裂隙。因此，下行顺序开采近距离煤层群时，采动覆岩裂隙演化应考虑原有裂隙对新形成裂隙的影响，即从局部到整体的组合采动裂隙场演化特征。

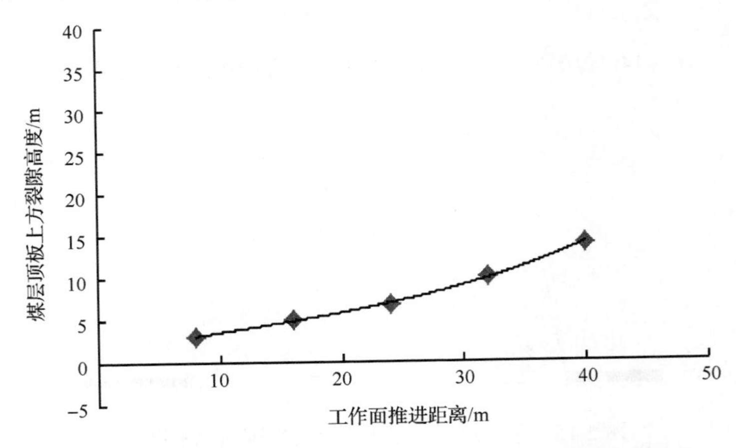

图 5-16　7 煤顶板上方裂隙高度和工作面推进距离的关系曲线

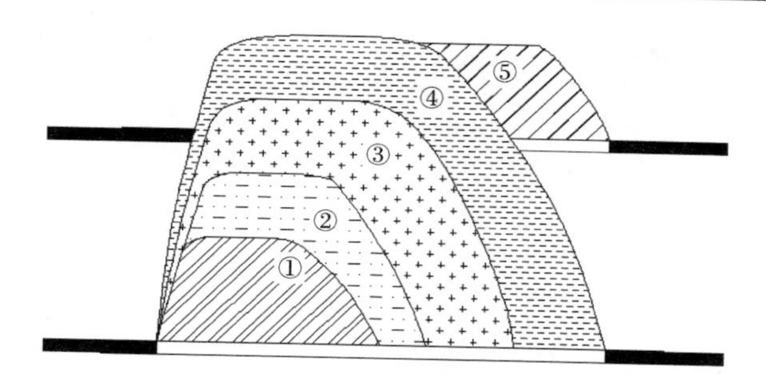

图 5-17　多煤层开采顶板上方裂隙演化示意图

2. 煤层群开采底板裂隙演化模型

煤层开采过程中，原有的应力平衡被破坏，促使应力不断重新分布达到平衡，煤层底板在应力变化过程中发生变形，向上鼓起形成破坏性裂隙。与覆岩裂隙场演化相似，随着工作面推进距离的变化，开采煤层底板煤岩层裂隙场演化也分为整体发育阶段和局部发育阶段。

1) 整体发育阶段

对 8 煤单一煤层开采所得结果进行线性拟合，得出了该地质条件下裂隙整体发育阶段的工作面推进距离与煤层下方裂隙深度的关系式(5-11)和拟合曲线(图 5-18)。

$$H_{f1} = -0.001x_1^2 + 0.229x_1 + 0.946(R^2 = 0.938 \ < x_1 < 200) \tag{5-11}$$

式中，H_{f1} 为煤层底板下方裂隙深度，m；x_1 为工作面推进距离，m。

如图 5-18、图 5-19 所示，煤层底板下方煤岩层受到应力变化的作用，形成破

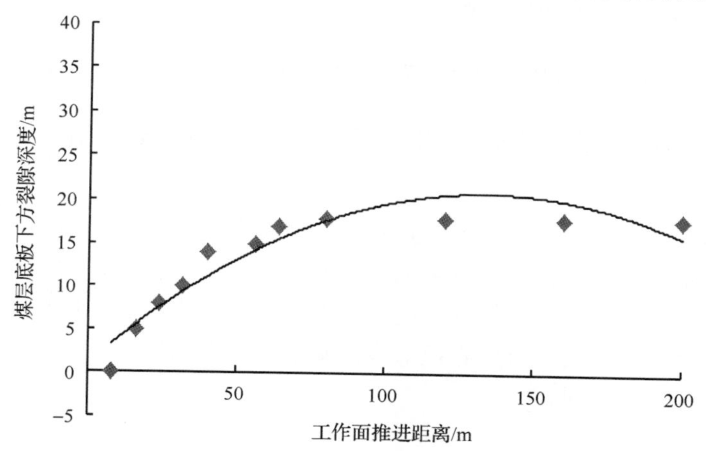

图 5-18　煤层底板下方裂隙深度和工作面推进距离的关系曲线

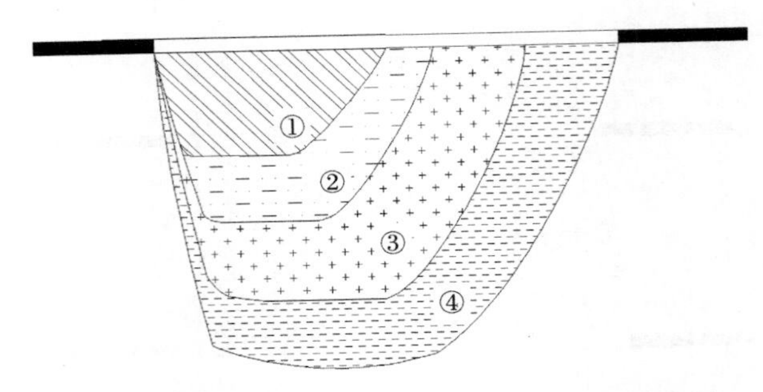

图 5-19 单一煤层开采底板下方裂隙演化示意图

坏性裂隙。与覆岩采动裂隙演化过程相似，随着工作面的推进，煤层底板下方裂隙发育逐步扩散至一定深度后保持不变，即煤层垂直方向裂隙深度逐步增大到一定深度后维持不变。

2) 局部发育阶段

对近距离煤层群下煤层 7 煤、6 煤、5 煤开采所得结果进行线性拟合，得出了该地质条件下裂隙局部发育阶段的工作面推进距离与煤层下方裂隙深度的关系式(5-12)和拟合曲线(图 5-20)。

7 煤开采采动裂隙演化公式：

$$H_{f2} = 0.062x_2^2 + 1.657x_2 - 9.76(R^2 = 0.966 < x_2 < 56)$$

6 煤开采采动裂隙演化公式：

$$H_{f3} = -0.186x_3^2 + 2.53x_3 - 0.26(R^2 = 0.974 < x_3 < 56) \tag{5-12}$$

5 煤开采采动裂隙演化公式：

$$H_{f4} = 0.007x_4^2 + 0.567x_4 - 0.08(R^2 = 0.978 < x_4 < 56)$$

式中，H_{f2}、H_{f3}、H_{f4}为煤层底板下方裂隙深度，m；x_2、x_3、x_4为工作面推进距离，m。

如图 5-20、图 5-21 所示，与煤层底板裂隙演化的整体发育阶段不同，局部发育阶段受到原开采煤层底板下方裂隙场的影响，在工作面推进的初始阶段，煤层底板形成的新裂隙与旧裂隙相互贯通易于形成组合裂隙；煤层底板下方裂隙最大深度增幅较后期开采大；煤层底板形成的新裂隙随着与旧裂隙完全贯通，裂隙演化与整体发育阶段相同。

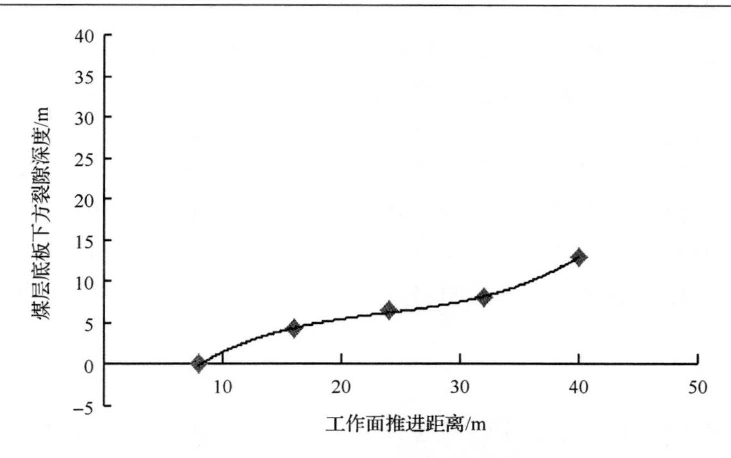

图 5-20　煤层底板下方裂隙深度和工作面推进距离的关系曲线

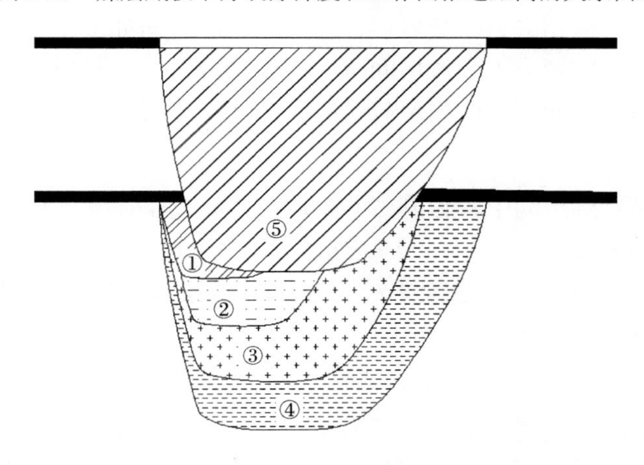

图 5-21　多煤层开采底板下方裂隙演化示意图

5.2　远程上行卸压开采应力裂隙演化机理

5.2.1　覆岩变形移动规律

受地下采掘活动的影响，地层中原始应力场的平衡状态遭到破坏，产生附加应力。在附加应力的作用下，受采动影响的上覆煤岩体将发生极为复杂的运动过程，产生这种运动的基本前提条件是开采空间的存在。已有研究和开采实践表明，受采动影响，上覆岩层运动过程可分为 4 个阶段[75-77]：

1) 变形阶段

当采掘空间很小时，其周围岩体在附加应力作用下会产生较大的应力集中，并产生微小的变形，但一般不会导致较大的移动和变形。随着工作面的推进，开采空间不断扩大，顶板岩层裸露，跨度增加，在应力作用下上覆岩体中产生相对初始时期较大的变形和移动，其显著特征是：①变形主方向为法线方向。即无论水平岩层还是倾斜煤层，其岩层变形均以垂直于层面的法线方向为主。②变形有限性。一般来说，综放和大采高一次开采厚度均超过 3m，综放甚至达到 12m 以上，而岩层厚度一般远远大于煤层开采厚度，它所产生的法向移动永远不会达到采出的煤层厚度，更远小于岩层自身厚度，因此，岩层的变形呈现明显的有限性特征。

2) 离层弯曲阶段

覆岩一般都是由若干力学性质各异的岩层组成，在运动过程中以单层或叠层(硬岩及其上覆的软岩)形式来实现，下位岩层弯曲下沉时，在围岩横向挤压力作用下，岩层内产生剪切应力，使岩层在垂直于层面方向处于受拉状态，当其与上位相邻岩层间产生的拉应力超过层间抗拉强度极限时，层与层之间的黏结力作用彻底丧失，从而在层间便会产生层与层的脱开——离层。

3) 断裂阶段

断裂阶段是岩层运动中较为剧烈的阶段，主要发生在基本顶岩层中。由于离层的产生，层间黏聚力丧失，下位岩层的挠曲度迅速加大(如果下方失去支撑的话)，同时，岩石脆性及不抗拉特性表现明显，在岩层板的边界处及下边缘层面处将产生不同程度的断裂现象。

4) 垮落阶段

岩层的垮落阶段是覆岩运动中最为剧烈的阶段，只发生在采空区上方有限范围内的伪顶与直接顶岩层中。在该范围内的岩层由于下方失去了支撑，其运动过程在瞬间即可完成，由变形、断裂迅速转为垮落，充填入采空区中。

综合分析可得，采动破坏岩体分为 3 类，见表 5-6。

表 5-6　采动破坏岩体分类

分类	描述	岩体位置
较完整层状结构	岩层被层面有规则地切割，使结构体呈层状结构特点，坚硬岩层和软弱岩层往往交互沉积，变形破坏时硬岩层起控制作用，软岩层随硬岩层运动，物性特征为法向非均质异性体,切向似均质各向同性	弯曲下沉带及采动影响范围以外岩层
块裂层状结构	坚硬岩层被有规律的几组结构面、裂隙切割成较大的结构体，块体间相互咬合、挤压，物性特征相对来看为均质各向同性	基本顶、裂缝带
碎裂、散体结构	岩层被节理、劈理、裂隙等不规则结构面分隔或被多组结构面切割，呈碎块、颗粒状，物性特征为非均质各向异性	冒落带

上述单层或叠层岩板的 4 种运动形式实际上是一个连续的应力场的变化过程，是从量变到质变的过程。从应力场的变化过程来看，各阶段的产生条件如下所述[78]。

(1) 岩层从弯曲变形转为在界面产生离层时需满足式(5-13)(至少多于 2 层)：

$$\tau \geqslant \sigma \tan\varphi + C \tag{5-13}$$

式中，τ 为层面剪切应力，MPa；σ 为层面正应力，MPa；φ 为层面内摩擦角，(°)；C 为层面内聚力，MPa。

(2) 从离层弯曲转为断裂需满足式(5-14)：

$$\sigma_{\mathrm{t}} > \sigma_{\mathrm{t\,max}} \tag{5-14}$$

式中，σ_{t} 为拉应力，MPa；$\sigma_{\mathrm{t\,max}}$ 为岩体极限拉应力，MPa。

(3) 从断裂转为垮落实际上是断裂的进一步加剧，断裂块度小，并且岩块在下落方向具有翻转的空间，才称之为垮落，通常把这个高度称为垮落带。

采空区上方覆岩中某一层位的岩层(组)弯曲形式不仅取决于其本身的物理力学性质(几何尺寸、力学参数)，而且与采空区尺寸(开采跨度)密不可分。煤矿区内覆岩以沉积形式为主要特点，在成岩过程中，层间的黏结力各不相同，在剪切应力和拉应力作用下，层面极易被拉开，岩层以单层或多层(组)形式弯曲下沉。在开采跨度很小时，上覆岩层以单层弯曲为主要特征。

开采→应力集中→裂隙发育→应力转移→围岩变形破坏是一动态发展的周期性过程(图 5-22)。

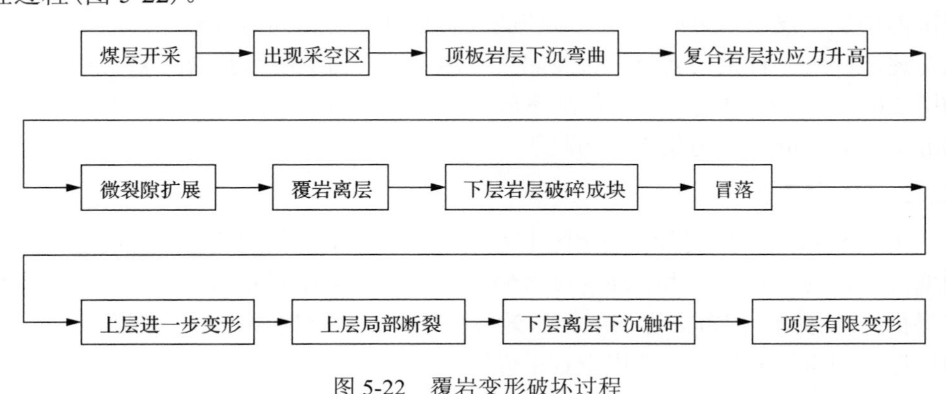

图 5-22　覆岩变形破坏过程

5.2.2　顶板岩层应力分布规律

采场上覆岩层应力分布规律与工作面前后应力分布形态相似，但顶板内应力集中和卸压的大小、范围与首采层工作面前后应力分布不同。以淮南矿区某矿顶板岩层试验研究及测试结果为例，其应力分布图如 5-23 所示。

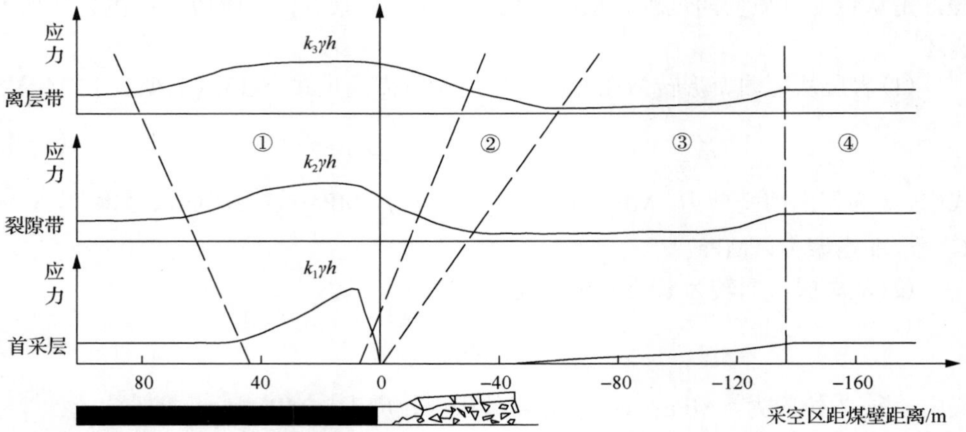

图 5-23　采场顶板岩层应力分布特征

k_1、k_2、k_3-首采层、裂缝带煤岩层、离层带煤岩层应力集中系数；
①-应力集中区；②-初始卸压区；③-充分卸压区；④-应力恢复区

顶板岩层内应力分布的形态可分为应力集中区、初始卸压区、充分卸压区和应力恢复区。为了研究顶板不同高度处应力分布特征，选择首采层采空区、裂隙带、离层带 3 个层位的剖面图进行对比分析。

1) 应力集中区

由图 5-23 中①区可知，从首采煤层至上方离层带顶板岩层，随着距煤层垂直距离的增加，煤壁上方应力集中峰值的位置逐渐向工作面前方移动，而应力峰值又在逐渐降低，首采层采空区、裂隙带、离层带应力集中系数 k_1、k_2、k_3 平均为 3.0、2.0、1.5。应力集中区的范围逐渐扩大，分别向工作面前方和后方扩展，从 50m 扩展到 80m，应力集中分布趋于平缓。

2) 初始卸压区

由图 5-23 中②区可知，采空区上方顶板岩层卸压区范围随着距煤层垂直距离的增大而逐渐减小，应力衰减速度缓慢。从首采层工作面开始向采空区方向均存在保护卸压作用，但首采煤层的卸压效应传递到卸压层时要滞后一段距离，因此，卸压煤层卸压带的起点通常位于首采煤层工作面后方 0.25～0.8 倍层间距位置，向首采煤层工作面后方 20～40m 距离，岩层应力逐渐降低到最低，成为初始卸压区。

3) 充分卸压区

由图 5-23 中③区可知，该区的应力保持在较低的卸压状态，充分卸压范围位于首采煤层工作面后方 40～150m，通常为层间垂直距离的 0.8～2.75 倍，然后应力开始恢复。

4) 应力恢复区

由图 5-23 中④区可知，该区位于首采煤层工作面后方 150～500m 以外，采空区冒落岩石逐渐被压实，应力逐渐恢复，但一般小于原岩应力。

5.2.3　采动裂隙动态发育规律

由相似模拟和数值模拟结果分析可知，关键层在未破断之前阻隔裂隙向上发育，即关键层下部裂隙发育，而关键层上方裂隙发育不明显。裂隙的发育随着关键层的破断具有跳跃性，即随着关键层的破断，裂隙跳跃发育至上一层关键层底部并形成张开度较大的离层裂隙。根据试验结果，构建了潘二矿 11223 工作面开采时上覆岩层裂隙发育的模型(图 5-24 和图 5-25)。

潘二矿 11223 工作面西二段有 3 层关键层，其中 4 煤为最上方第 3 层关键层的伴随岩层，具有和关键层同步下沉、变形、破断的性质。3 煤的采出为上覆岩层向下运移提供了空间，直接顶的强度较弱，垮落成矸石充填采空区。基本顶(关键层 1)距离开采煤层较近，有足够的下沉空间达到其所形成梁的最大挠度，使其变形失稳拉伸破断或者在梁端剪切应力大于摩擦力，滑落失稳下沉。关键层 1 破断前，直接顶与其离层、垮落，上方并无明显裂隙。关键层 1 破断后，裂隙跳跃发育至关键层 2 底部，并形成离层裂隙，该离层裂隙随着工作面的推进，长度增加，张开度增大。关键层 1 破断岩块之间通过一定的挤压力铰接在一起形成砌体梁结构，承担其伴随岩层的一部分重量，阻止了垮落带的进一步提高，成为垮落带与裂隙带的分界层，垮落带高度达到 18.5m。关键层 1 的破断，失去了完全绝对的承载能力，因此其伴随岩层也将破坏断裂，形成大量的破断裂隙与离层裂隙，成为主要的瓦斯运移通道之一。岩体的碎胀性使关键层 2 的下沉空间已远远小于关键层 1，所以关键层 2 以向下变形为主，梁体中部下方有局部的拉伸破断或者完全破断，其伴随岩层有离层裂隙和少量的破断裂隙。关键层 3 为 12.01m 厚的粗砂岩，岩层强度较大，距离 3 煤约 50m，只有很少的下沉空间。因为关键层 3 厚而坚硬，同时距离开采空间较远，所以该岩层形成的固支梁结构基本没有弯曲下沉，从而导致岩层中间底部形成很大空间的离层裂隙。通过计算与分析，关键层 3 阻碍了裂隙带向上发育，成为弯曲下沉带与裂隙带的交界，裂隙带高度为 49.2m，关键层 3 的高度为 55.2m，位置较高没有足够的下沉空间并且岩层自身属于厚硬岩层，不易破断，阻隔了裂隙高度的向上发展，所以西二段 4 煤处在不易解吸带内，瓦斯难以抽采。

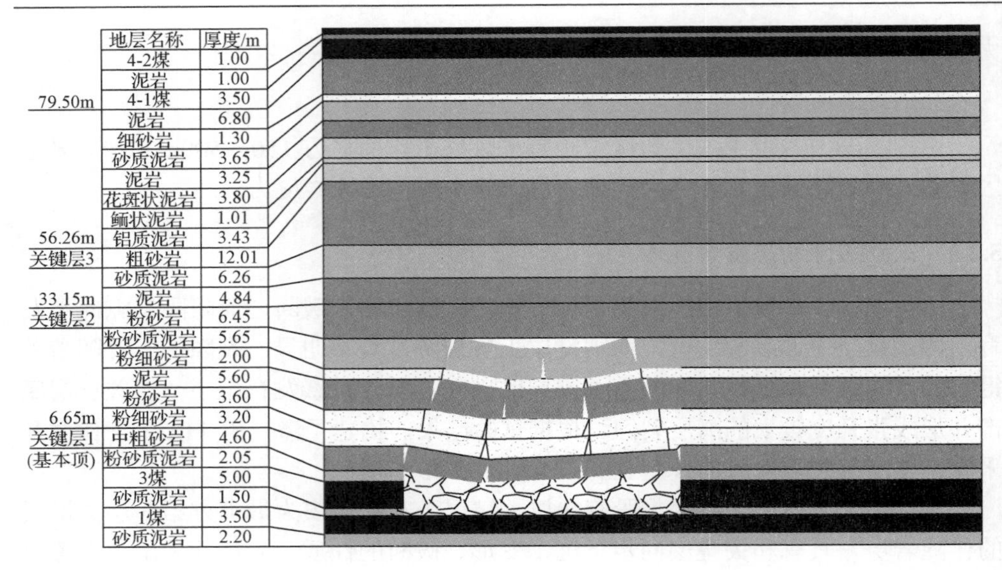

(a) 关键层1破断

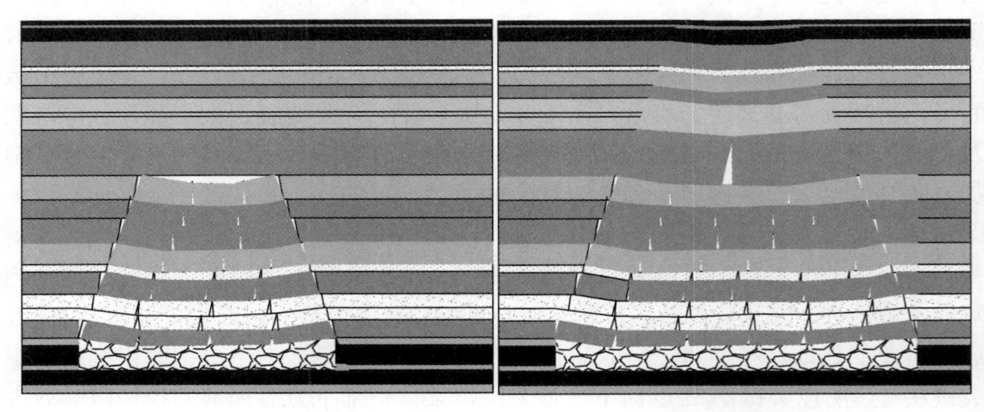

(b) 关键层2破断　　(c) 关键层3未完全破断

图 5-24　11223 工作面西二段覆岩裂隙发育示意图

由东一段建立的模型(图 5-25)可以得到，关键层 1 与关键层 2 的破断类似于西二段，然而该段区相比西二段少了关键层 3，4 煤属于关键层 2 的伴随岩层，关键层 2 的破断使裂隙带的高度超过 4 煤的高度，4 煤处于瓦斯解吸带内，瓦斯能有效抽采。4 煤弯曲下沉幅度比西二段大，膨胀变形比西二段大，裂隙较西二段增多，瓦斯解吸量增加，有利于卸压瓦斯的抽采。

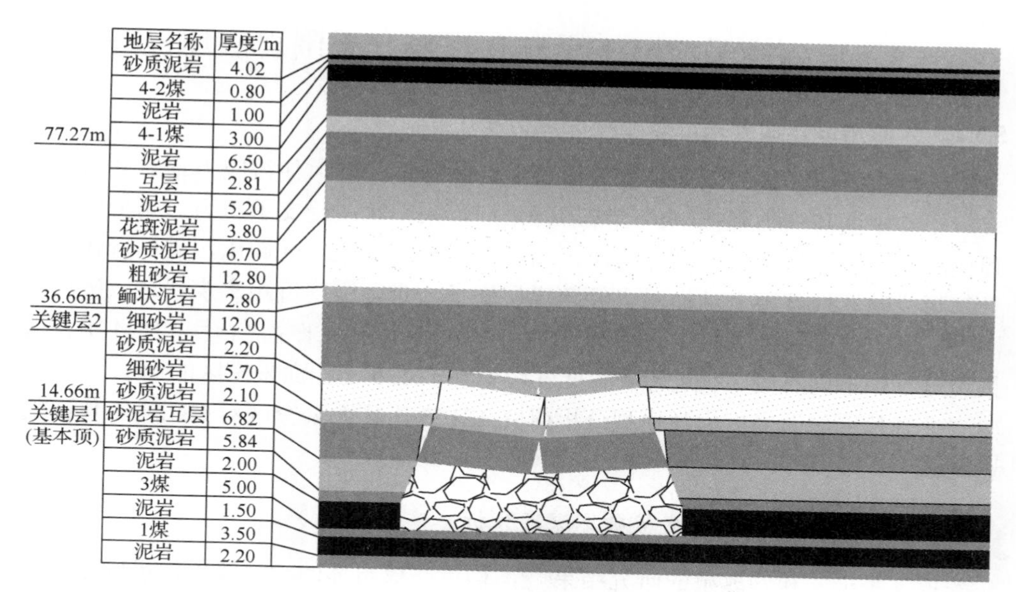

(a) 关键层1断裂

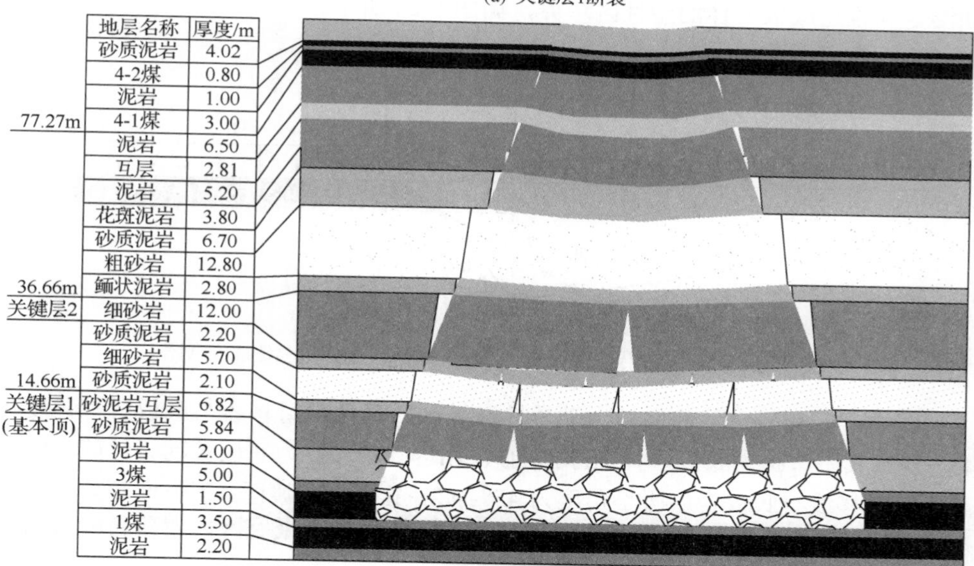

(b) 关键层2断裂

图 5-25　11223 工作面东一段覆岩裂隙发育示意图

5.3 近距离采空区下大倾角煤层开采围岩破坏机理

5.3.1 大倾角工作面开采底板破坏深度分析

大倾角煤层开采后，采场围岩原岩应力状态被打破，使得应力重新分布，形成应力集中区和应力降低区。当煤层开采后，采空区及受支承压力影响范围内的顶板产生下沉、变形直至破坏垮落，而煤层底板由于采空区卸压，破坏岩体向上鼓起形成破坏性裂隙，从而对大倾角煤层底板一定范围内近距离煤层造成破坏。潘二矿 12124 工作面顶板上方 20m 处存在 12125 工作面采空区，且 12124 工作面推进过程中不同时段、不同区域的推进均受到 12125 工作面采空区的影响，因此，建立大倾角工作面底板力学模型分析研究 12125 工作面采空区对 12124 工作面的影响。

1. 大倾角工作面走向底板破坏深度分析

依据张金才和刘天泉的研究结果[78]，构造底板岩体的滑移线场，可确定工作面沿走向推进底板岩体的塑性区边界，如图 5-26 所示。

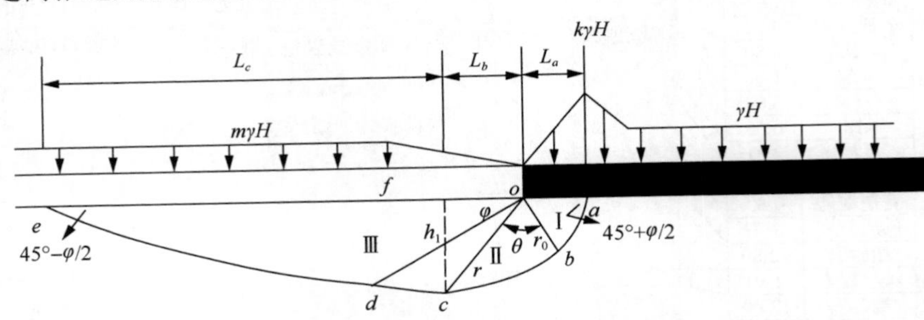

图 5-26 工作面沿走向推进底板岩体的塑性破坏区剖面示意图

图中 I 区（oab 区）为底板主动塑性破坏区，其两组滑移线与底板所呈角度为 $45°+\varphi/2$（其中，φ 为底板岩体内摩擦角）；III区（ode 区）为底板被动塑性破坏区，其两组滑移线与底板岩层所呈角度为 $45°-\varphi/2$；II 区为过渡区。工作面超前支承压力为 $k\gamma H$（k 为煤柱应力集中系数，$k>1$），工作面后方采空区内冒落带的载荷为 $m\gamma H$（m 为采空区应力系数，$m\leqslant 1$）。

极限支承压力条件下底板塑性区的深度 h_1[78]为

$$h_1 = \frac{L_a \cos\varphi}{2\cos\left(\dfrac{\pi}{4}+\dfrac{\varphi}{2}\right)} e^{(\pi/4+\varphi/2)\tan\varphi} \tag{5-15}$$

工作面前方煤体屈服宽度 L_a 可由经验公式计算[79]，即

$$L_a = 0.015H \tag{5-16}$$

因此可知底板岩体最大破坏深度为

$$h_1 = \frac{0.0075H\cos\varphi}{\cos\left(\frac{\pi}{4}+\frac{\varphi}{2}\right)} \mathrm{e}^{(\pi/4+\varphi/2)\tan\varphi} \tag{5-17}$$

同理，底板岩体最大破坏深度距离工作面端部的水平距离 L_b 为

$$L_b = h_{1\max} = \frac{L_a \sin\varphi}{2\cos\left(\frac{\pi}{4}+\frac{\varphi}{2}\right)} \mathrm{e}^{(\pi/4+\varphi/2)\tan\varphi} \tag{5-18}$$

大倾角工作面开采时，从工作面上部至下部煤壁前方支承压力峰值分布不均匀，工作面下部埋深大，导致下部支承压力峰值高于工作面上部，因此大倾角工作面开采时，工作面上部底板破坏深度小于工作面下部底板破坏深度。12125 工作面上部风巷处煤层的埋深为 $H_{\mathrm{u}} = 400\mathrm{m}$；工作面宽度为 $L = 130\mathrm{m}$；工作面下部运输巷处煤层的埋深为 $H_{\mathrm{d}} = 465\mathrm{m}$；煤层倾角为 30°；底板岩体平均内摩擦角为 37°。因此，可根据上述公式确定 12125 工作面走向段开采时工作面上部和下部底板破坏深度。

工作面上部底板破坏深度为

$$h_{\mathrm{u}} = \frac{0.0075H\cos\varphi}{\cos\left(\frac{\pi}{4}+\frac{\varphi}{2}\right)} \mathrm{e}^{(\pi/4+\varphi/2)\tan\varphi} = 16.08\mathrm{m} \tag{5-19}$$

工作面下部底板破坏深度为

$$h_{\mathrm{d}} = \frac{0.0075H_{\mathrm{d}}\cos\varphi}{\cos\left(\frac{\pi}{4}+\frac{\varphi}{2}\right)} \mathrm{e}^{(\pi/4+\varphi/2)\tan\varphi} = 18.69\mathrm{m} \tag{5-20}$$

通过计算可知，12125 工作面走向段开采时，工作面上部底板破坏深度为 16.08m，工作面下部底板破坏深度为 18.69m。

2. 大倾角工作面倾向底板破坏深度分析

大倾角煤层工作面开采后，在大倾角工作面两侧产生侧向支承压力，孙建通过研究倾斜煤层底板突水破坏分析，得知倾斜煤层底板破坏深度的理论公式[80]：

$$\left.\begin{aligned} h_{\text{up}} &= \frac{(k_2+1)H\cos\alpha}{2\pi}\left[\frac{\sin\beta}{\sin\varphi_0}+\beta\left(\frac{\sin\alpha}{\sin\varphi_0}-\cos\alpha\right)\right]-\frac{C\cos\alpha}{\gamma\tan\varphi_0}-\frac{M_{\text{采}}}{(k_\rho-1)} \\ h_{\text{down}} &= \frac{(k_1+1)H\cos\alpha}{2\pi}\left[\frac{\sin\beta}{\sin\varphi_0}+\beta\left(\frac{\sin\alpha}{\sin\varphi_0}-\cos\alpha\right)\right]-\frac{C\cos\alpha}{\gamma\tan\varphi_0}-\frac{M_{\text{采}}}{(k_\rho-1)} \end{aligned}\right\} \quad (5\text{-}21)$$

式中，h_{up}、h_{down} 为工作面倾斜上端和下端的破坏深度；$\beta=\arccos(\cos\alpha\sin\varphi_0-\sin\alpha)$；$H$ 为工作面上部风巷处煤层埋深；$M_{\text{采}}$ 为采出煤层高度，m；k_ρ 为顶板冒落带碎胀系数；k_1、k_2 为侧向支承压力应力集中系数，其中 $k_1>k_2>1$；α 为煤层倾角；φ_0 为工作面煤层底板平均内摩擦角；C 为内聚力。

12125 工作面上部风巷处煤层埋深 $H=400$m，煤层倾角 $\alpha=30°$，采出煤层高度 $M_{\text{采}}=3.9$m，冒落带碎胀系数 $k_\rho=1.3$，工作面上侧侧向支承压力集中系数 $k_2=2.4$，下侧支承压力集中系数 $k_1=2.6$。12125 工作面煤层底板平均内摩擦角 $\varphi_0=46°$，内聚力 $C=4.1$MPa。因此 $h_{\text{up}}=14.6$m，$h_{\text{down}}=17.5$m。

通过计算分析可知，12125 工作面沿走向推进过程中上端及下端底板破坏深度大于采空区两侧的支承压力的破坏深度，最大破坏深度为 18.69m。

5.3.2 支承压力分布特征

煤层开采后，采场围岩应力得到重新分布，煤体边缘由于受到覆岩运动及自重应力的影响最先遭到破坏，并逐渐向深部延伸，直至到达弹性应力区的边界。煤层极软，抗压强度很低，煤体极易发生塑性破坏而形成塑性破坏区，因此可以通过分析煤壁前方塑性区的范围来得知超前支承应力的分布规律。陈炎光和陆世良利用 Mises 准则推导出了塑性区宽度公式[81]：

$$L_p=\frac{M_{\text{采}}}{2\xi f}\ln\frac{k\gamma_0 H+\dfrac{C_0}{\tan\varphi_0}}{\xi\left(p+\dfrac{C_0}{\tan\varphi_0}\right)} \quad (5\text{-}22)$$

式中，L_p 为塑性区宽度；$M_{\text{采}}$ 为开采高度，m；C_0 为内聚力，MPa；φ_0 为内摩擦角，(°)；k 为煤壁前方支承压力应力集中系数；H 为工作面埋深，m；f 为煤层与顶底板摩擦系数，$f=\tan\varphi_0/4$；ξ 为三轴应力系数，$\xi=\dfrac{1+\sin\varphi_0}{1-\sin\varphi_0}$；$p$ 为液压支架对煤壁的支护阻力，MPa；γ_0 为煤体平均体积力，MPa。

1. 上煤层开采对下煤层支承压力的影响

根据上煤层大倾角工作面开采建立开采后的底板力学模型，如图 5-27 所示。

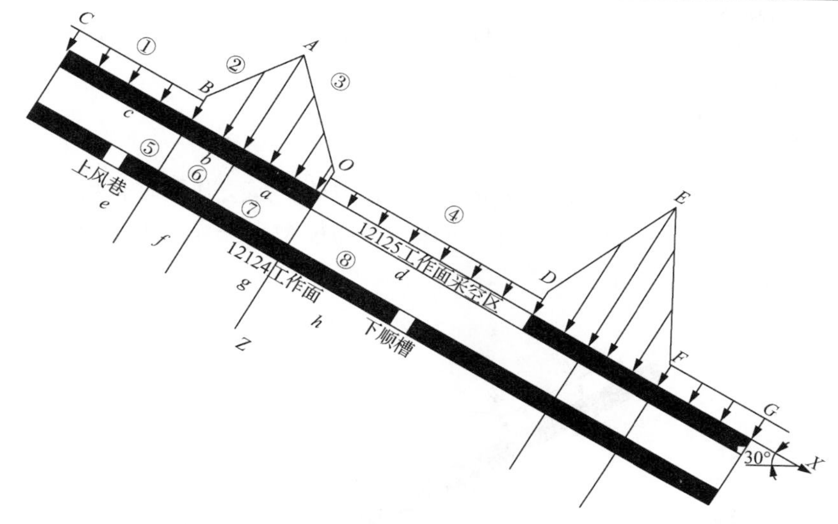

图 5-27　12125 工作面开采后的底板力学模型

由图 5-27 可知，上煤层工作面开采后上部①区为原岩应力区；②区和③区为应力集中区，其应力集中系数$k=2\sim5$；④区为卸压区。为了研究 12125 工作面上部煤柱(②区、③区)及卸压区(④区)对其近距离煤层下 12124 工作面开采支承压力的影响，我们需确定上侧煤柱(②区、③区)的塑性区范围。为确定 12124 工作面上侧煤柱应力峰值的位置，采用式(5-23)[82]：

$$\left.\begin{aligned} x_0 &= \frac{M_{采}\lambda}{2\tan\varphi}\ln\left[\frac{\lambda(\sigma_t\cos\alpha\tan\varphi+2C+M_{采}\gamma_0\sin\alpha)}{\lambda(2C-M_{采}\gamma_0\sin\alpha)+2P_x\tan\varphi}\right] \\ \sigma_{\mathrm{t}} &= 2.792(\eta K_1\sigma_{\mathrm{c}})^{0.792} \end{aligned}\right\} \tag{5-23}$$

式中，x_0为采空侧至煤柱极限强度发生处的距离，m；σ_{t}为煤柱的极限强度，MPa；η为煤体软化系数；K_1为煤体力学修正系数；σ_{c}为煤体单轴抗压强度，MPa；α为煤层倾角，(°)；λ为极限强度所在面的侧压系数，$\lambda=\mu/(1-\mu)$，μ为泊松比；C为煤层与顶底板界面处的内聚力，MPa；φ为煤层与顶底板界面处的摩擦角，(°)；P_x为巷道支护对煤壁沿x方向的约束力，MPa。

为方便求解，取$\eta=0.48$、$K_1=0.5$、$\sigma_{\mathrm{c}}=13.5$MPa，代入式(5-23)得到$\sigma_{\mathrm{t}}=10.6$MPa。再将$M_{采}=3.8$m、$\alpha=30°$、$\mu=0.4$、$\lambda=0.45$、$\varphi=35°$、$C=2.15$MPa、$P_x=0.3$MPa，代入式(5-23)中，得到$x_0=2.36$m。但上煤层工作面开采后上风巷 U 形棚回撤，致使上部煤柱支撑失效，进而导致上煤层采空区上部煤柱塑性区范围扩大，此时塑性区范围为kx_0(k为支承压力相对系数，取$k=3$)，于是可知上煤层采空区上部煤柱塑性区范围为 7.08m。12124 工作面在上煤层上部煤柱下的长度为 60m，因此 12124 工作面上部只有部分区域受到上煤层煤柱的影响(⑥区和⑦区)，

12124 工作面的⑤区未受到上煤层煤柱的影响。12124 工作面的⑧区在上煤层采空区的正下方，必然受到上煤层采空区的影响。

2. 本煤层开采对支承压力的影响

12124 工作面开采时，前方支承压力分布与单一煤层开采时有较大的区别。因此，构建采空区下 12124 工作面支承压力分布模型来探寻支承压力分布规律。构建的模型如图 5-28 所示。

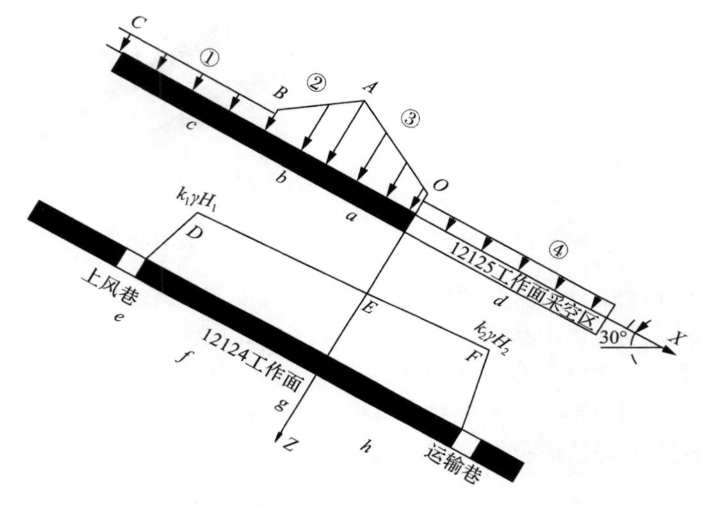

(a) 初采时顶板未受采动影响

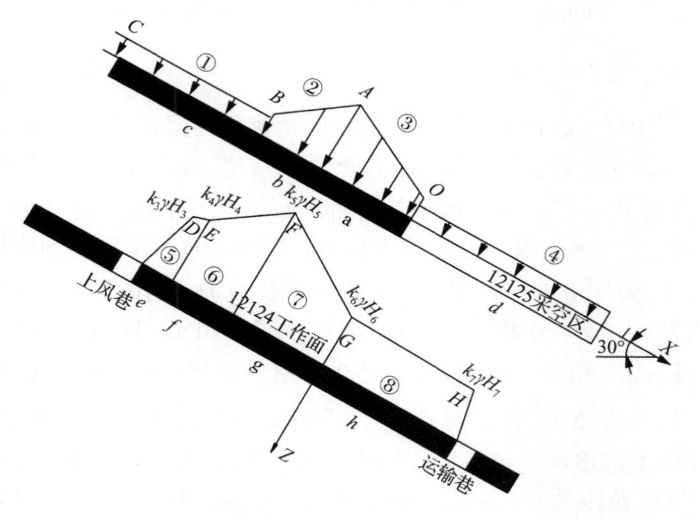

(b) 正常回采时顶板受充分采动影响

图 5-28　不同时期 12124 工作面支承压力分布模型图

图 5-28(a)为 12124 工作面初采时(理想化为单一煤层开采)顶板未受采动影响的前方支承压力分布模型图，此时上煤层采空区煤柱应力还未对 12124 工作面的开采产生影响。将此时的支承压力分为 2 段，其中煤柱下的为一段，采空区下的为另一段(不考虑巷道部分)。定义 DF 区段支承压力的表达式为 $q_1(\zeta)=A\zeta+B$ (ζ 为沿倾向即 x 轴的自变量)，将 D 点和 F 点的坐标 $(h-L,\ k_1\gamma H_1)$、$(h,\ k_2\gamma H_2)$ 分别代入表达式中，得到 DF 区段支承压力的表达式：

$$q_1(\zeta)=\frac{k_2\gamma H_2-k_1\gamma H_1}{L}\zeta+k_2\gamma H_2-\frac{h(k_2\gamma H_2-k_1\gamma H_1)}{L}\qquad(\zeta\in[h-L,\ h])\tag{5-24}$$

式中，H_1 为 12124 工作面初采时上端头的埋深；H_2 为 12124 工作面初采时下端头的埋深，$H_2=H_1+L\sin\alpha$；L 为 12124 工作面初采时上端头和下端头两点沿工作面倾向间距。

将式(5-24)代入式(5-22)即可得到初采时煤壁前方塑性区范围的表达式：

$$\left.\begin{aligned}L_{DF}&=\frac{M_{采}}{2\zeta f}\ln\frac{q_1(\zeta)+C_0/\tan\varphi_0}{\zeta(p+C_0/\tan\varphi_0)}=\\&\quad\frac{M_{采}}{2\zeta f}\ln\frac{A\zeta+B+C_0/\tan\varphi_0}{\zeta(p+C_0/\tan\varphi_0)}\\\zeta&\in[h-L,\ h]\end{aligned}\right\}\tag{5-25}$$

其中

$$\left.\begin{aligned}A&=\frac{k_2\gamma H_2-k_1\gamma H_1}{L}\\B&=k_2\gamma H_2-\frac{h(k_2\gamma H_2-k_1\gamma H_1)}{L}\end{aligned}\right\}\tag{5-26}$$

由图 5-28(b)可知 12124 工作面正常回采时前方煤壁顶板破坏，导致支承压力与上煤层采空区侧、煤柱侧应力相互叠加，因此 12124 工作面正常回采时煤壁前方支承压力的分布与初采时支承压力的分布大相径庭。当 12124 工作面煤壁前方支承压力与上煤层的应力发生叠加时，12124 整个工作面的支承压力都发生了变化。其中 12124 工作面上部⑤区处在上煤层原岩应力下方，因此受上煤层应力的影响较小；⑥区和⑦区处在上煤层上部煤柱应力集中区的下方，受应力集中影响较大，应力相互叠加后，支承压力增大；⑧区处在上煤层采空区的下方，该部分煤体中的支承压力传递到底板后得到释放，导致支承压力降低。因此应力集中系数排序为：$k_5>k_4>k_3>k_2>k_1>k_6>k_7$。根据式(5-24)和图 5-28(b)可知⑤区应

力表达式为

$$q_2(\zeta) = \frac{k_4\gamma H_4 - k_3\gamma H_3}{e}\zeta + k_3\gamma H_3 + \frac{k_3\gamma H_3(h-L) - k_4\gamma H_4(h-L)}{e} \quad (\zeta \in [h-L,\ -f-g]) \tag{5-27}$$

式中，H_3 为 12124 工作面正常回采时上端头的埋深；H_4 为 12124 工作面正常回采时下端头的埋深，$H_4 = H_3 + L\sin\alpha$；e 为 12124 工作面正常回采时上端头和下端头两点沿工作面倾向间距。将式(5-27)代入式(5-22)即可分别得到正常回采时 DE 区段煤壁前方塑性区范围的表达式：

$$\left.\begin{aligned} &L_{DE} = \frac{M_{采}}{2\xi f}\ln\frac{C\zeta + D + C_0/\tan\varphi_0}{\xi(p + C_0/\tan\varphi_0)} \\ &\zeta \in [h-L,\ -f-g] \end{aligned}\right\} \tag{5-28}$$

其中

$$\left.\begin{aligned} &C = \frac{k_4\gamma H_4 - k_3\gamma H_3}{e} \\ &D = k_3\gamma H_3 + \frac{k_3\gamma H_3(h-L) - k_4\gamma H_4(h-L)}{e} \end{aligned}\right\} \tag{5-29}$$

同理可以得到正常回采时 EF、FG、GH 区段煤壁前方塑性区范围的表达式，并将其相关参数取值分别代入各自的表达式中即可得到初采时和正常回采时不同区段煤壁前方塑性区范围，其塑性区范围大小如图 5-29 所示。

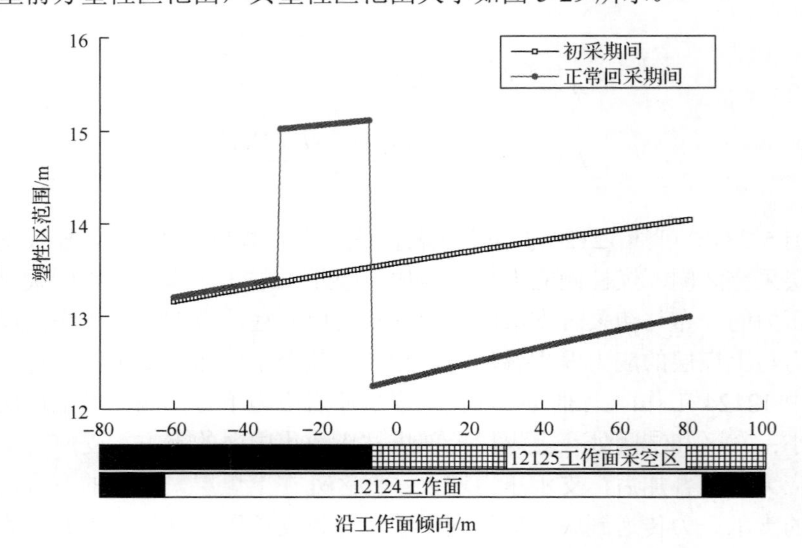

图 5-29 不同时期 12124 工作面煤壁支承压力塑性区范围

由图 5-29 可知 12124 工作面初采时煤壁前方塑性区范围呈线性分布，自上而下逐渐增大，塑性区范围平均为13.6m，由此得到的支承压力也是由上往下逐渐递增的。正常回采时工作面上部(0～28m)塑性区范围略大于初采时该区域的塑性区范围，塑性区范围平均为 13.3m(–60～–33m)；工作面中上部(28～60m)处塑性区范围远大于初采时该区域的塑性区范围，塑性区范围平均为 15.1m(–33～–8m)；工作面下部(60～140m)处塑性区范围则小于初采时该区域的塑性区范围，塑性区范围平均为 12.6m(–8～80m)。由此得到支承应力的分布规律为：中上部支承压力最大，上部次之，下部最小。同时可以知道上煤层的采空区及煤柱对下煤层的安全回采影响较大。

5.3.3　12124 工作面煤壁片帮效应

1. 煤壁片帮破坏形式

煤壁在自重和顶板压力作用下,破坏形式主要以拉裂破坏和剪切破坏为主[83]。对于脆性硬煤，煤体允许变形量较小，受顶板垂直压力作用，煤壁内产生横向拉应力，煤体自身无法通过较大变形来释放此横向拉应力，当达到煤体抗拉强度时，煤壁会产生拉裂破坏。而对于松软煤层，煤体通过横向及蠕动变形能够释放由顶板压缩产生的横向拉应力，最终当煤壁内的竖向剪应力达到煤体抗剪强度时，煤壁发生剪切滑动破坏。因此，煤壁片帮主要与顶板压力、煤体抗拉强度及抗剪强度有关。

2. 支承压力对煤壁片帮的影响

煤层开采后，采场初始平衡状态被打破，原岩应力重新分布，此时煤体前方出现大于原岩应力数倍的支承压力。随着工作面的推进，支承压力逐渐向煤体深部转移，在一定范围内煤壁前方的支承压力与煤体承载力平衡，处于极限平衡状态。由于煤体受采动支承压力重复加载的作用，在近煤壁处形成塑性破坏区，而煤体深部则处于弹性状态和原岩应力状态。煤壁前方变形区域分布如图 5-30 所示。

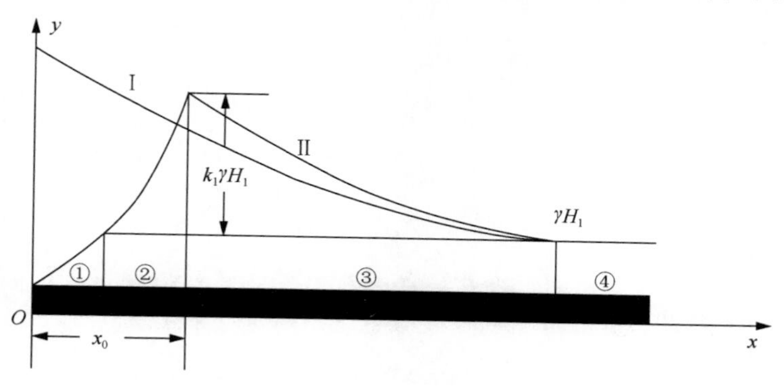

图 5-30　煤壁前方煤体变形区域分布

图中①区为破坏区，②区为塑性区，③区为弹性区，④区为原岩应力区。在工作面回采过程中，塑性区是容易发生片帮的区域，塑性区宽度越大，发生片帮的几率越高。由式(5-22)可知，在煤体物理力学参数、液压支架对煤壁支护阻力确定的前提下，工作面前方塑性区宽度与工作面开采高度$M_{采}$、工作面埋深H及工作面前方应力集中系数k成正比。

3. 岩性影响分析

4 煤属于“三软”厚煤层，煤层直接顶节理裂隙发育程度高。受多次采动的影响，12124 工作面煤体松散破碎，内聚力下降，煤体抗拉强度及抗剪强度降低，煤壁前方塑性区范围扩大，加之护帮措施不合理，致使工作面煤壁片帮严重。

4. 采空区上侧煤柱影响分析

12124 工作面中上部位于 12125 工作面采空区上侧煤柱下方，在回采工程中，12124 工作面受近距离采空区煤柱影响显著。因此，结合工程背景，构建了 12124 工作面支承压力分布模型(图 5-28)，分析研究采空区上侧煤柱对工作面煤壁片帮的影响。支承压力分布情况及塑性区范围计算在 5.3.2 节中已经详细描述。

5. 数值模拟分析

大倾角煤层回采后，由于采场顶板岩层垮落下滑，工作面沿倾斜方向中、下部区域被矸石紧密充填，而工作面上部矸石充填量较少，致使工作面上部形成卸压区，工作面下部形成应力集中区，支承压力云图如图 5-31 所示。大倾角工作面

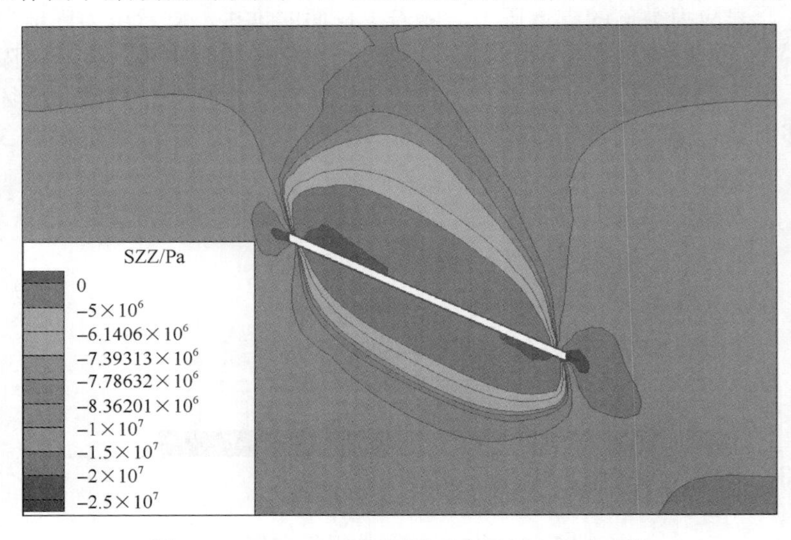

图 5-31　12125 工作面回采后支承压力分布云图

顶板支承压力云图轮廓近似呈直角三角形，低应力范围处于工作面倾向中上部并向高位岩层延伸，工作面下部顶板压力较中上部明显增大，支承压力分布具有非对称性。

12124 工作面、12125 工作面均属大倾角工作面，12125 工作面回采后其底板 4 煤支承压力分布如图 5-32 所示。从两工作面空间层位可以看出，12124 工作面下部位于 12125 采空区下方，处于采空区卸压范围，有效避开了 12125 下部工作面及采空区下侧煤柱对 4 煤造成的应力集中区域，这是 12124 工作面下部区段煤壁较少发生片帮的主要原因。

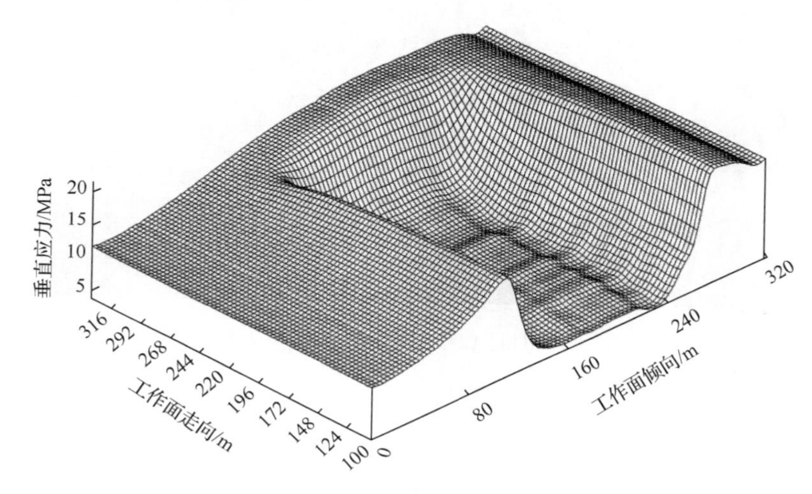

图 5-32　4 煤支承压力分布云图

图 5-33 和图 5-34 分别为回采期间 12124 工作面支承压力分布云图和三维视图。分析可得：①12124 工作面下部处于 12125 工作面采空区卸压区下，工作面中上部受采空区上侧煤柱影响，顶板压力显著增大，应力集中程度较高。工作面超前支承压力峰值为 36MPa。②采空区下工作面前方支承压力分布比较规整，而煤柱下工作面前方支承压力分布不规则，在工作面中部和近上风巷煤体中存在小范围的应力集中区，应力集中系数较其他区域显著增高。从整体上看，采空区煤柱下方工作面前方支承压力分布呈双驼峰状且中部驼峰宽度大于上部。回采期间，12124 工作面水平位移等值线波峰位于工作面中上部(图 5-35)，峰值为 14mm，工作面上部端头煤柱侧位移为 8mm，下部端头煤柱侧位移为 4mm。以上分析充分说明了 12124 工作面中、上段位于 12125 采空区煤柱下方煤壁易片帮的原因。

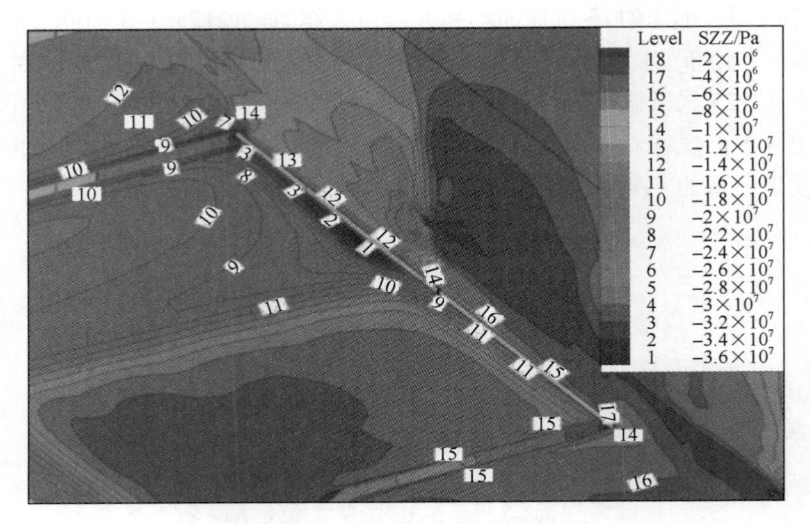

图 5-33　回采期间 12124 工作面支承压力分布云图

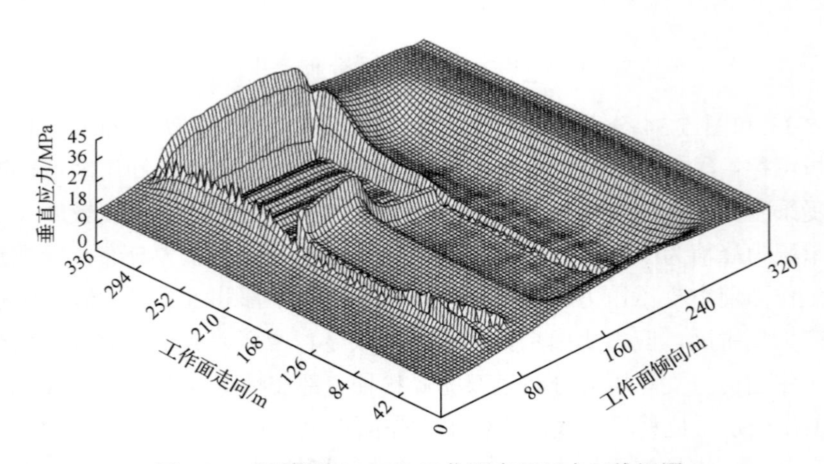

图 5-34　回采期间 12124 工作面支承压力三维视图

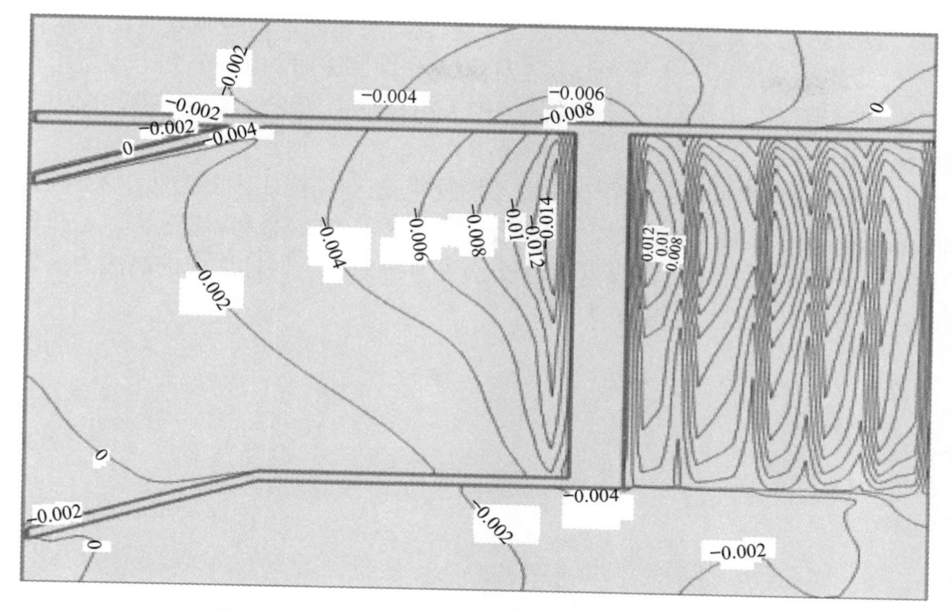

图 5-35　12124 工作面水平位移等值线(单位：m)

5.4　小　　结

(1) 利用数学及弹塑性力学等相关知识对近距离煤层群卸压开采采动过程中的应力场演化进行计算分析，确定煤层开采塑性区及底板破坏范围。通过统计各煤层开采过程中的工作面两侧卸压角、基本顶破断步距、开采最大卸压深度，利用数值拟合的方法确定拱形卸压区的包络线拟合方程，从而计算出 8 煤、7 煤、6 煤、5 煤开采采动卸压范围，为卸压开采采场参数设计与优化提供技术支撑。

(2) 近距离煤层群卸压开采过程中，对工作面推进距离与顶底板裂隙发育的最大高度与深度进行统计分析，构建裂隙场演化模型，获得裂隙场演化规律。根据裂隙场演化各阶段的演化特征，将工作面推进距离对裂隙场演化的影响分为两个阶段：整体发育阶段和局部发育阶段。

(3) 多煤组远程上行卸压开采，采场上覆岩层应力分布规律与工作面前后应力分布形态相似，顶板岩层内应力分布的形态可分为应力集中区、初始卸压区、充分卸压区和应力恢复区，但不同高度顶板内应力集中和卸压的大小、范围与首采工作面前后应力分布状态明显不同。

(4) 随着工作面的推进，裂隙范围和高度与工作面推进长度近似呈线性关系，呈梯级跃升。当裂隙发育到关键层底部时，裂隙高度暂时不再增加而稳定在关键层底部，即关键层的阻隔性。当工作面继续推进到关键层的极限跨距时，关键层破断，裂隙跳跃发育至上一关键层底部并形成离层裂隙，即裂隙发育的跳跃性。

(5) 近距离采空区下大倾角煤层 12124 工作面回采时，由于受到上煤层留设煤柱的影响，导致本工作面煤壁塑性区范围大小：中上部＞上部＞下部，即中上部超前支承压力最大，上部次之，下部最小。

(6) 大倾角煤层回采后，矸石充填不均使采空区中下部形成高应力区，因此在近距离采空区下布置工作面时，避开此高应力区可有效减缓煤壁压力。工作面位于近距离采空区煤柱下时，煤壁前方支承压力与采空区煤柱造成的高应力区发生叠加，导致煤体塑性区范围扩大。

第6章 工 程 应 用

6.1 近距离煤层群卸压开采采场围岩矿压控制

利用数值模拟、相似材料模拟与理论计算等研究方法，分析了煤层群下行开采应力演化规律，获得了开采工作面顶底板形成拱形卸压区，煤柱支承作用形成的高应力具有叠加效应等结论。实际生产过程中，下伏煤层通常处于上覆煤层多次采动的叠加应力区范围内，同一工作面部分区间处于卸压区，部分区间处于高应力区。由于多次采动的影响，卸压区及高应力区经多次叠加，下伏煤层工作面应力分布规律错综复杂，难以预测。在煤层群下行开采过程中，需要对下伏煤层工作面矿压进行监测，对其规律进行分析，防止煤壁片帮、冒顶及大型动力灾害的发生，保障现场安全高效生产。

6.1.1 采空区下部工作面矿压显现规律

1. 试验区概况

18516 工作面位于潘二矿西四采区，工作面标高为–334.0～–395.0m，从切眼至收作线逐渐降低。18516 工作面北起西四采区上山，南以 Fx7 断层为界，东以–360m 等高线为界，西以–390.7m 等高线为界；回采对地面农田、马庄和瓦沟自然村有影响。18516 工作面处于 18517 工作面采空区下方，与 18517 工作面采空区的垂距平均为 14m，下顺槽外错 18517 工作面采空区 60m，切眼内错 18517 工作面采空区 55m、上风巷内错 18517 工作面采空区 42m。可采走向长度为 330m，面长为 240m，平均煤层厚度为 3.5m，可采储量 38.7×10^4t(图 6-1)。

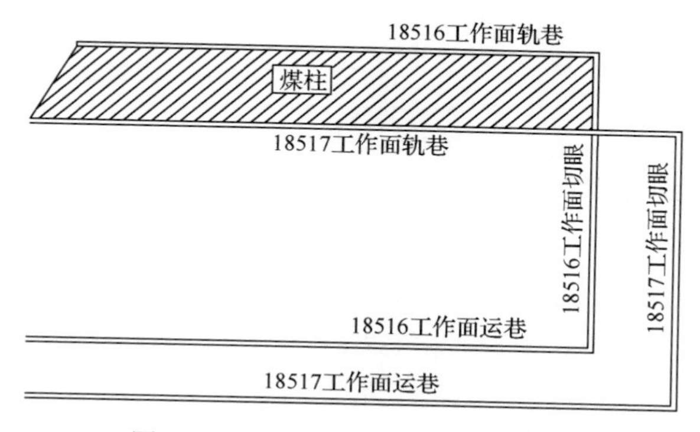

图 6-1 潘二矿 18516 工作面布置图

直接顶为砂质泥岩或中砂岩，厚 2～3m；老顶为泥岩及砂质泥岩，厚 5～6m（图 6-2）。工作面发育有 8 条断层，最大落差 2.5m。18516 工作面位于西四“天窗区”下，新生界下部含水层直接与基岩接触，中间无稳定的黏土隔水层，开采水体采动等级为Ⅰ类水体，风氧化带厚度约 30m，防水煤柱高度为 67.5～85m。18516 工作面回采期间，预计瓦斯相对涌出量为 1.81m^3/t、瓦斯绝对涌出量为 7.53m^3/min。

18516工作面综合柱状图(1：200)

层厚/m	柱状图	岩石名称	岩性描述
1.5～2.5/2.3		7-1煤	黑色，粉末状，半暗淡光泽
1.7		砂质泥岩	灰色，上部局部见少量细小泥质鲕子，下部见少量植化碎片
2.0		泥岩	浅灰色，局部见团块状分布的菱铁鲕子
2.1		砂质泥岩	灰色–深灰色，底部夹有细砂岩条带， 并含密集的菱铁鲕子组成豆状菱铁结核
1.0		菱铁中砂岩	棕灰色，含大量菱铁鲕子，夹有粉砂岩条带
2.3		泥岩	深灰色，含有碳化植物叶部化石碎片
2.4		泥质砂岩	浅-深灰色，岩性坚硬致密，含较多砂质成分，局部含泥岩条带，部分为薄层泥岩伪顶
0.2			
1.0～1.3/1.1		6-2煤	黑色，半光亮型，上部为粉末状，下部为薄层状
0.8～2.1/1.4		泥岩	深灰色，含较多植化条带，较破碎，局部呈鳞片状
0.5～2.0/1.8		6-1煤	黑色，块状，粉末状，属亮-暗淡型煤
1.0		泥岩	深灰色，下部微含砂质
0.7		砂质泥岩	灰色，底部为0.3m粉砂岩
1.0		细砂岩	灰白色，上部夹有粉砂岩条带，泥、砂质胶结，具斜层理
3.4		中砂岩	灰白色，泥、砂质胶结，含菱铁质点
5.4		粗砂岩	灰白色，泥、砂质胶结，具不明显斜层理，层面上有碳泥质分布，下部夹有较多粉砂岩条带及薄层

图 6-2　潘二矿 18516 工作面岩层柱状图

2. 矿压观测方案

为了准确掌握下行卸压开采 18516 工作面开采过程中的来压强度，分析支架与围岩的相互作用关系，为合理选择采煤参数、支护方式和顶板管理方法提供依据，主要对 18516 工作面来压规律及液压支架工况进行了观测。18516 工作面支架压力观测采用济南科泰测控技术有限公司的煤矿顶板动态监测系统。工作面选定 21 个支架(编号尾号为 2 的支架 16 架，1#、117#、127#、159#、16# 5 个，共 21 个测点)安装了 21 块离线数据采集压力自记仪，每个自记仪可监测支架上、下煤柱的工作压力，分别记为压力 1 和压力 2。定期采集数据到地面，传输到计算机内进行数据处理。测点布置示意图如图 6-3 所示。

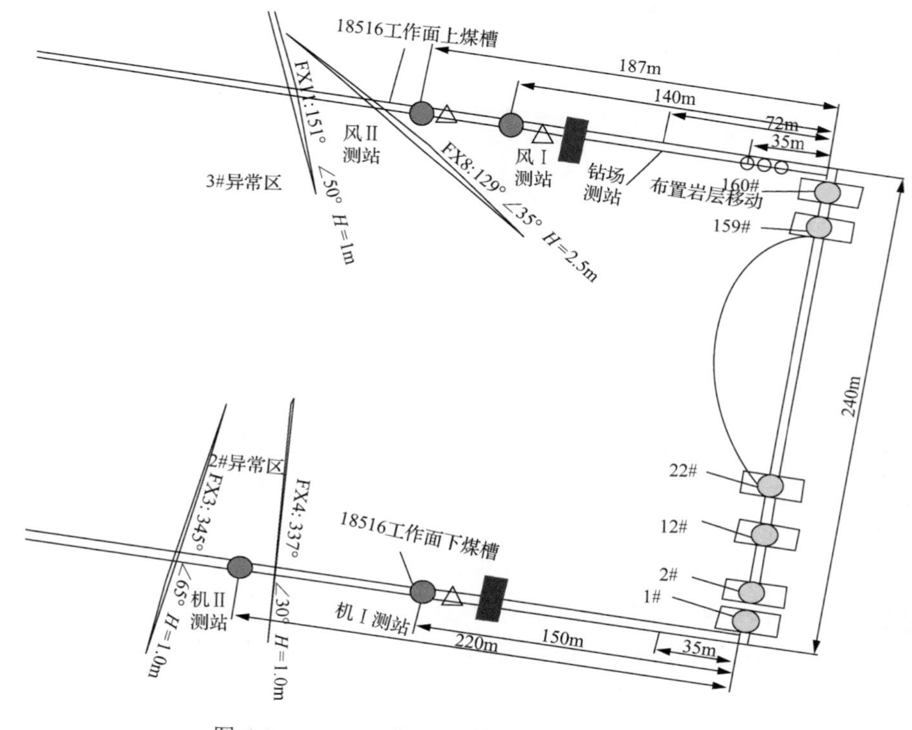

图 6-3　18516 工作面矿压观测测点布置示意图

3. 工作面矿压显现规律

1) 直接顶初次垮落

18516 工作面切眼宽 6m，机巷退尺 15m、风巷退尺 8.3m、工作面平均退尺 11.6m 时，采空区直接顶开始冒落，由于下顺槽退尺比上顺槽大，直接顶从下顺槽采空区侧开始冒落，至采空区停止冒落时支架 1#～124#已经基本冒落，而支架

124#～160#(机尾)尚未冒落。工作面支架安全阀开启率高，此时支架 100#～124#工作面平均退尺为 13.5m，则初步判断直接顶初次垮落步距为 11.8～13.5m。

2) 基本顶初次来压

18516 工作面正常情况下每天割 4 刀煤，退尺约 3m。自直接顶初次垮落之后，工作面情况较稳定，机巷退尺超前风巷退尺 7m 左右。

如图 6-4 所示，为 26～30 日工作面液压支架工作阻力最大值曲线图，从图 6-4 中可以看出，4 月 29～30 日工作面支架压力普遍增加达到最大值，最大值可达 41.3MPa，出现明显的矿压显现情况，观测支架安全阀开启率高，支架增阻速度快，安全阀持续开启。18516工作面面长 240m，工作面初次来压呈现阶段性。工作面中部 72#液压支架位置最先来压，然后工作面下部、上部分别出现来压。

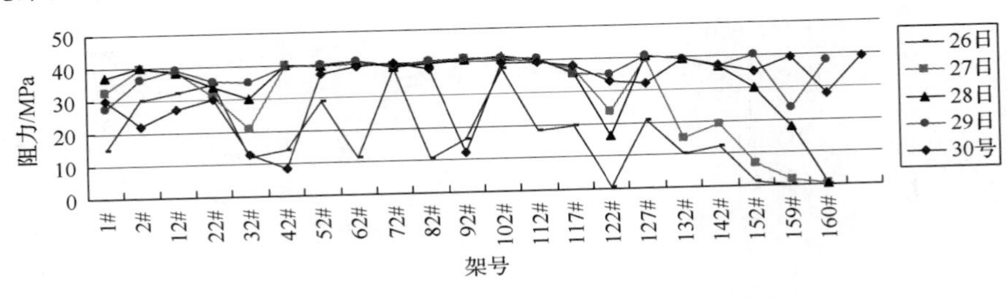

图 6-4 液压支架工作阻力最大值曲线图

3) 基本顶周期来压

工作面周期来压期间部分液压支架平均阻力曲线如图 6-5 所示。

(1) 从观测的数据分析可知，18516 工作面顶板煤层在开采过程中，由于受到地质条件及开采条件的影响，周期来压主要特征表现为：工作面上、中上、中、中下、下部各个部位周期性来压时间不相同，来压步距也不一致。工作面第一次周期性来压步距为 8.3～17.1m，平均为 11.5m；工作面第二次周期性来压步距为 7.9～17.9m，平均为 13.2m；工作面第三次周期性来压步距为 8.9～12.4m，平均为 10.6m；工作面第四次周期性来压步距为 10.6～13.6m，平均为 12.3m；工作面第五次周期性来压步距为 6.1～11.8m，平均为 8.9m。

(2) 18516 工作面基本顶周期性来压都是分段进行的。工作面长度为 240m，且上、下段推进距离不一致，工作面各个部位初次及周期性来压时间不同步，来压步距也不相同，因此，受工作面地质构造及其他因素影响，工作面中部及下部最先来压，之后向工作面上部开始推进。中部来压步距短，来压次数多。从中部到两端呈增加趋势。由于下部超前上部约 10m，下部与中部来压时间接近，上部较滞后。

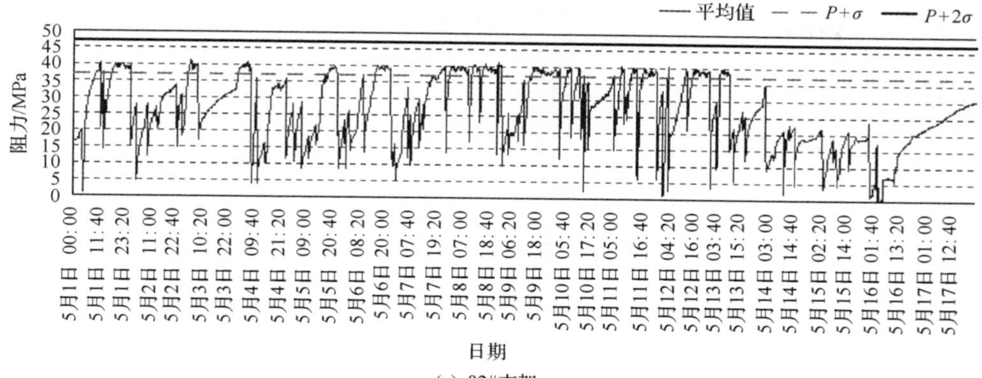

(a) 82#支架

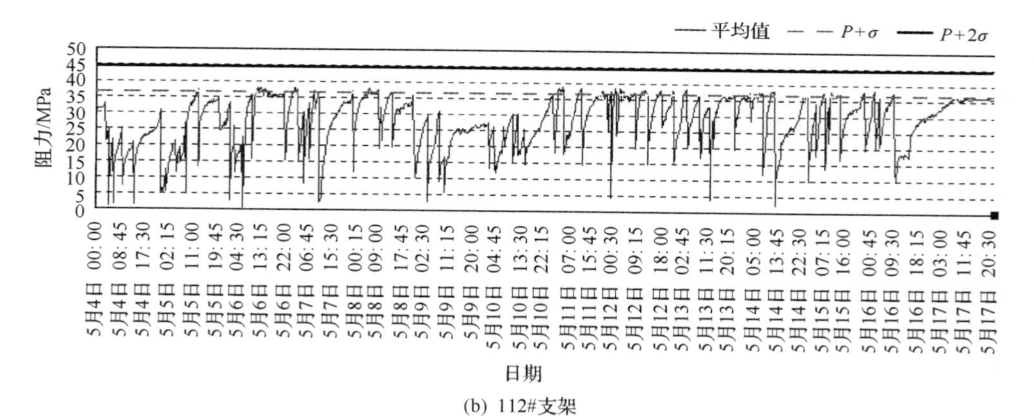

(b) 112#支架

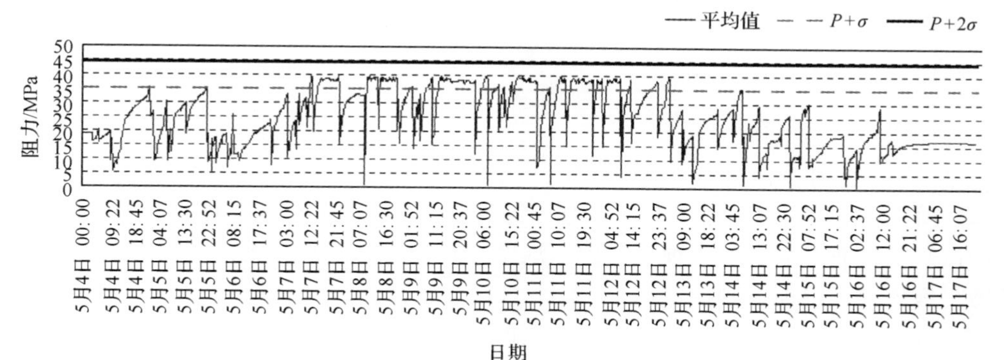

(c) 132#支架

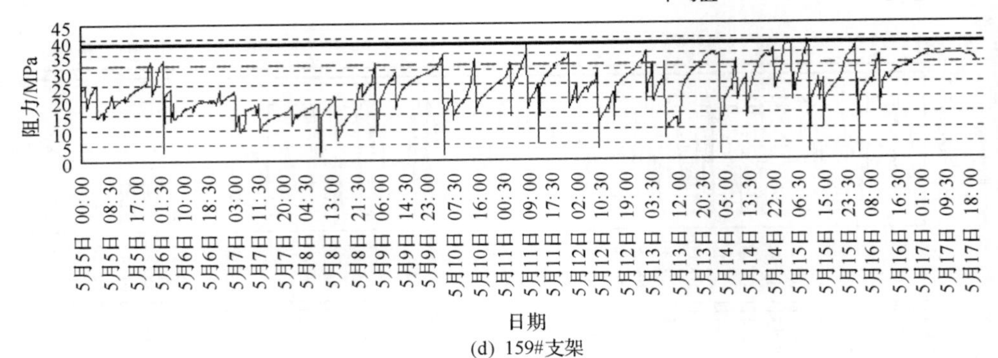

(d) 159#支架

图 6-5　部分液压支架平均阻力曲线图

P-支架循环末阻力平均值；σ-支架循环末阻力平均值的方差

(3) 除工作面中部压力较大外，支架 132#～152#工作阻力达到峰值 40MPa，这是由于 18516 工作面上部处在 18517 煤柱影响的高应力区范围内，来压时较其他区间压力大，影响剧烈。

6.1.2　围岩稳定性控制技术及应用

大倾角煤层回采后，矸石充填不均致使采空区中下部形成高应力区，因此在近距离采空区下布置工作面时，避开此高应力区可有效减缓煤壁压力。工作面位于近距离采空区煤柱下方时，煤壁前方支承压力与采空区煤柱造成的高应力区发生叠加，导致煤体塑性区范围扩大，带来煤壁片帮、冒顶、巷道变形量大等影响安全生产的隐患。为了保障安全高效生产，对大倾角采空区下煤层开采存在的隐患制定合理的措施，防止不利局面的产生。

1. 工作面稳定性控制

1) 片帮、冒顶控制技术[84,85]

“三软”厚煤层工作面煤壁片帮主要表现为剪切破坏，其主要影响因素是煤体抗剪强度和煤壁支承压力[84]。因为受到 12125 工作面采空区煤柱高应力的影响，12124 工作面开采过程中顶板破碎、煤壁片帮等矿压现象严重，所以对工作面采场实施片帮、冒顶控制技术。

(1) 在整个工作面顶板铺锚链网，同时工作面中下部顶板破碎严重区域连接双层锚链网，而工作面中上部铺一层锚链网，且在支架架头上工字钢连接锚链网，以加强破碎顶板管理并减小煤壁片帮，现场工作面防片帮、冒顶支护技术如图 6-6 所示，工作面防片帮、冒顶支护断面如图 6-7 所示。

图6-6 现场工作面防片帮、冒顶支护示意图

(2)工作面支架间隙不得超过 200mm，防止支架间出现支护空白区，造成漏顶；工作面遇煤壁松软易片帮、冒顶时，应及时伸出支架伸缩梁，支护顶板，打出护帮板，护紧煤帮，然后及时拉支架支护顶板。

(3)工作面回采移架过程中保证支架顶梁和底座垂直顶底板，支撑到位，相邻两支架侧护板错茬不大于侧护板的2/3。

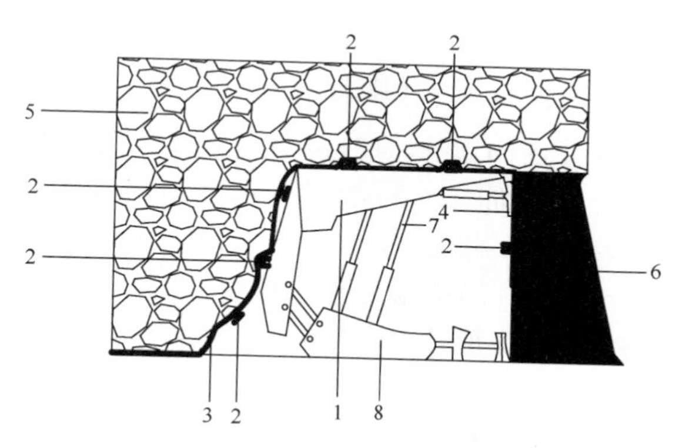

图6-7 工作面防片帮、冒顶支护断面图

1-液压支架顶梁；2-工字钢；3-锚链网；4-护帮板；5-工作面破碎顶板；6-工作面前方煤壁；7-液压支柱；8-液压支架底座

2)支架稳定控制技术

大倾角工作面开采时，为防止液压支架下滑，需及时调整液压支架状态，直至液压支架状态调正、找直，必要时用单体支护辅助进行移架。移架时，严格按分段由上向下移架，调整侧护板行程，逐步实现支架调向，以保证液压支架的稳定。为防止旋转回采过程中工作面刮板输送机上窜下滑，旋转回采未过下顺槽拐点前半区域期间：工作面刮板输送机出现下滑时，采用液压支架推移千斤顶进行由下向上单向抵刮板输送机，下顺槽上帮适当刷帮，保证工作面机头与转载机正常搭接；工作面中每10个液压支架与刮板输送机连接一防滑千斤顶(图6-8)，减

少工作面刮板输送机的下滑。旋转回采过下顺槽拐点后半区域期间：工作面进入俯伪斜开采，须使工作面刮板输送机保证一定的下滑量，进行由上向下单向抵刮板输送机，且防滑千斤顶反向安装，同时保持机尾超前机头5～7m的超前量。

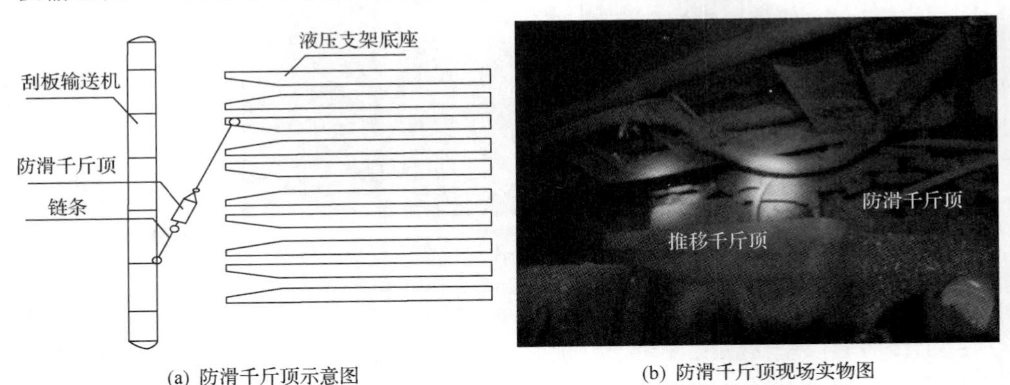

(a) 防滑千斤顶示意图　(b) 防滑千斤顶现场实物图

图 6-8　防滑千斤顶安装示意图

2. 巷道围岩稳定性控制

1) 应力集中区下上风巷围岩控制技术

受12125工作面采空区的影响，12124工作面上风巷处于应力集中区，为防止U形棚倾倒、折断，工作面上、下风巷都采用U形棚支护的方式(图6-9)。回采时，超前支护段需要改为架棚支护，超前支护段≥20m。每改一棚，在U形棚之间架设一梁，进行一梁3柱的挑棚支护。在上风巷U形棚支护段，受侧向压力的影响，部分区段巷道肩窝变形较大，可用铰接梁挑一排或两排挑棚或打斜撑点柱加强顶板管理，或补打加强支护锚索。用ϕ21.8mm×4000mm的锚索配合2.8m长11#矿用工字钢锁U形棚，每根工字钢锁4根U形棚。工字钢用2组(每组2

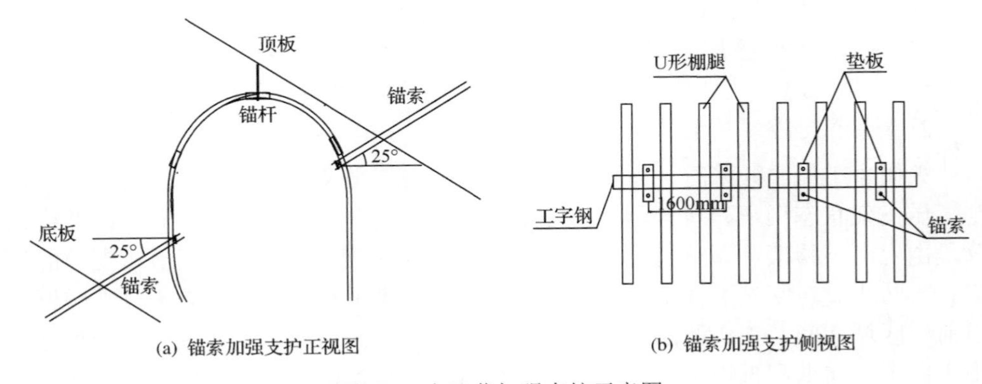

(a) 锚索加强支护正视图　(b) 锚索加强支护侧视图

图 6-9　上风巷加强支护示意图

根）锚索锚固在帮上，两组锚索间距1600mm，每根锚索采用3卷Z2350锚固剂锚固。上帮加固锚索以25°向下施工，下帮加固锚索以25°向上施工。

在旋转回采过程中，工作面煤壁前方由于受到采动影响，巷道两帮煤体应力集中，巷道变形严重，为了满足生产需求，对工作面上、下风巷煤壁超前10m范围内使用木棚或工字钢替换U形棚，并用HDJA-1200型铰接顶梁或11#矿用工字钢在其下挑走向棚支护(图6-10)。当倾向棚长度不大于3.5m时，上改棚2排，下改棚2排；当倾向棚长度大于3.5m，不大于4m时，上改棚3排，下改棚2排；当倾向棚长度为4.0～4.5m时，上改棚3排，下改棚3排。改棚圆木长度需大于3.2m，直径大于0.18m。

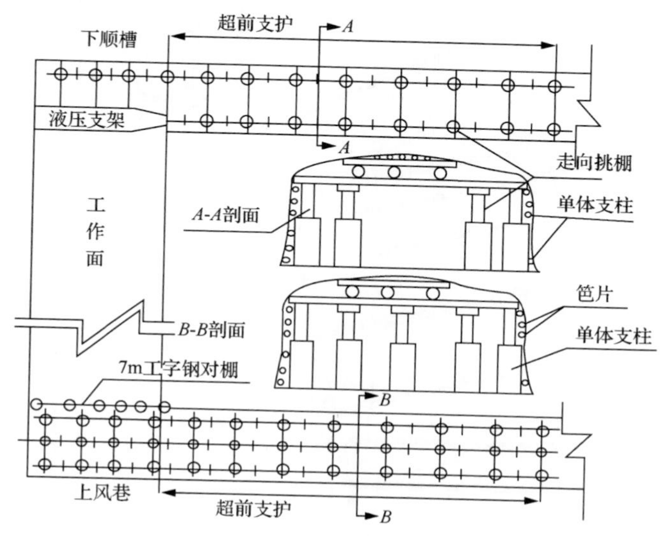

图6-10 巷道超前支护平剖面图

2）旋采拐点巷道围岩稳定性控制技术

在12124工作面旋转综采过程中，工作面上风巷拐点附近巷道断面大，且应力集中程度高，导致巷道变形量大，此时U形棚变形严重，甚至发生U形棚折断的情况。当煤壁距离旋采拐点60m时，对上风巷拐点附近10m范围内巷道的U形棚进行拆除，并对巷道进行卧底刷扩，改用锚网索组合支护，支护设计方案如图6-11所示：两帮及顶板均采用Φ20mm、L2000mm的高强度锚杆、Φ22mm、L6500mm的钢绞线和8#钢丝网进行联合支护，其中顶板锚杆排距为850mm，两帮排距为640mm，顶板锚索排距为1200mm，巷道两帮排距为1000mm，同时巷道两帮竖直方向并配M3的钢带。

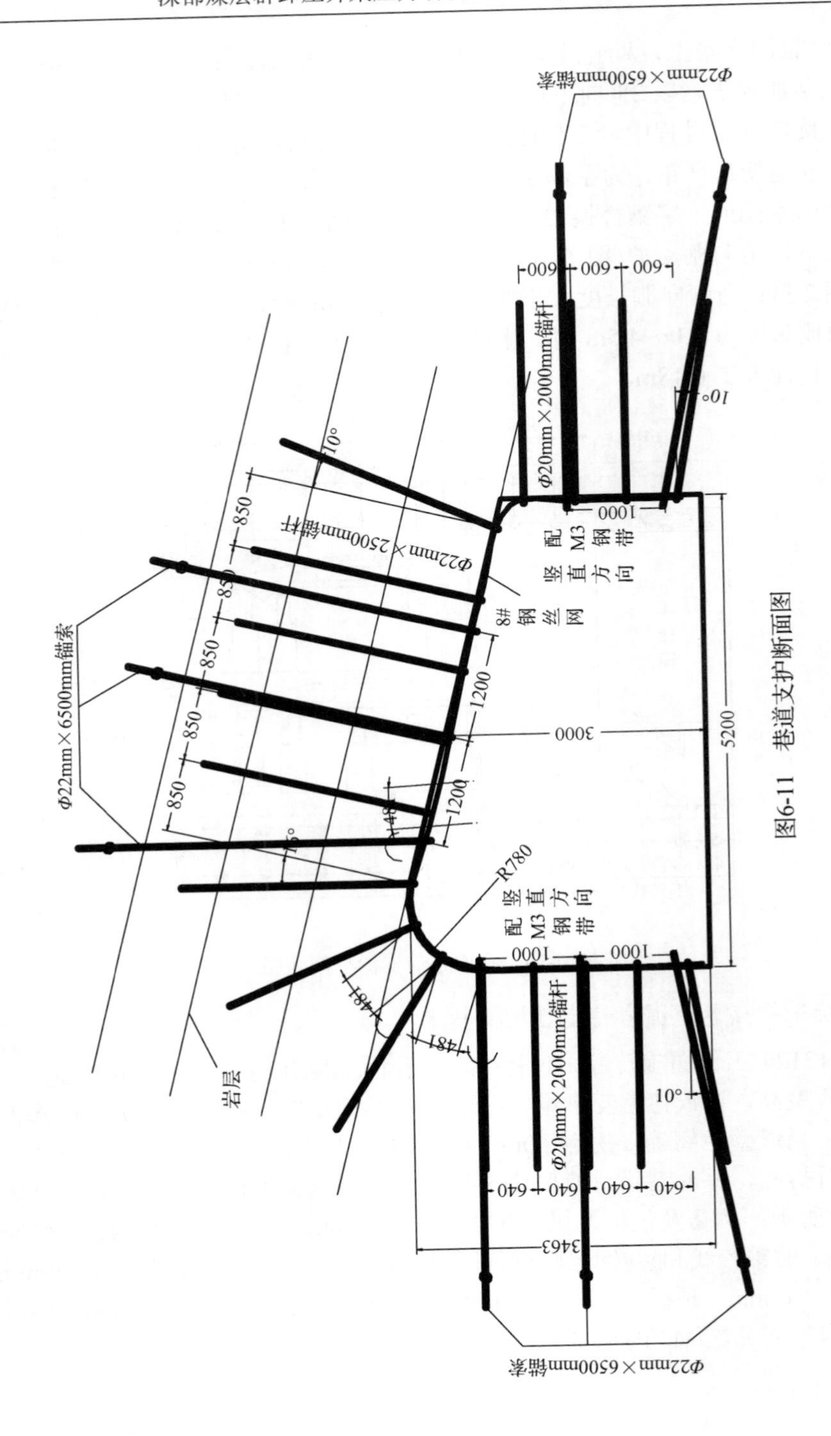

图6-11　巷道支护断面图

改用锚网索支护后，巷道变形速度整体较为平缓，当煤壁距拐点小于20m时，巷道变形速度变大，此时拐点受采动影响较大(图6-12)。

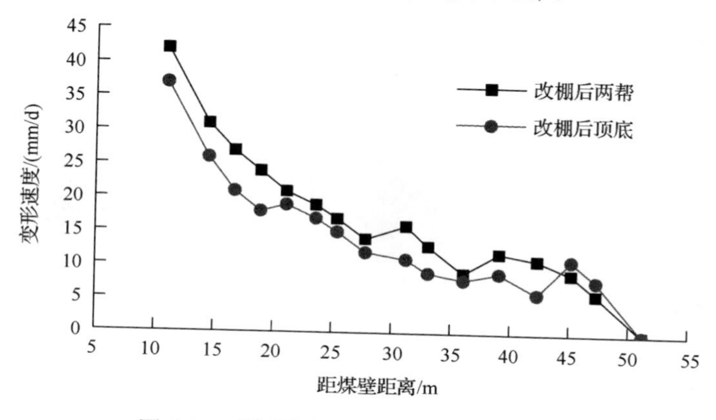

图6-12 回采期间巷道围岩变形速度曲线

6.2 多煤组低渗透煤层群煤与瓦斯共采

煤炭采出后，围岩向采空区移动使其原本的应力-应变状态改变，在一定范围内覆岩的弹性能释放，应力降低，有利于卸压瓦斯的解吸。同时，上覆煤岩层在自重应力的作用下，将产生变形、移动和破断，覆岩内形成采动裂隙并随着工作面的推进而发育和扩展，最终在上覆岩层中由下而上形成竖向“三带”，产生的裂隙和离层是卸压瓦斯流动的通道。覆岩裂隙的发育程度决定了卸压瓦斯抽采的效果，而卸压瓦斯的抽采量也间接反映覆岩裂隙的发育情况及卸压效果。为了验证应力-裂隙场的研究结果，在停采线上方覆岩中布置钻孔应力计，对高位覆岩采动应力变化进行监测和分析，以补充和验证第3章所述的覆岩应力演化规律；对3煤远程卸压4煤工程地质条件下卸压瓦斯抽采量进行统计分析，获取覆岩卸压特征，优化抽采巷道布置设计，保证煤与瓦斯共采安全高效地进行。

6.2.1 停采线附近覆岩采动应力演化

1. 应力测试的流程

将钻孔应力计预先按编号装入所设计的相对应的指定钻孔，以专用信号线连接压力监测分站，并将压力监测分站放置在安全可靠的场所。当工作面推进到预期位置时，开启分站对所有的应力计进行数据自动采集(2 次/h)。研究人员定期下井用采集仪将数据采集到地面，然后将数据导入计算机，通过专用软件绘出煤体应力实测曲线，如图 6-13 所示。

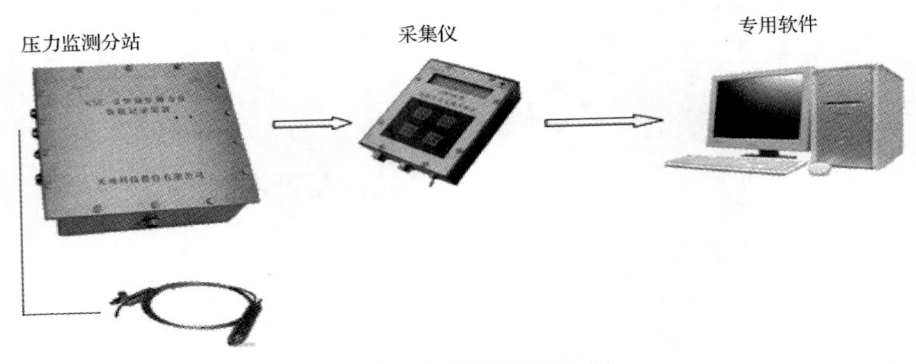

图 6-13　应力测试的流程图

2. 应力计钻孔位置设计

为观测 3 煤开采对上覆煤岩层运移、破断的影响，在 11223 工作面右上方的 11224 工作面底抽巷设置 8 个应力计钻孔。钻孔沿着底抽巷巷帮每隔 10m 布置一个，其中 4#钻孔布置在 11223 工作面收作线正上方，1#～8#钻孔在图 6-14 上显示为从左到右依次布置。应力计钻孔倾向剖面图如图 6-15 所示，钻孔设计参数见表 6-1。

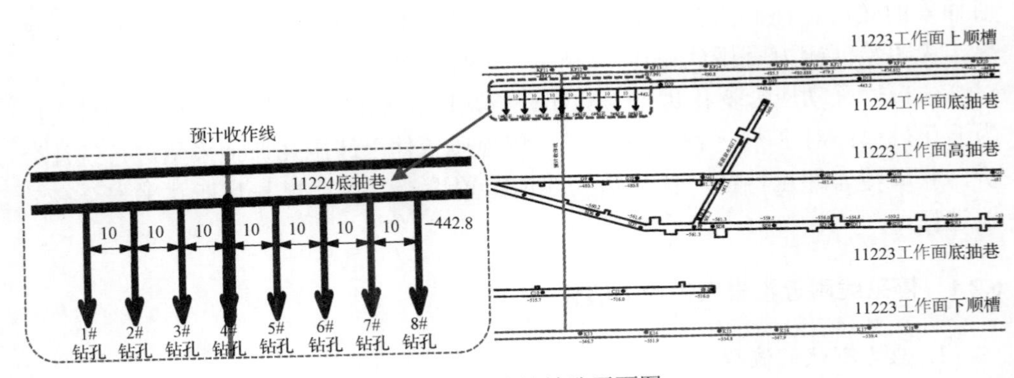

图 6-14　应力计钻孔平面图

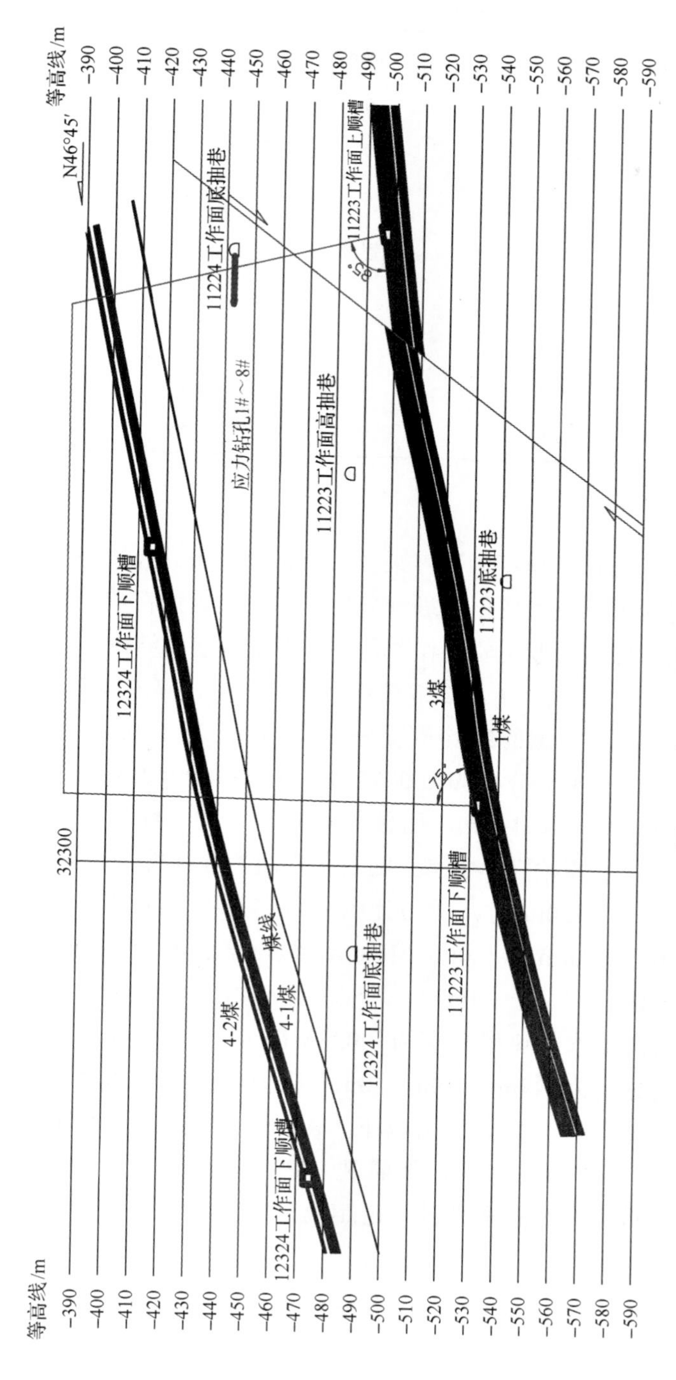

图6-15 应力计钻孔倾向剖面图

表 6-1　钻孔设计参数

钻孔编号	方位	倾角/(°)	孔深/m	孔径/mm
1#	N46°45′	0	15	50
2#	N46°45′	0	15	50
3#	N46°45′	0	15	50
4#	N46°45′	0	15	50
5#	N46°45′	0	15	50
6#	N46°45′	0	15	50
7#	N46°45′	0	15	50
8#	N46°45′	0	15	50

3. 应力结果分析

当 11223 工作面推进至距预计停采线 200m 时，研究人员每周定期到井下用压力检测分站对应力计应力变化值进行采集，并用采集仪将数据导出并通过专业设备导入计算机，然后用专用软件作图并分析得出相应的结论。

如图 6-16 所示，随着下方 11223 工作面的推进至距停采线 200m 开始，8#应力计和 7#应力计距离监测的起始位置分别为 160m 和 170m，此时应力值已呈缓慢上升趋势，增长速率分别为 0.0072MPa/m 和 0.0042MPa/m，缓慢增长的推进距离分别为 100m 和 120m，而位置相对较远的 5#应力计和 6#应力计压力值没有增量，处于原始应力状态。随着工作面的继续推进，6#应力计和 5#应力计分别在 140m 和 120m 时，应力计应力值也开始呈缓慢上升的趋势，增长速率分别为 0.0049MPa/m 和 0.0083MPa/m，缓慢增长的推进距离约为 80m。工作面推进至应力计前方 40～60m 时，应力计应力值呈快速增长趋势，7#应力计～5#应力计应力值增长速率分别为 0.033MPa/m、0.039MPa/m、0.026MPa/m，增长的推进距离分别为 28m、30m、40m。应力值达到峰值之后，维持峰值一段时间后，急速地下降至原始应力以下。8#应力计与 6#应力计应力值下降到 –3.0MPa，这说明测点所在岩层已经断裂，钻孔已经被破坏，应力计预设的应力得到完全的释放。工作面推进过一定距离，岩层重新压实达到一定值后趋于稳定。

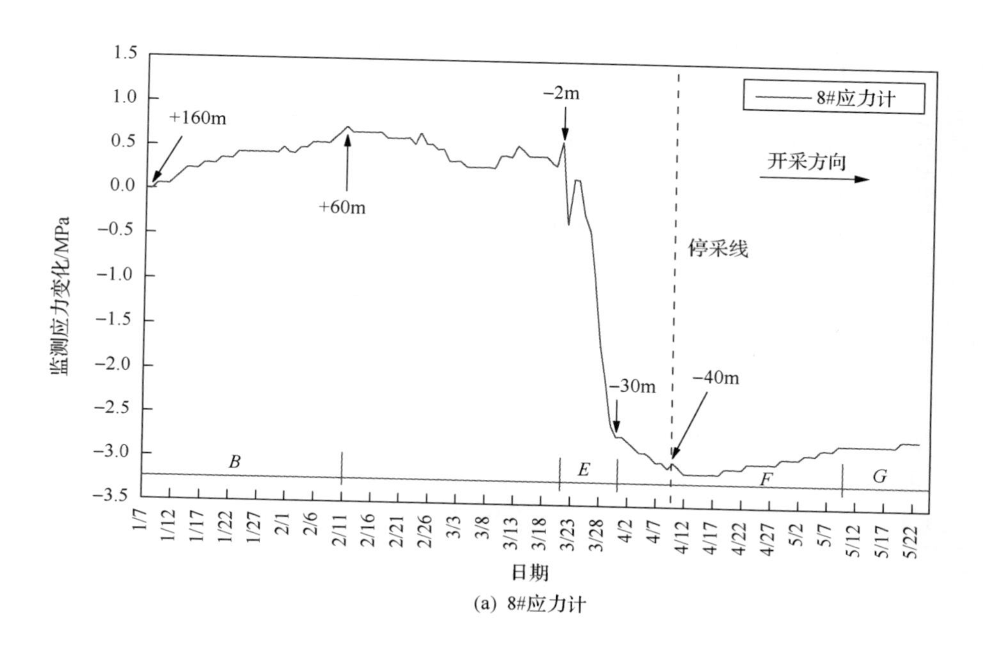
8#应力计
开采方向
停采线
+160m
+60m
−2m
−30m
−40m
B
E
F
G
监测应力变化/MPa
日期
(a) 8#应力计

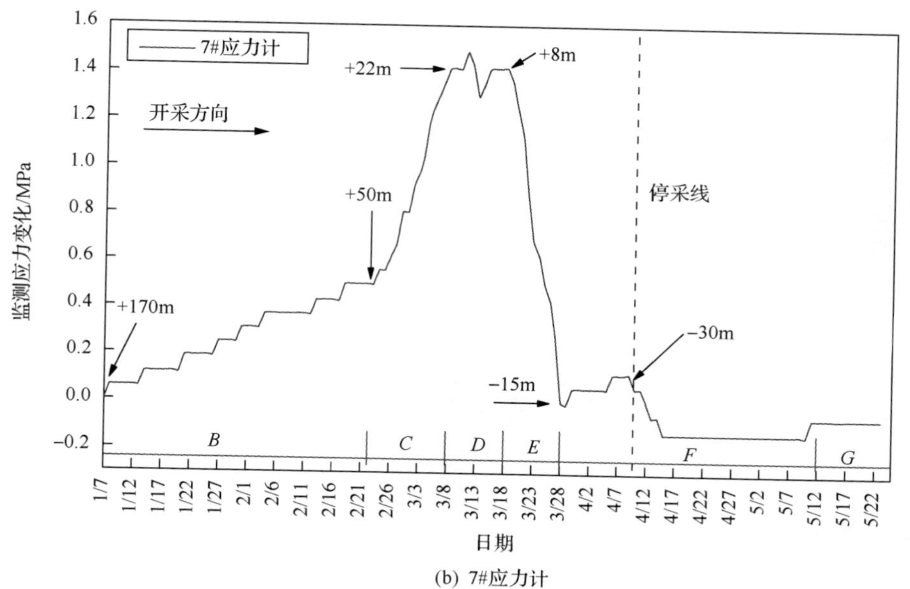
7#应力计
开采方向
停采线
+22m
+8m
+50m
+170m
−15m
−30m
B
C
D
E
F
G
监测应力变化/MPa
日期
(b) 7#应力计

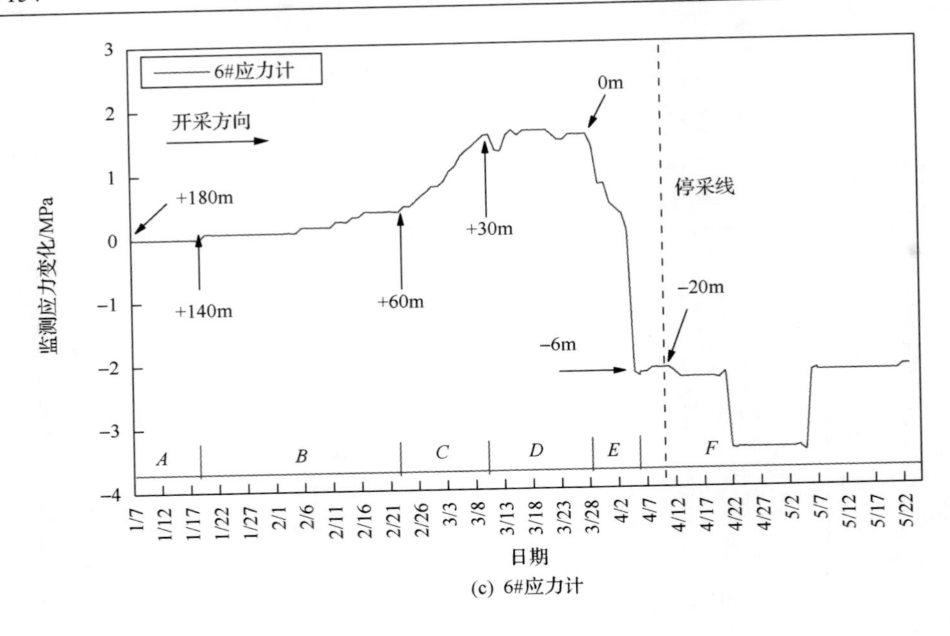

(c) 6#应力计

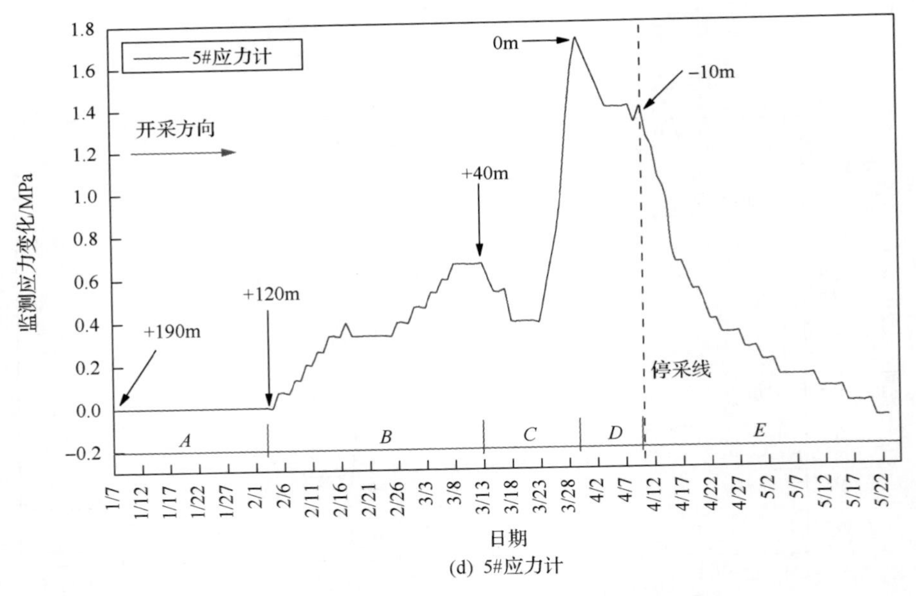

(d) 5#应力计

图 6-16　停采线回采侧应力随工作面开采演化图

如图 6-17 所示，4#～1#应力计随着工作面的推进，应力值从没有变化到依次开始升高且随着工作面逐渐接近停采线，应力值在不断地升高。在回采后的一段时间应力值还在缓慢地上升，说明工作面在回采后上覆岩层并未立即停止运移，说明覆岩的运移具有滞后性。从应力峰值的角度分析，8#～5#应力计应力变化全达到峰值，峰值为 0.7～1.6MPa，而 4#～1#应力计最大为 0.2～0.6MPa，这说明停采线左侧 4 个应力计还未达到应力集中的峰值。

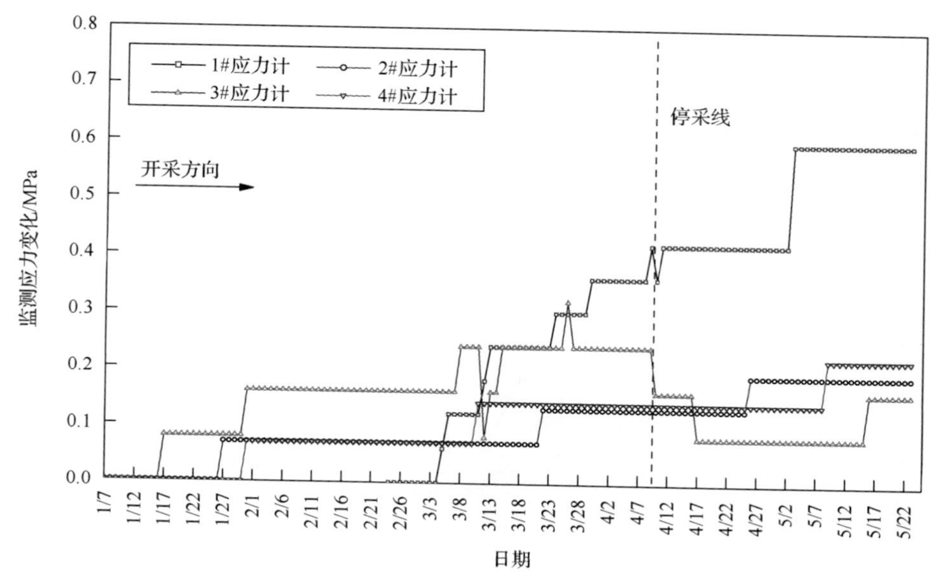

图 6-17 停采线未回采侧应力随工作面开采演化图

根据停采线回采侧应力测点所在岩层应力随工作面回采演化规律，将应力变化分为 7 个阶段。阶段 *A*——原岩应力区，此阶段不受采动应力影响，在工作面 170m 以外；阶段 *B*——应力缓慢增加区，此阶段应力缓慢增加，区域宽度为 80～120m；阶段 *C*——应力快速增加区，此阶段应力快速增加至峰值，区域宽度为 28～40m；阶段 *D*——峰值区，此阶段峰值基本保持不变，区域宽度为 10～30m；阶段 *E*——应力快速降低区，此阶段应力快速降低至原始应力以下，此区域约为 10m；阶段 *F*——卸压区，此阶段应力在原始应力以下；阶段 *G*——应力恢复区，此阶段岩层重新压实，应力重新缓慢回升至原岩应力。

综上所述，11224 工作面底抽巷所在岩层随着 11223 工作面的推进会出现应力集中与卸压现象，且应力集中系数相对于本煤层支承压力的应力集中系数要小得多。同时，不难发现 8#～5#应力计在工作面推进到该组应力计下方位置时，应力并未降低至初始应力以下，6#应力计与 5#应力计还处于应力峰值，这与本煤层支承压力分布与转移有所不同。这说明，在同一走向位置，11224 工作面底抽巷所在岩层的应力变化滞后于 11223 工作面顶板，滞后距离为 5～15m。应力计峰值与煤层前方支承压力峰值在走向上的连线与走向的夹角约为 75°～80°，停采线侧的走向卸压角大于切眼侧的走向卸压角。

6.2.2 卸压瓦斯抽采量统计

1. 4 煤卸压瓦斯抽采钻孔布置

根据潘二矿 3 煤、4 煤的工程地质条件，采用底板巷道网格式向上穿层钻孔法对 4 煤卸压瓦斯进行抽采。保护层 4 煤卸压瓦斯采用 11224 工作面底抽巷抽采，抽采钻孔按 20m×20m 布置，共需布置 70 组。11223 工作面保护范围内的 11324 工作面底抽巷(东一段沿 11223 工作面下顺槽正下方布置)抽采钻孔按 20m×20m 布置，共需布置 33 组。4 煤卸压瓦斯底抽巷瓦斯抽采钻孔布置剖面如图 6-18 所示。

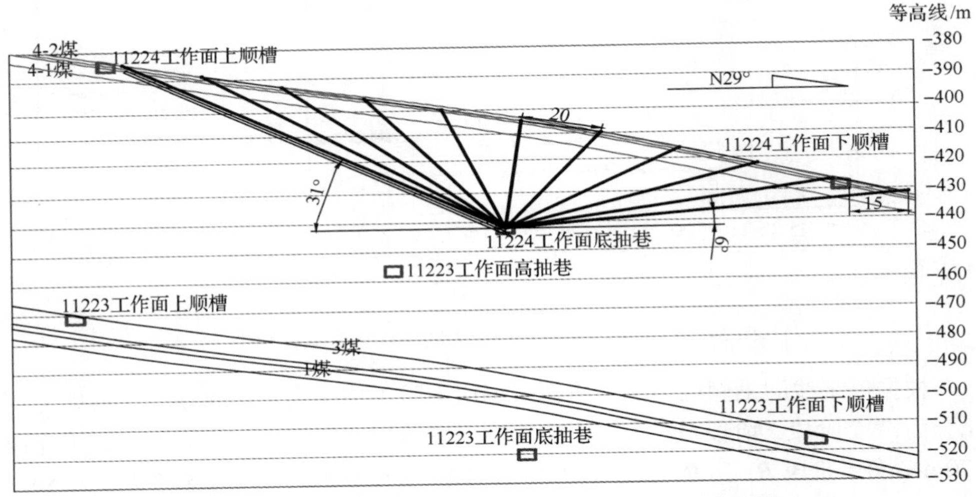

(a) 西二段11224工作面底抽巷卸压瓦斯抽采钻孔布置图

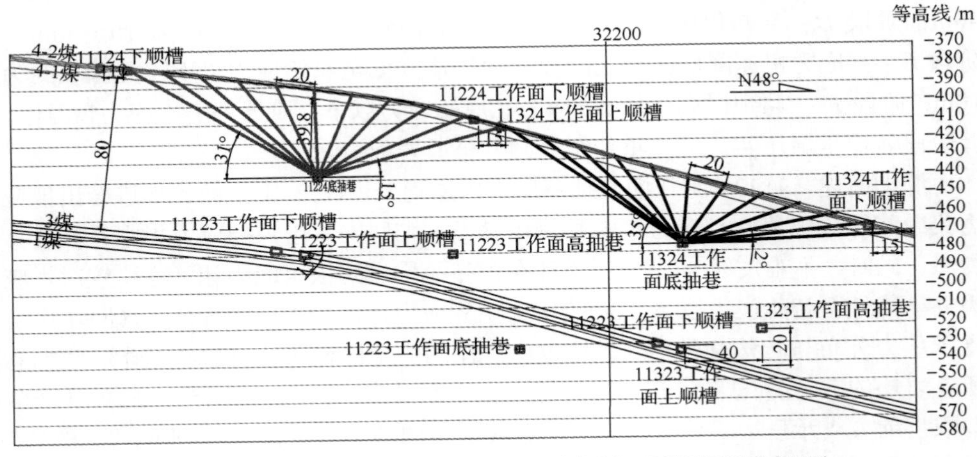

(b) 东一段11224工作面、11324工作面底抽巷卸压瓦斯抽采钻孔布置图

图 6-18 4 煤卸压瓦斯底抽巷瓦斯抽采钻孔布置剖面图

2. 4 煤卸压瓦斯抽采量

对潘二矿 2013 年 9 月～2015 年 6 月的瓦斯日报中 4 煤瓦斯抽采数据进行统计分析，4 煤各抽采方法月瓦斯抽采量与 11223 工作面月进尺情况见表 6-2，为了直观反映各抽采方法的抽采总量，对比抽采效果，作图 6-19 进行分析。

对表 6-2 和图 6-19 进行分析可以得出如下结论。

(1) 2013 年 9 月 1 日～2014 年 9 月 30 日，11224 工作面底抽巷西二段共抽采瓦斯 321477m^3，平均日抽采 814m^3；2013 年 9 月 1 日～2015 年 6 月 30 日，11224 工作面底抽巷东一段共抽采瓦斯 6594321m^3，平均日抽采 9872m^3；2013 年 9 月 1 日～2015 年 3 月 31 日，11224 工作面底抽巷(1～5 组)共抽采瓦斯 194921m^3，平均日抽采 338m^3；2013 年 12 月 26 日～2015 年 6 月 30 日，11324 工作面底抽巷共抽采瓦斯 3213917m^3，平均日抽采 5833m^3。

(2) 11224 工作面底抽巷西二段 2013 年 10 月～2013 年 11 月瓦斯抽采量达到 100000m^3/月以上；而从 2013 年 12 月开始，瓦斯抽采量明显降低至数千 m^3/月；11224 工作面底抽巷东一段抽采量从 2014 年 6 月抽采量开始增加，到 2014 年 8 月达到最高值 $78\times10^4m^3$/月。

(3) 11224 工作面底抽巷东一段共抽采 4 煤卸压瓦斯 6594321m^3，占抽采总量的 58.72%；11324 工作面底抽巷次之，占抽采总量的 28.62%；而 11224 工作面底抽巷西二段抽采总量与 11224 工作面底板巷(1～5 组)抽采总量占抽采总量的 4.6%；11224 工作面东一段的抽采效果明显优于西二段。

(4) 2014 年 3 月进尺仅有 28m，小于约 80m 的月进尺，导致 11224 工作面底抽巷西二段、11224 工作面底抽巷东一段、11224 工作面底抽巷西二段（1～5 组）瓦斯抽采量在 3 月、4 月明显受到影响而减小。2014 年 8 月～9 月，工作面处于旋转综采段期间，各抽采巷道(11324 底抽巷除外)的抽采量均达到抽采的最大值。

6.2.3　关键层破断与卸压瓦斯抽采关系

相似材料模拟试验与数值模拟试验研究结果表明：覆岩裂隙带内是否存在关键层将对覆岩瓦斯卸压抽采范围起到十分明显的影响作用。在相同开采条件下，覆岩裂隙带内存在关键层时，该关键层的破断将引起裂隙带高度突增，其高度跳跃性发展并止于该关键层上方的另一层关键层之下。保护煤层处于裂隙带时，煤层应力降低且发生膨胀变形，瓦斯解吸并沿着裂隙通道渗流、运移，最终由卸压瓦斯抽采钻孔抽出。保护层作为关键层的伴随岩层时，该关键层的破断将引起该煤层的突然卸压膨胀，瓦斯大量析出，此时卸压抽采钻孔瓦斯量将随之突然增加，出现峰值。反之，通过瓦斯抽采量的走势变化，可以反演出关键层的破断规律。

表 6-2　4 煤瓦斯抽采量

日期	推进距离/m	11224 工作面底抽巷西二段/m^3	11224 工作面底抽巷(1～5组)/m^3	11224 工作面掘进条带预抽/m^3	11224 工作面底抽巷西一段/m^3	11324 工作面底抽巷/m^3	11224 工作面底抽巷东一段/m^3	11224 工作面底抽巷东一段巷抽/m^3	11224 工作面底抽巷东一段合计/m^3
2013 年 9 月	61	52848	28670	0	0	0	5247	0	5247
2013 年 10 月	126	102097	12620	0	0	0	19640	0	19639
2013 年 11 月	238	102523	17944	0	0	0	50512	0	50512
2013 年 12 月	336	9320	4662	0	82469	963	153786	0	153786
2014 年 1 月	416	7181	2581	0	101475	72076	172762	0	172762
2014 年 2 月	482	4861	1714	0	129034	81565	169740	0	169740
2014 年 3 月	510	5847	3123	0	116017	140692	86293	0	86293
2014 年 4 月	595	6520	5106	0	145628	149814	98100	0	98100
2014 年 5 月	667	4582	4255	62815	0	172740	85396	71408	156804
2014 年 6 月	744	6988	4074	26395	0	113552	162731	171402	334131
2014 年 7 月	820	2688	7240	18471	0	138969	279835	235474	515309
2014 年 8 月	910	13509	9054	22461	0	126429	432964	348405	781369
2014 年 9 月	995	2513	8731	19393	0	173936	430372	321111	751484
2014 年 10 月	1080	0	10394	14647	0	331690	296365	228061	524427
2014 年 11 月	1167	0	14048	15045	0	361729	179201	306334	485536
2014 年 12 月	1249	0	15023	12051	0	324062	150122	180502	330624
2015 年 1 月	1330	0	15279	11343	0	220909	178548	252204	430753
2015 年 2 月	1390	0	14482	13144	0	199264	167390	223610	391000
2015 年 3 月	1460	0	15921	41881	0	294910	236036	149787	385824
2015 年 4 月	1470	0	0	40549	0	124872	175710	118668	294378
2015 年 5 月	1470	0	0	16712	0	61320	139657	83433	273090
2015 年 6 月	1470	0	0	16864	0	124425	128551	54962	183513

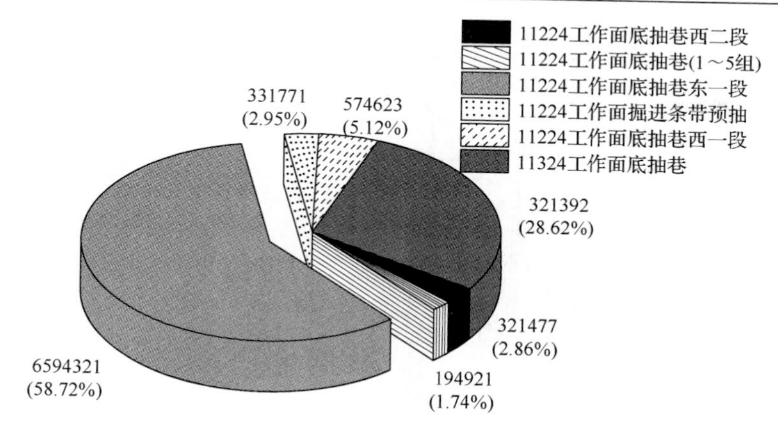

图 6-19 4 煤瓦斯抽采量对比

瓦斯抽采量单位为 m^3

1. 西二段关键层初次破断

根据关键层的判断方法结合西二段岩层柱状图可以判定西二段有 3 层关键层，关键层 1(基本顶)在垮落带内，厚度为 6.8m，不影响裂隙带高度的发育；关键层 2 与关键层 3 在裂隙带内，将对 4 煤卸压瓦斯抽采有重要的影响。尤其是关键层 3，4 煤作为关键层 3 的伴随岩层，当关键层 3 破断时，将有大量煤层瓦斯涌出，钻孔抽采量将达到最大值。

在初采 80m 范围内进行强制放顶，计算得到爆破有效深度为 18.3m，因为关键层 2 高度为 33.2m，所以强制放顶对关键层 2、关键层 3 的破断并没有太大影响，4 煤卸压瓦斯的抽采量起伏不明显。

西二段抽采有 11224 工作面底抽巷西二段(1～5 组)钻孔封孔抽采、11224 工作面底抽巷西二段巷抽、11224 工作面底抽巷西一段巷抽(为便于分析将其列入西二段)3 种抽采方式，抽采量随 11223 工作面推进距离变化如图 6-20 所示。抽采初期瓦斯量较大，其中 1～5 组最大达到 1352.77m^3，因为此时 4 煤尚未受到卸压作用，抽采量随时间而衰减。在 11223 工作面推进约 61.5m、99.5m 时，1～5 组与西二段巷抽的抽采量均出现峰值，在 150m 时，西二段巷抽达到最大峰值 5970.84m^3，1～5 组在 146m 时出现最大峰值 1061m^3。通过瓦斯抽采量的变化分析，可以推断出关键层2的初次破断距为61.5m，第二次破断距为38m；关键层3的初次破断距为146～150m。从抽采量角度分析，在关键层 3 初次破断以前，1～5 组瓦斯抽采量低于 1000m^3，西二段基本底抽巷低于 3000m^3，瓦斯抽采量相对后期抽采量较低。

基于覆岩运移规律，可以推测，随着基本顶的初次破断与周期性破断，裂隙向上发展至关键层 2 下部形成离层裂隙[图 5-24(a)]；随着工作面的继续推进，走向跨度到达关键层 2 的极限跨距时，关键层 2 初次破断，裂隙高度跳跃式发育至

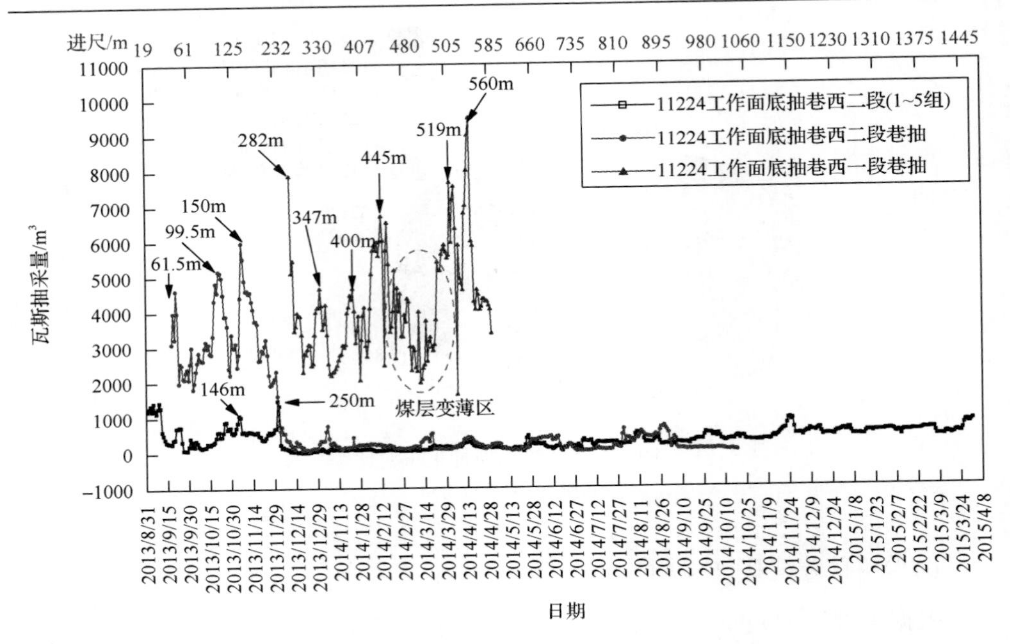

图 6-20 西二段关键层破断对卸压瓦斯抽采影响

关键层 1 的底部，形成离层裂隙，此时关键层 1 的上方伴随岩层并没有明显的岩层移动[图 5-24(b)]；随着工作面的继续推进，关键层 1 与关键层 2 周期性破断，关键层悬露的面积越来越大，逐渐弯曲下沉，伴随岩层也随之同步变形，4 煤出现膨胀变形[图 5-24(c)]。关键层 3 岩层坚硬，厚度较大，层位在裂隙带之上，回转下沉空间小，所以关键层 3 的破断比较缓和，其上方伴随岩层弯曲下沉幅度小，4 煤瓦斯量在关键层下沉断裂时随着裂隙高度的跳跃式提升也会出现陡然增加的现象。

2. 西二段关键层周期性破断

1～5 组瓦斯抽采量在 11223 工作面推进 250m 时达到峰值 1469.73m³，西二段(含西一段)分别在 150m、282m、445m、560m 时达到峰值，所以关键层 3 的周期性破断距在 104～165m，在 61.5m、99.5m、347m、400m 时出现相对较小的峰值，结合上一小节的分析，推断关键层 2 的周期性破断距在 38～53m。在 445～519m 时，煤层局部变薄至 3m，瓦斯抽采量降至最低，未发现关键层破断迹象。

3. 东一段关键层破断规律

根据关键层的判断方法结合东一段岩层柱状图可以判定东一段有 2 层关键层，关键层 1(基本顶)在垮落带内，厚度为 6.82m，不影响裂隙带高度的发育；4 煤作为关键层 2 的伴随岩层，当关键层 2 破断时，将有大量煤层瓦斯涌出，钻孔抽采量将达到最大值。从图 6-21 可以看出，东一段瓦斯抽采量随着 11223 工作面

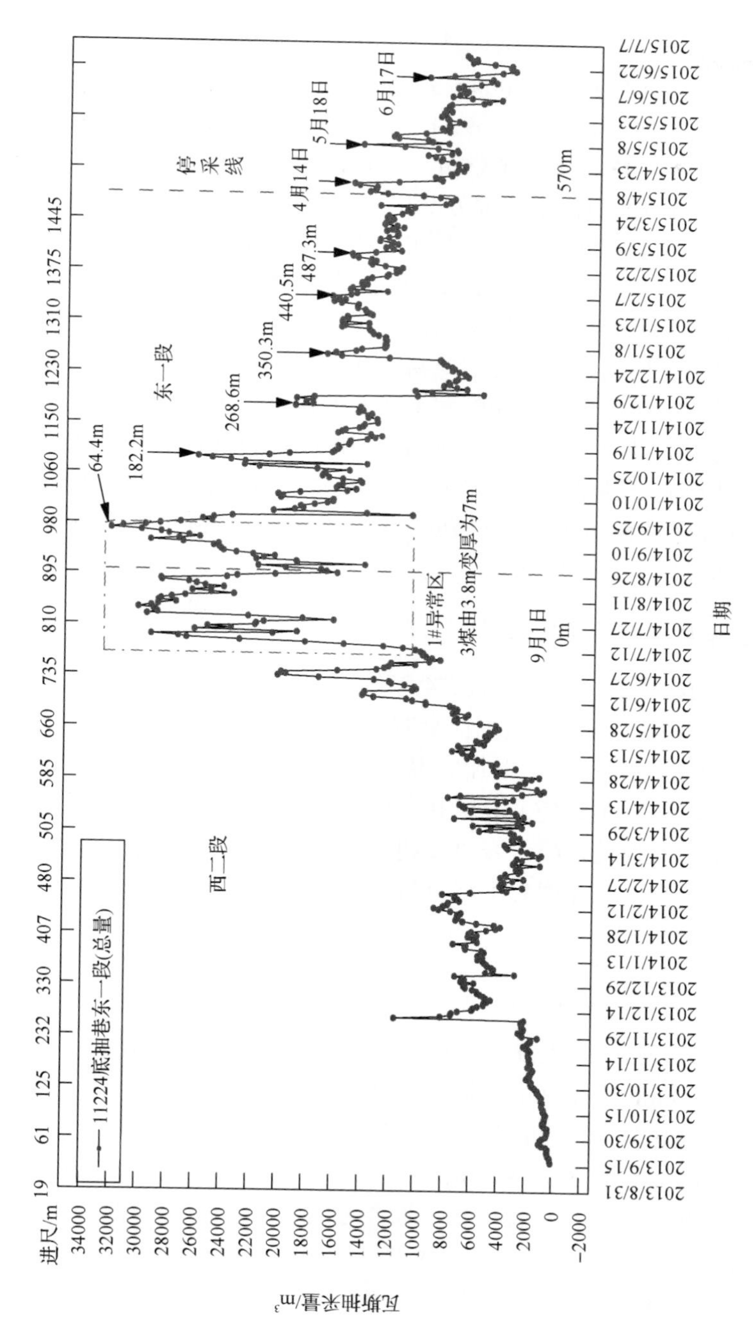

图6-21 东一段关键层破断对卸压瓦斯抽采影响

的推进总体呈稳定减小趋势。随着工作面的推进，4 煤卸压膨胀，瓦斯解吸且被抽采钻孔抽走，煤层瓦斯含量大大降低，从而导致瓦斯抽采量越来越小。东一段瓦斯抽采量较大，基本维持在 10000～30000m^3，是西二段的数倍乃至 10 倍。

为了统计数据方便，以 2014 年 9 月 1 日为东一段的开始，瓦斯抽采量达到峰值的点分别为 64.4m、182.2m、268.6m、350.3m、440.5m、487.3m，关键层 2 的破断步距为 81.7～117.8m(停采线前方断层影响，最后一次破断步距为 46.8m)，相对西二段关键层 3 的破断较易，这是东一段瓦斯抽采量较大的直接原因。东一段 3 煤厚 6.5m，关键层 2 的位置比西二段关键层 3 的位置低近 15m，这些都是决定其更易破断的重要因素。关键层 2 的破断步距短，导致 4 煤膨胀变形与裂隙发育更为充分，煤层瓦斯的解吸与运移更易完成，抽采量也就更大。

结合覆岩运移规律，可以推测随着工作面的推进，关键层 1 初次破断，裂隙高度跳跃性发展至关键层 2 底部，形成离层裂隙[图 5-25(a)]；由于关键层 2 层位较低，在理论计算的裂隙带内，有足够回转下沉空间，关键层 1 周期性垮落到一定步距后也将破断[图 5-26(b)]，其破断后裂隙将继续发展，4 煤膨胀变形较大，瓦斯抽采量较西二段有显著增加。

4. 停采后岩层移动的延续性

11223 工作面结束开采以后，11224 工作面底抽巷继续抽采 4 煤的卸压瓦斯。如图 6-21 所示，瓦斯抽采量随时间而衰减，但在 2015 年 4 月 14 日、5 月 18 日、6 月 17 日，瓦斯抽采量有突然增加的现象，增加幅度最大达到 8000m^3。说明 3 煤结束开采以后，覆岩尤其是关键层并未形成稳定结构而处于一种短暂的平衡状态，当该平衡受到外界扰动或者岩块长期处于高应力状态下突然破断，会引起 4 煤的卸压状态发生变化，煤层裂隙将重新发育和分布，瓦斯再次解吸、运移，出现瓦斯抽采量突然增大的现象。

5. 旋转综采段异常区抽采量

旋转综采段处于西二段与东一段的交界处，工程地质条件复杂，处于 1#异常区 (3 煤厚度由 3.8m 变为 7m)，同时 11223 工作面进尺缓慢。此区域内瓦斯抽采量出现 4 处峰值达到 30000m^3 左右，可以推测距离 4 煤最近的关键层的 3 次破断步距分别为 48.7m、47.8m、87.5m，并没有明显的规律可循。但此区域瓦斯抽采量相对西二段和东一段都显著提高，综合对比地质条件与开采参数，在旋转综采期间工作面推进速度为 0～1.5m/d，较西二段与东一段推进速度慢，覆岩裂隙发育充分，有利于 4 煤卸压瓦斯的解吸、扩散、运移，而抽采量大于临近的西二段与东一段的抽采量(图 6-22)。

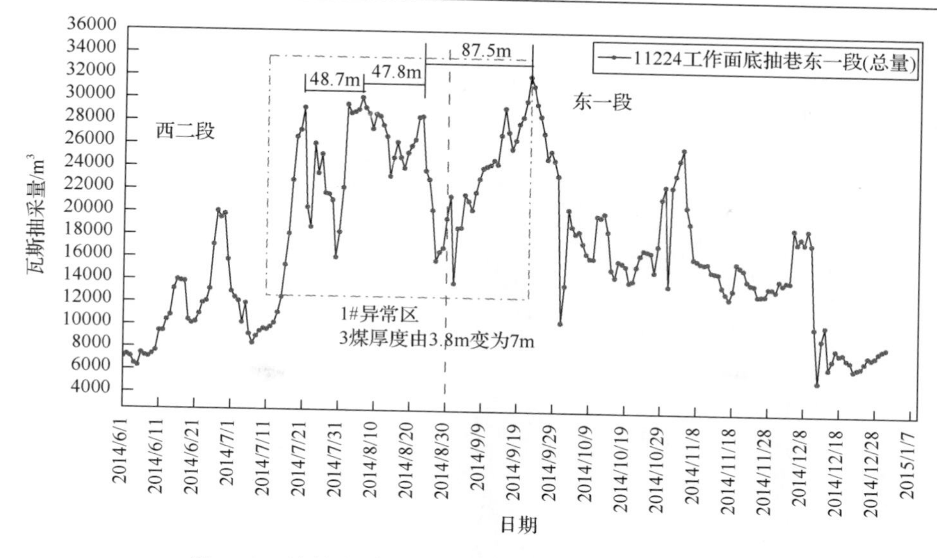

图 6-22 旋转综采段关键层破断对卸压瓦斯抽采影响

6.2.4 抽采巷道优化布置

综上所述，11223 工作面上行卸压开采 4 煤是可行的，并且由于关键层赋存特征的不同，东一段卸压效果优于西二段。此时进行瓦斯抽采能大大降低瓦斯含量和瓦斯压力，从而可以最有效地消除 4 煤的瓦斯突出危险。抽采方案采用巷抽与钻孔抽采相结合的方式并将巷道及钻孔布置在卸压区域内，能达到最佳抽采效果。

应避免将抽采巷道和钻孔布置在卸压区外围附近，即应力集中区内，从而可以避免巷道和钻孔破坏严重及维修费用的增加。根据倾向卸压范围的划定、岩层的组成与结构、抽采巷道和钻孔施工与维护成本等因素的综合分析，认为抽采巷道的布置应遵循以下几点：①瓦斯抽采巷道应布置在卸压范围内，巷道围岩压力的降低有利于其维护，便于长期抽采；②瓦斯抽采巷道应布置在岩性坚硬的岩层中，巷道不易变形，抽采系统稳定；③抽采巷道距被抽采煤层具有合适的距离且抽采钻孔对称布置，有利于钻孔的施工，提高抽采的效率。鉴于以上几点，结合现场的工程地质条件，设计 11223 工作面高抽巷、11224 工作面底抽巷位置如图 6-23 所示。在西二段[图 6-23(a)]，将 11224 工作面底抽巷布置在卸压区中央，位于 12.01m 厚的粗砂岩中 *A*，高抽巷布置在垮落带之上的 6.5m 厚的粉砂岩中，位置在该岩层卸压范围中间偏上位置 *B*，因为倾斜煤层垮落带呈非对称性，布置在该位置有利于巷抽。在东一段[图 6-23(b)]，由于利用 11224 工作面底抽巷与 11324 工作面底抽巷同时抽采 4 煤卸压瓦斯，将其分别布置在卸压范围内侧的右、左边缘(*B*、*A*)，位于 12.8m 厚的粗砂岩中，11223 工作面高抽巷布置在 12m 厚的细砂岩中，位置在该岩层卸压范围中间偏上位置 *C*。

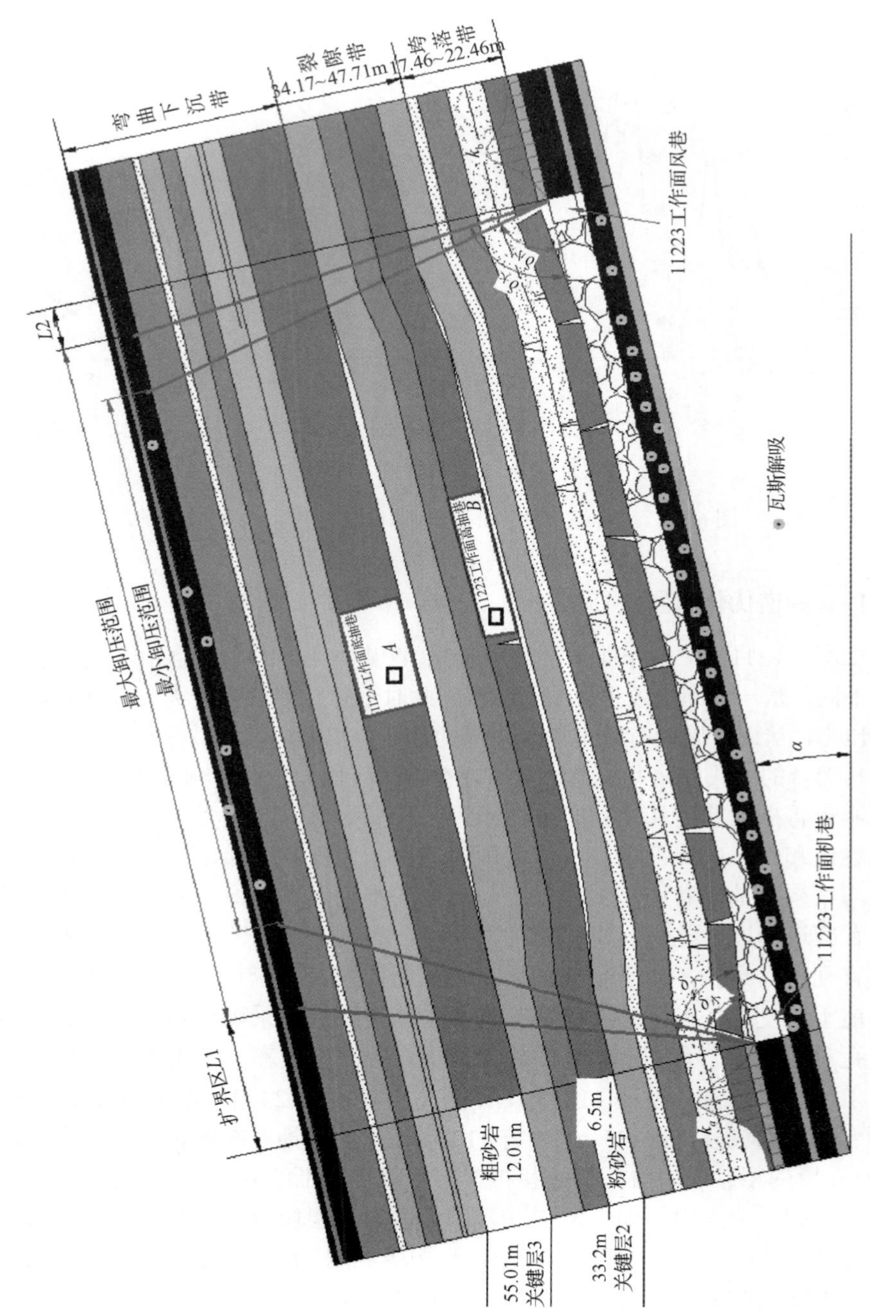

(a) 西二段巷道优化布置倾向剖面图

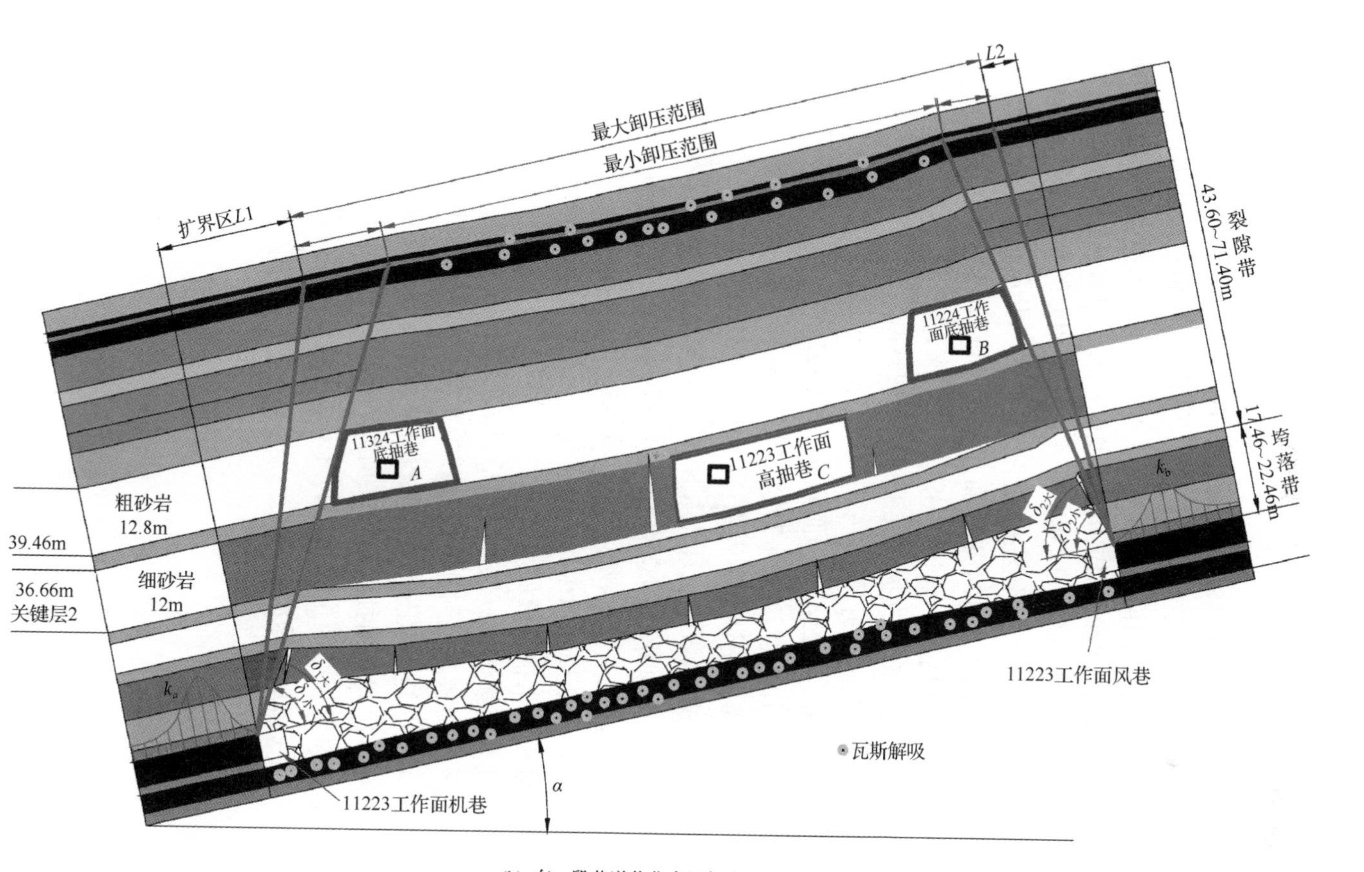

(b) 东一段巷道优化布置倾向剖面图

图6-23 抽采巷道优化布置图

6.3　小　　结

(1) 通过实测方法对潘二矿 18516 综采工作面矿压显现规律进行研究，结果表明：工作面中部压力较大，与中部支架安全阀开启率较高相符；除工作面中部压力较大外，132#～152#支架工作阻力达到峰值 40MPa，这是由于 18516 工作面上部处在 18517 工作面煤柱影响的高应力区范围内，来压时较其他区间压力大，影响剧烈；与相似模拟试验中下行留煤柱开采 6 煤具有相似的高应力分布特征，在实际生产中应尽量避免形成“采空区—煤柱—采空区”形式的煤柱。

(2) 针对近距离采空区下 12124 工作面开采存在的工作面片帮、冒顶，上部风巷围岩变形大等矿压显现情况，设计了片帮、冒顶支护方法，上部风巷应力集中区锚索，工字钢和 U 形棚联合支护及旋采拐点锚网索联合支护等围岩控制方法，有效保证了工作面的安全高效开采。

(3) 在同一走向位置，11224 工作面底抽巷所在岩层的应力变化滞后于 11223 工作面顶板，但演化规律相似，分为 7 个阶段。

(4) 卸压瓦斯抽采量的统计分析表明：

①上位关键层的破断情况决定卸压瓦斯抽采量的大小。西二段关键层 3 极限破断距较大，11223 工作面推进约 150m 时发生初次破断，瓦斯抽采量陡然增大，在关键层 3 未破断前，抽采效率较低。东一段关键层 2 层位相对较低，裂隙带发育高度高于西二段，瓦斯抽采效果较好。下位关键层的破断也将引起瓦斯抽采量的增加，但增加量小于上位关键层。

②岩层移动具有延续性。3 煤停采以后，岩层结构并未稳定而处于一种短暂的平衡状态，当该平衡状态受到外界扰动或者平衡结构长期处于高应力状态下突然失稳，会引起 4 煤的卸压状态再次发生变化，煤层裂隙将重新发育和分布，瓦斯再次解吸、运移，出现瓦斯抽采量突然增大的现象。

③合理布置抽采巷道空间位置，控制首采层工作面的推进速度，提升保护层卸压瓦斯抽采量，获得最佳卸压效果。

参 考 文 献

[1] 中国能源中长期发展战略研究项目组. 中国能源中长期(2030、2050)发展战略研究[M]. 北京: 科学出版社, 2011.

[2] 袁亮. 高瓦斯矿区复杂地质条件完全高效开采关键技术[J]. 煤炭学报, 2006, 31(2): 174-178.

[3] 袁亮. 煤与瓦斯共采理论与实践[J]. 2010 中国国际煤炭发展高层论坛, 北京, 2011.

[4] 张村. 高瓦斯煤层群应力–裂隙–渗流耦合作用机理及其对卸压抽采的影响[D]. 徐州: 中国矿业大学, 2017.

[5] 吴佩芳. 中国煤层气产业发展面临的机遇和挑战[C]. 2002 年第三届煤层气论坛, 徐州, 2002: 51-53.

[6] 孙茂远, 范志强. 中国煤层气开发利用现状及产业化战略选择[J]. 天然气工业, 2007, 27(3): 1-5.

[7] 国家安全生产监督管理总局. 煤矿安全规程[M]. 北京: 煤炭工业出版社, 2016.

[8] 程远平, 俞启香. 煤层群煤与瓦斯安全高效共采体系及应用[J]. 中国矿业大学学报, 2003, 32(5): 471-475.

[9] 孟召平, 侯泉林. 煤储层应力敏感性及影响因素的试验分析[J]. 煤炭学报, 2012, 37(3): 430-437.

[10] Cai M F, Liu D M. Study of failure mechanisms of rock under compressive-shear loading using real-time laser holography [J]. International Journal of Rock Mechanics and Mining Sciences, 2009, 46(1): 59-68.

[11] 尤明庆. 复杂路径下岩样的强度和变形特征[J]. 岩石力学与工程学报, 2002, 21(1): 23-28.

[12] 谢红强, 何江达, 徐进. 岩石加卸载变形特性及力学参数试验研究[J]. 岩土工程学报, 2003(3): 336-338.

[13] 陈忠辉, 林忠明, 谢和平, 等. 三维应力状态下岩石损伤破坏的卸荷效应[J]. 煤炭学报, 2004, 29(1): 31-35.

[14] 席道瑛, 张程远, 刘小燕. 低围压和疲劳载荷下砂岩的波速、模量及疲劳损伤(Ⅱ): 岩石的力学特性[J]. 岩石力学与工程学报, 2004, 23(13): 2168-2171.

[15] 张黎明, 王在泉, 李华峰, 等. 粉砂岩峰后破坏区应力脆性跌落的试验和本构方程研究[J]. 实验力学, 2008, 23(3): 234-240.

[16] Bagde M N, Petroš V. Fatigue properties of intact sandstone samples subjected to dynamic uniaxial cyclical loading [J]. International Journal of Rock Mechanics and Mining Sciences, 2005, 42(2): 237-250.

[17] 杨永杰, 宋扬, 楚俊. 循环荷载作用下煤岩强度及变形特征试验研究[J]. 岩石力学与工程学报, 2007, 26(1): 201-205.

[18] Fu Z L, Guo H, Gao Y F. Creep damage characteristics of soft rock under disturbance loads[J]. Journal of China University of Geosciences, 2008, 19(3): 292-297.

[19] Holub K, Jr P K, Knejzlik J. Investigation of the mechanical and physical properties of greywacke specimens[J]. International Journal of Rock Mechanics and Mining Sciences, 2009, 46(1): 188-193.

[20] 郭文兵, 刘明举, 李化敏, 等. 多煤层开采采场围岩内部应力光弹力学模拟研究[J]. 煤炭学报, 2001(1): 8-12.

[21] 刘红元, 唐春安, 芮勇勤. 多煤层开采时岩层垮落过程的数值模拟[J]. 岩石力学与工程学报, 2001(2): 190-196.

[22] 夏筱红, 隋旺华, 杨伟峰. 多煤层开采覆岩破断过程的模型试验与数值模拟[J]. 工程地质学报, 2008(4): 528-532.

[23] 张玉军. 近距离多煤层开采覆岩破坏高度与特征研究[J]. 煤矿开采, 2010, 15(6): 9-11+8.

[24] 张志祥, 张永波, 赵志怀, 等. 多煤层开采覆岩移动及地表变形规律的相似模拟实验研究[J]. 水文地质工程地质, 2011, 38(4): 130-134.

[25] 李宏艳. 采动应力场与瓦斯渗流场耦合理论研究现状及趋势[J]. 煤矿开采, 2008, 13(3): 4-7.

[26] 王悦汉, 邓喀中, 吴侃, 等. 采动岩体动态力学模型[J]. 岩石力学与工程学报, 2003, 22(3): 352-357.

[27] 钱鸣高. 岩层控制的关键层理论[M]. 徐州: 中国矿业大学出版社, 2003.

[28] 吴健, 陆明心, 张勇, 等. 综放工作面围岩应力分布的实验研究[J]. 岩石力学与工程学报, 2002, 21(S2): 2356-2359.

[29] 郝海金. 长壁大采高上覆岩层结构及采场支护参数研究[D]. 北京: 中国矿业大学(北京), 2004.

[30] 姜福兴, 马其华. 深部长壁工作面动态支承压力极值点的求解[J]. 煤炭学报, 2002, 27(3): 273-275.

[31] 史红, 姜福兴. 充分采动阶段覆岩多层空间结构支承压力研究[J]. 煤炭学报, 2009, 34(5): 605-609.

[32] 宋振骐, 卢国志, 夏洪春. 一种计算采场支承压力分布的新算法[J]. 山东科技大学学报(自然科学版), 2006, 25(1): 1-4.

[33] 史元伟. 采煤工作面围岩控制原理和技术[M]. 徐州: 中国矿业大学出版社, 2003.

[34] 谢广祥. 综放面及其围岩宏观应力壳力学特征研究[J]. 煤炭学报, 2005, 30(3): 309-313.

[35] 谢广祥, 杨科, 常聚才, 等. 综放采场围岩支承压力分布及动力灾害的层厚效应[J]. 煤炭学报, 2006, 31(6): 731-735.

[36] 谢广祥, 杨科, 常聚才. 非对称综放开采煤层三维应力分布特征及其层厚效应研究[J]. 岩石力学与工程学报, 2007, 26(4): 775-779.

[37] 杨科. 围岩宏观应力壳和采动裂隙演化特征及其动态效应研究[D]. 淮南: 安徽理工大学, 2007.

[38] 谢广祥, 王磊. 工作面支承压力采厚效应解析[J]. 煤炭学报, 2008, 33(4): 361-363.

[39] 杨科, 谢广祥, 常聚才. 不同采厚围岩力学特征的相似模拟实验研究[J]. 煤炭学报, 2009, 34(11): 1446-1450.

[40] Xie G X, Chang J C, Yang K. Investigations into stress shell characteristics of surrounding rock in fully mechanized top-coal caving face [J]. International Journal of Rock Mechanics and Mining Sciences, 2009, 46(2): 172-181.

[41] 杨科, 谢广祥. 深部长壁开采采动应力壳演化模型构建与分析[J]. 煤炭学报, 2010, 35(7): 1066-1071.

[42] 伍永平, 王红伟, 解盘石. 大倾角煤层长壁开采围岩宏观应力拱壳分析[J]. 煤炭学报, 2012, 37(4): 559-564.

[43] 袁亮, 胡千庭, 李平, 等. 应用在煤层群开采中的多重上保护层防突开采法: CN1542257A[P]. 2004-11-03.

[44] 袁亮, 郭华, 沈宝堂, 等. 低透气性煤层群煤与瓦斯共采中的高位环形裂隙体[J]. 煤炭学报, 2011, 36(3): 357-365.

[45] 袁亮. 留巷钻孔法煤与瓦斯共采技术[J]. 煤炭学报, 2008, 33(8): 898-902.

[46] 袁亮. 卸压开采抽采瓦斯理论及煤与瓦斯共采技术体系[J]. 煤炭学报, 2009, 34(1): 1-8.

[47] 袁亮. 低透高瓦斯煤层群安全开采关键技术研究[J]. 岩石力学与工程学报, 2008, 27(7): 1370-1379.

[48] 袁亮. 我国深部煤与瓦斯共采战略思考[J]. 煤炭学报, 2016, 41(1): 1-6.

[49] 谢和平, 周宏伟, 薛东杰, 等. 我国煤与瓦斯共采: 理论、技术与工程[J]. 煤炭学报, 2014, 39(8): 1931-1937.

[50] 谢和平, 高峰, 周宏伟, 等. 煤与瓦斯共采中煤层增透率理论与模型研究[J]. 煤炭学报, 2013, 38(7): 1101-1108.

[51] 王家臣. 煤与瓦斯共采需要解决的关键理论问题与研究现状[J]. 煤炭工程, 2011, 1(1): 1-3.

[52] 李树刚, 林海飞, 赵鹏翔, 等. 采动裂隙椭抛带动态演化及煤与甲烷共采[J]. 煤炭学报, 2014, 39(8): 1455-1462.

[53] 谢生荣, 武太华, 赵耀江, 等. 高瓦斯煤层群"煤与瓦斯共采"技术研究[J]. 采矿与安全工程学报, 2009, 26(2): 173-178.

[54] 张农, 薛飞, 韩昌良. 深井无煤柱煤与瓦斯共采的技术挑战与对策[J]. 煤炭学报, 2015, 40(10): 2251-2259.

[55] 马念杰, 郭晓菲, 赵希栋, 等. 煤与瓦斯共采钻孔增透半径理论分析与应用[J]. 煤炭学报, 2015, 40(4): 742-748.

[56] 马念杰, 郭晓菲, 赵希栋, 等. 煤与瓦斯共采钻孔增透半径理论分析与应用[J]. 煤炭学报, 2016, 41(1): 120-127.

[57] 梁冰, 秦冰, 孙福玉, 等. 煤与瓦斯共采评价指标体系及评价模型的应用[J]. 煤炭学报, 2015, 40(4): 120-127.
[58] 蒋金泉, 孙春江, 尹增德, 等. 深井高应力难采煤层上行卸压开采的研究与实践[J]. 煤炭学报, 2004, 29(1): 1-6.
[59] 张立亚, 邓喀中. 多煤层条带开采地表移动规律[J]. 煤炭学报, 2008, 33(1): 28-32.
[60] 方新秋, 郭敏江, 吕志强. 近距离煤层群回采巷道失稳机制及其防治[J]. 岩石力学与工程学报, 2009, 28(10): 2059-2067.
[61] 吴爱民, 左建平. 多次动压下近距离煤层群覆岩破坏规律研究[J]. 湖南科技大学学报(自然科学版), 2009, 24(4): 1-6.
[62] 朱涛, 张百胜, 冯国瑞, 等. 极近距离煤层下层煤采场顶板结构与控制[J]. 煤炭学报, 2010, 35(2): 190-193.
[63] 刘洪永, 程远平, 赵长春, 等. 采动煤岩体弹脆塑性损伤本构模型及应用[J]. 岩石力学与工程学报, 2010, 29(2): 358-365.
[64] 姜鹏飞, 林健, 张剑, 等. 近距离煤层群开采在不同宽度煤柱中的能量分布[J]. 煤矿开采, 2011, 16(1): 52-54.
[65] 张农, 袁亮, 王成, 等. 卸压开采顶板巷道破坏特征及稳定性分析[J]. 煤炭学报, 2011, 36(11): 1784-1789.
[66] 寇建新, 吕有厂, 李宏杰. 深井多煤层联合开采微震类型分析[J]. 中国煤炭, 2011, 37(11): 94-98.
[67] 尹光志, 李贺, 鲜学福, 等. 煤岩体失稳的突变理论模型[J]. 重庆大学学报(自然科学版), 1994, 17(1): 23-28.
[68] 尹光志, 张东明, 代高飞, 等. 脆性煤岩损伤模型及冲击地压损伤能量指数[J]. 重庆大学学报, 2002, 25(9): 75-78.
[69] 邹德蕴, 姜福兴. 煤岩体中储存能量与冲击地压孕育机理及预测方法的研究[J]. 煤炭学报, 2004, 29(4): 159-163
[70] 谢和平, 彭瑞东, 鞠杨, 等. 岩石破坏的能量分析初探[J]. 岩石力学与工程学报, 2005, 24(15): 2603-2608.
[71] 谢和平, 鞠杨, 黎立云. 基于能量耗散与释放原理的岩石强度与整体破坏准则[J]. 岩石力学与工程学报, 2005, 24(17): 3003-3010.
[72] 秦四清, 王思敬. 煤柱-顶板系统协同作用的脆性失稳与非线性演化机制[J]. 工程地质学报, 2005, 13(4): 437-446.
[73] 赵毅鑫, 姜耀东, 祝捷, 等. 煤岩组合体变形破坏前兆信息的试验研究[J]. 岩石力学与工程学报, 2008, 27(2): 339-346.
[74] 张黎明, 王在泉, 张晓娟, 等. 岩体动力失稳的折迭突变模型[J]. 岩土工程学报, 2009, 31(4): 552-557.
[75] 闫书缘, 杨科, 廖斌琛, 等. 潘二矿下向卸压开采高应力演化特征试验研究[J]. 岩土力学, 2013, 34(9): 2551-2556.
[76] 何祥, 杨科, 刘文军, 等. 坚硬顶板厚煤层卸压开采覆岩运移特征试验研究[J]. 地下空间与工程学报, 2016, 12(6): 1559-1564.
[77] 杨科, 孔祥勇, 陆伟, 等. 近距离采空区下大倾角厚煤层开采矿压显现规律研究[J]. 岩石力学与工程学报, 2015, 34(S2): 4278-4285.
[78] 张金才, 刘天泉. 论煤层底板采动裂隙带的深度及分布特征[J]. 煤炭学报, 1990, 15(2): 46-54.
[79] Whittaker B N, Potts E L. Appraisal of strata control practice [J]. British Medical Journal, 1974, 1(4699): 27-28.
[80] 孙建. 倾斜煤层底板破坏特征及突水机理研究[D]. 徐州: 中国矿业大学, 2011.
[81] 陈炎光, 陆士良. 中国煤矿巷道围岩控制[M]. 徐州: 中国矿业出版社, 1994.
[82] 谢广祥, 杨科, 刘全明. 综放面倾向煤柱支承压力分布规律研究[J]. 岩石力学与工程学报, 2006, 25(3): 545-549.
[83] 王家臣. 极软厚煤层煤壁片帮与防治机理[J]. 煤炭学报, 2007, 32(8): 785-788.

[84] 杨科, 何祥, 刘帅, 等. 近距离采空区下大倾角“三软”厚煤层综采片帮机理与控制[J]. 采矿与安全工程学报, 2016, 33(4): 611-617.

[85] 杨科, 陆伟, 潘桂如, 等. 复杂条件大倾角大采高旋转综采矿压显现规律及其控制[J]. 采矿与安全工程学报, 2015, 32(2): 199-205.

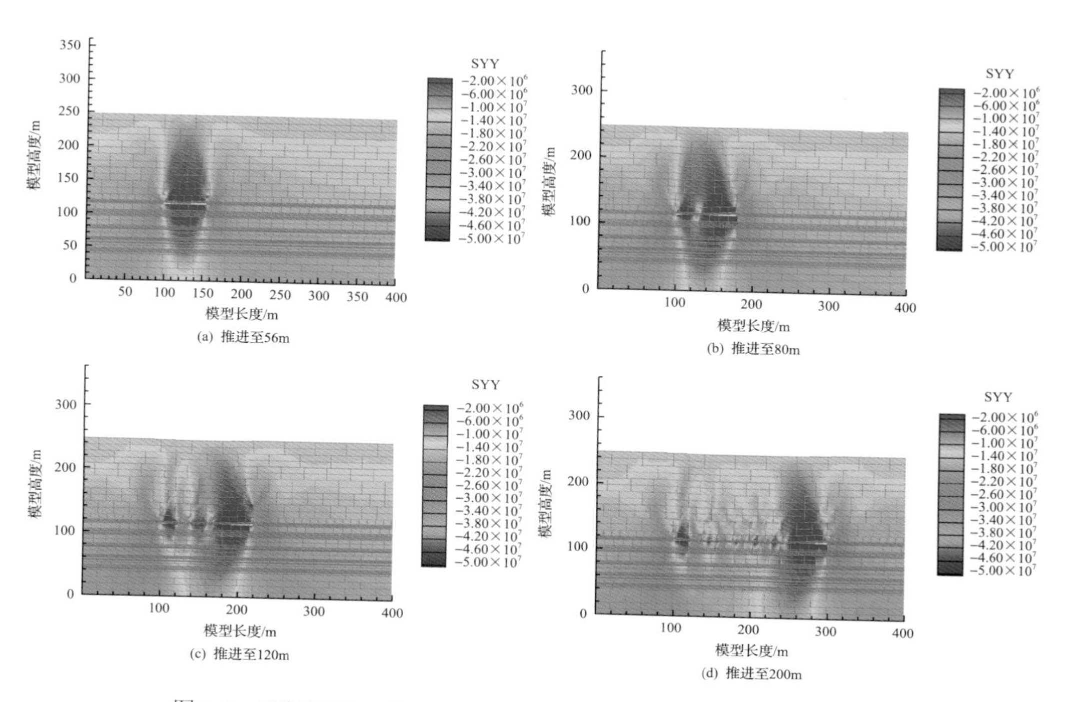

(a) 推进至56m　(b) 推进至80m　(c) 推进至120m　(d) 推进至200m

图 2-3　下行卸压开采 8 煤工作面推进不同距离顶底板应力分布云图

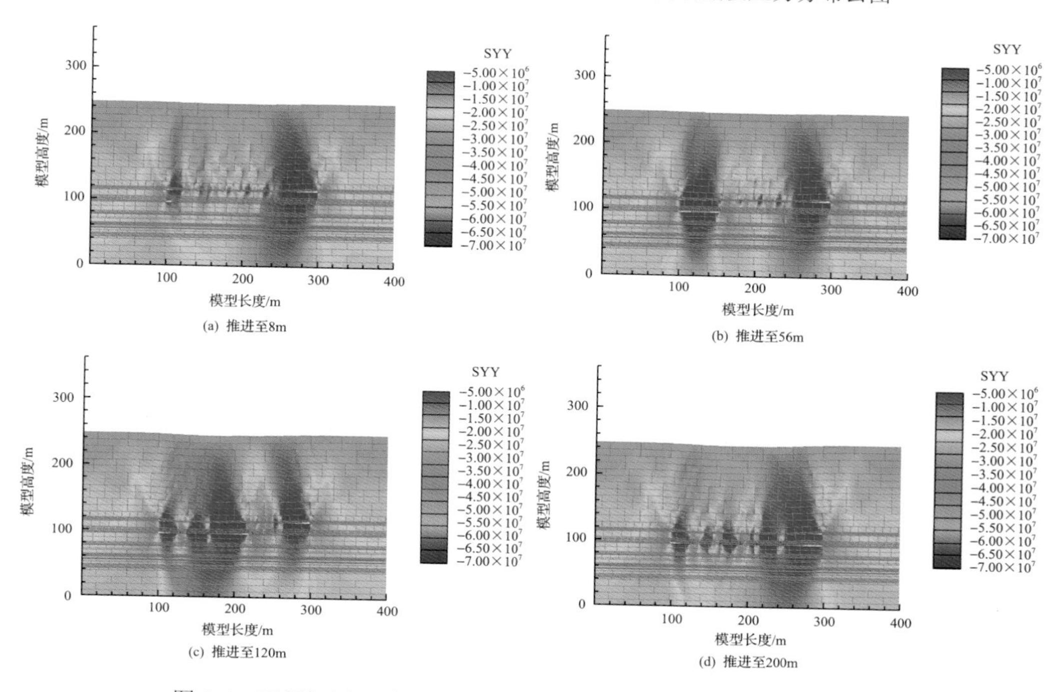

(a) 推进至8m　(b) 推进至56m　(c) 推进至120m　(d) 推进至200m

图 2-4　下行卸压开采 7 煤工作面推进不同距离顶底板应力分布云图

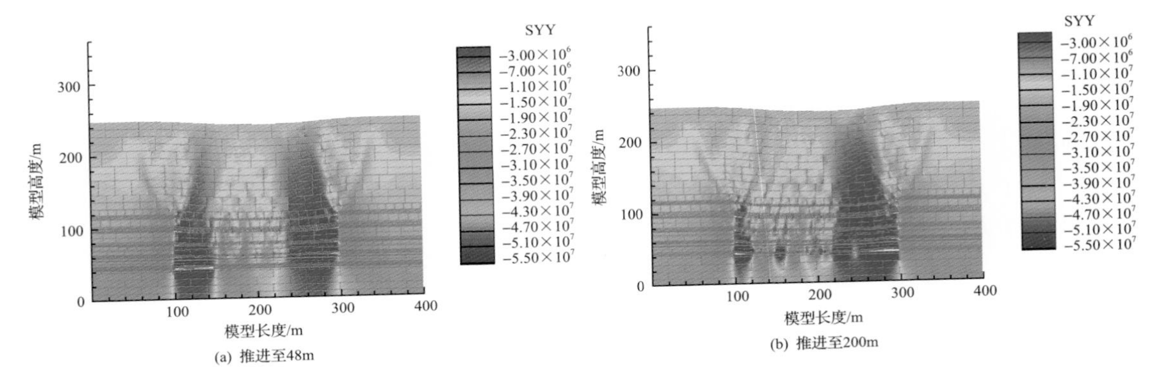

图 2-5 下行卸压开采 4 煤工作面推进不同距离顶底板应力分布云图

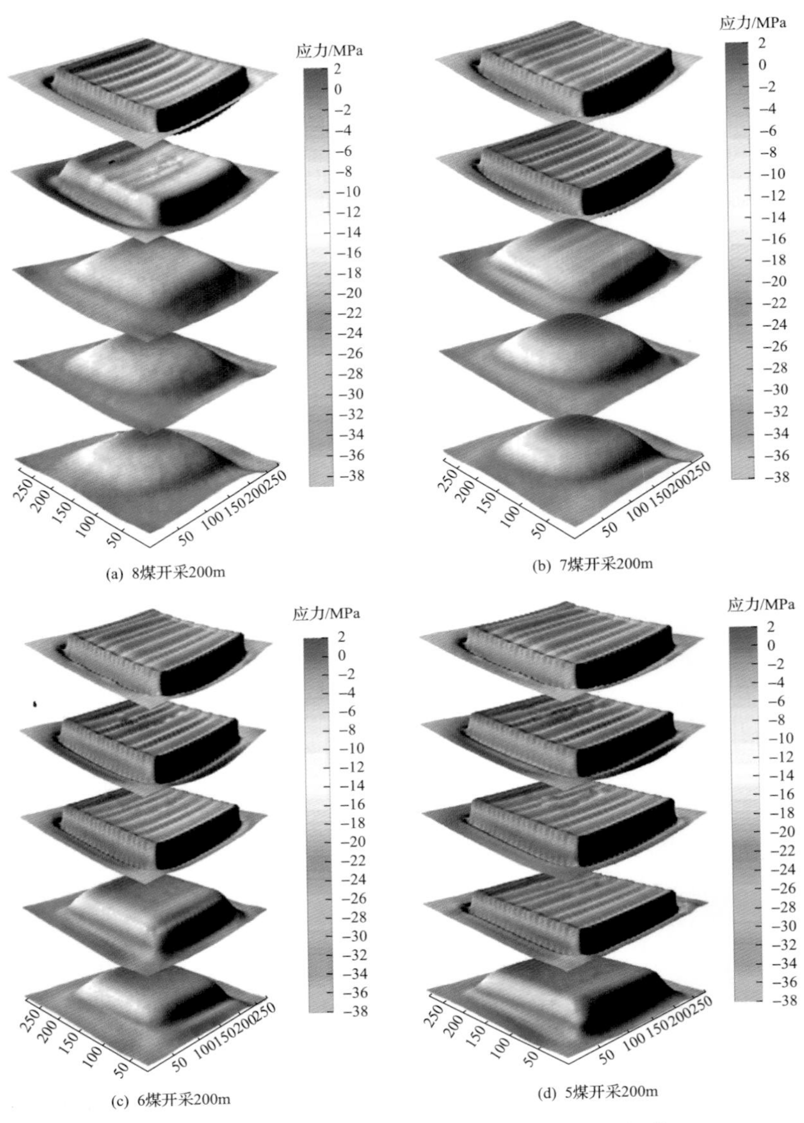

图 2-9 下行卸压开采不同煤层后高应力分布规律

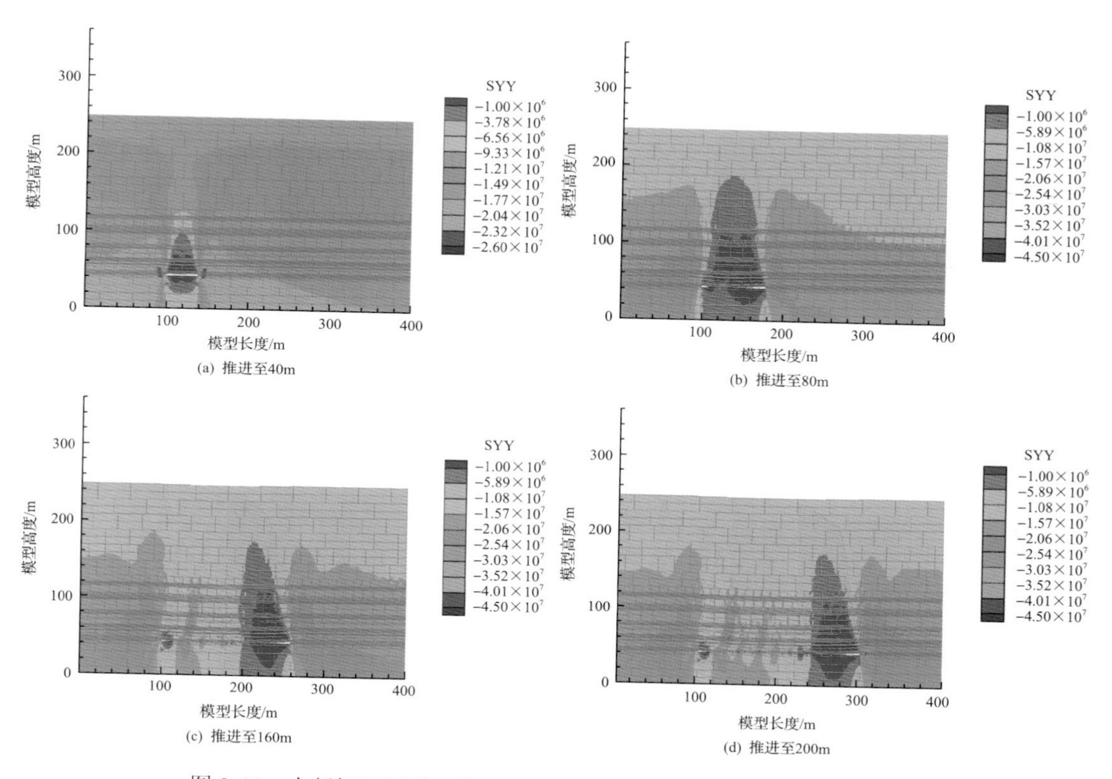

图 2-19　上行卸压开采 4 煤工作面推进不同距离顶底板应力分布云图

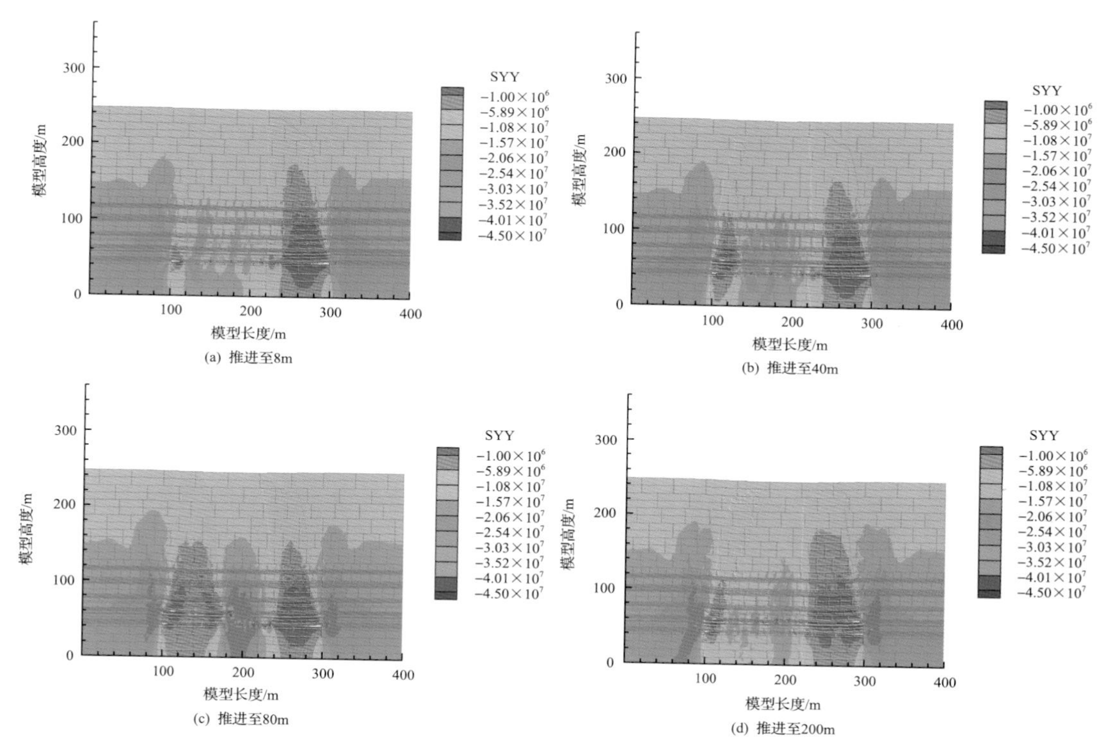

图 2-20　上行卸压开采 5 煤工作面推进不同距离顶底板应力分布云图

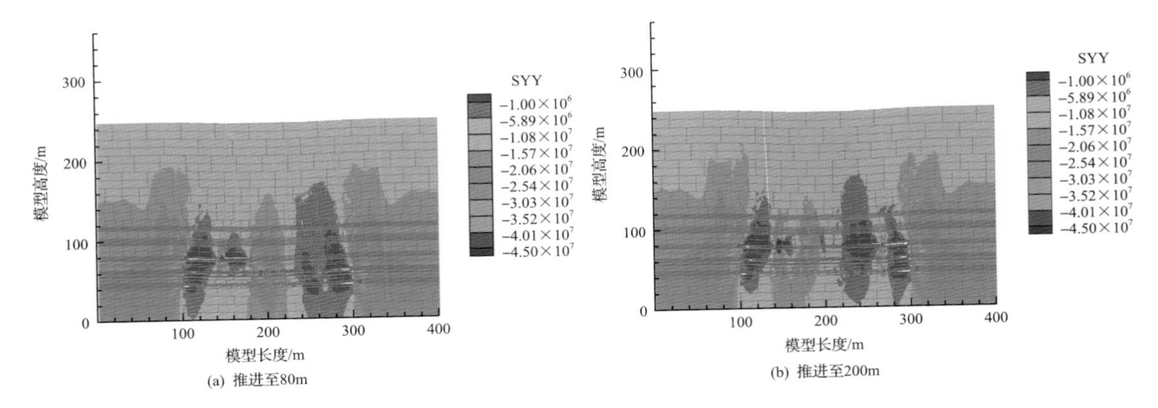

(a) 推进至80m (b) 推进至200m

图 2-21 上行卸压开采 6 煤工作面推进不同距离顶底板应力分布云图

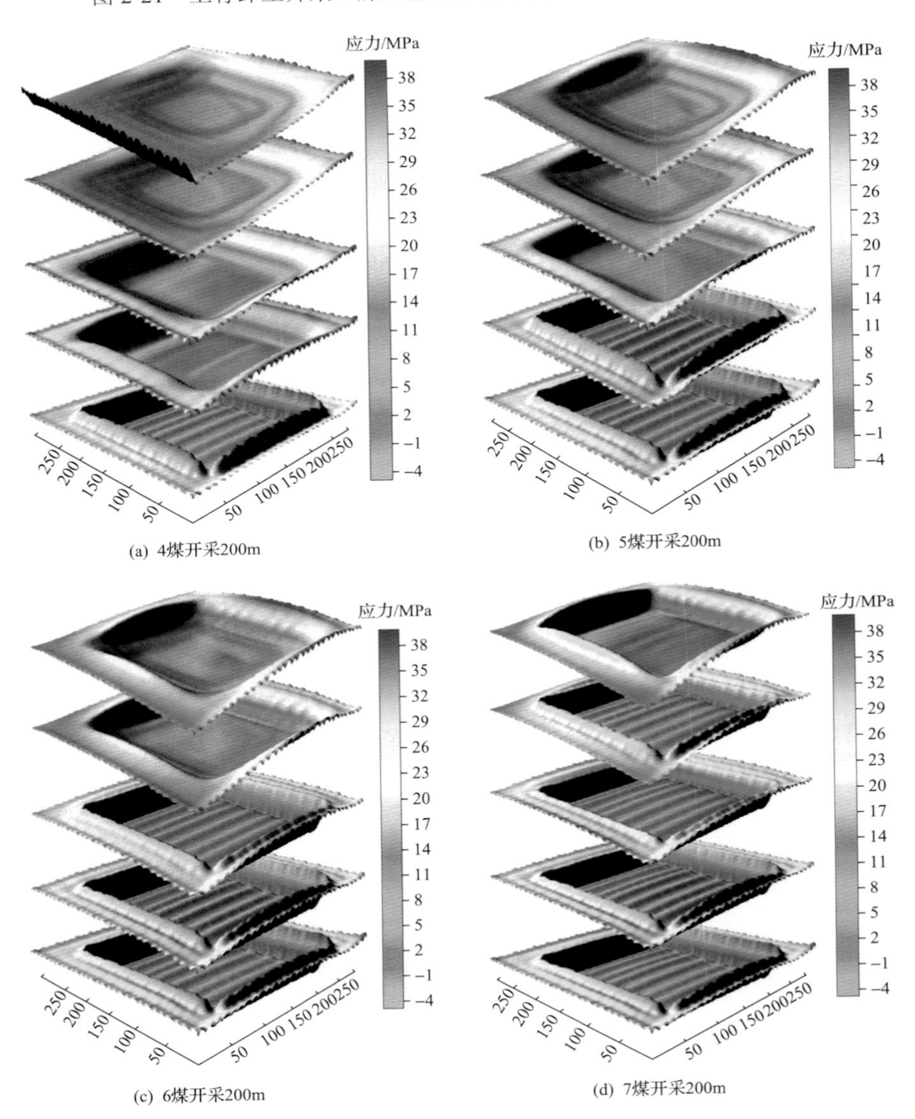

(a) 4煤开采200m (b) 5煤开采200m

(c) 6煤开采200m (d) 7煤开采200m

图 2-25 上行卸压开采不同煤层后高应力分布规律(压力为正)

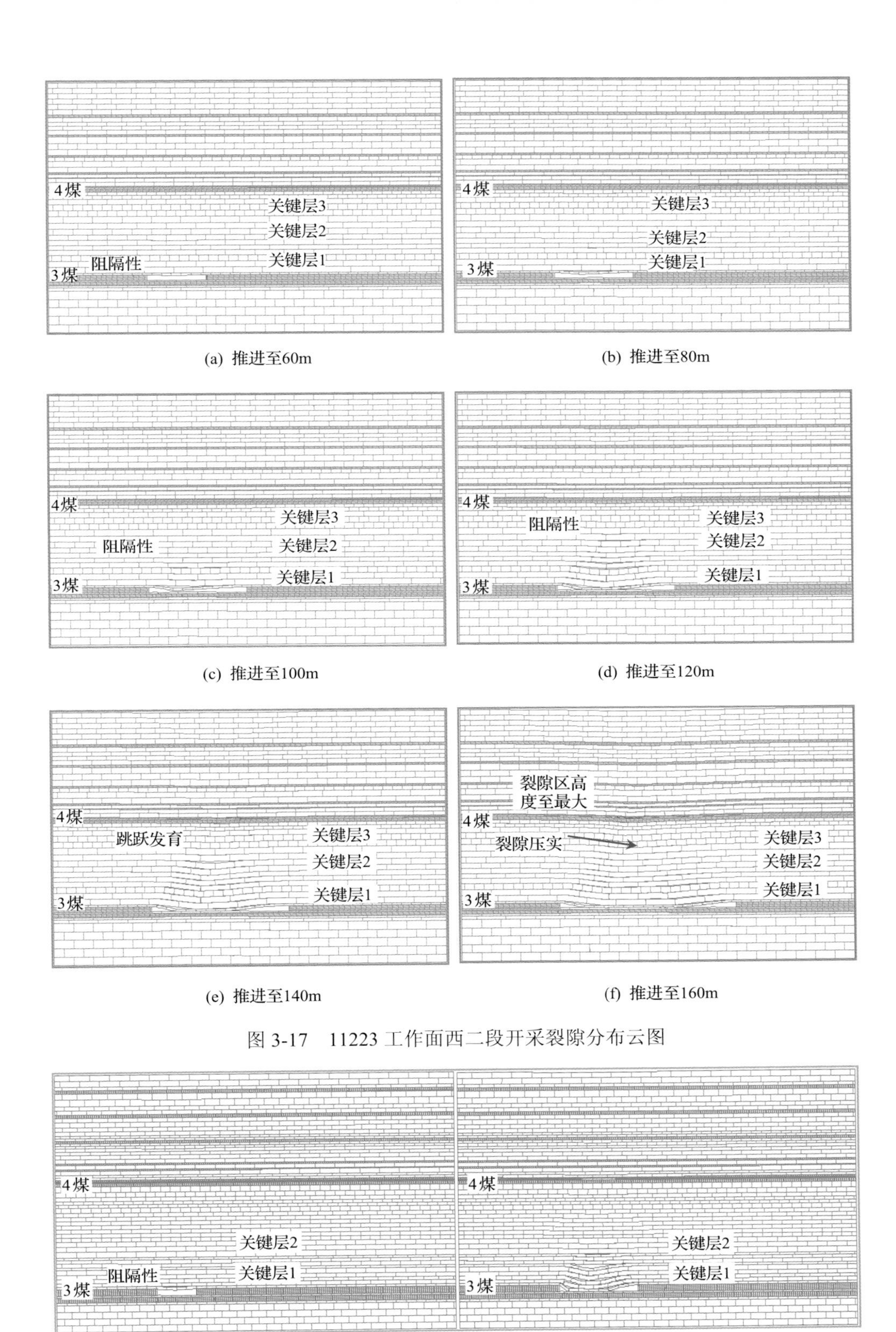

图 3-17　11223 工作面西二段开采裂隙分布云图

(a) 推进至40m　　　(b) 推进至80m

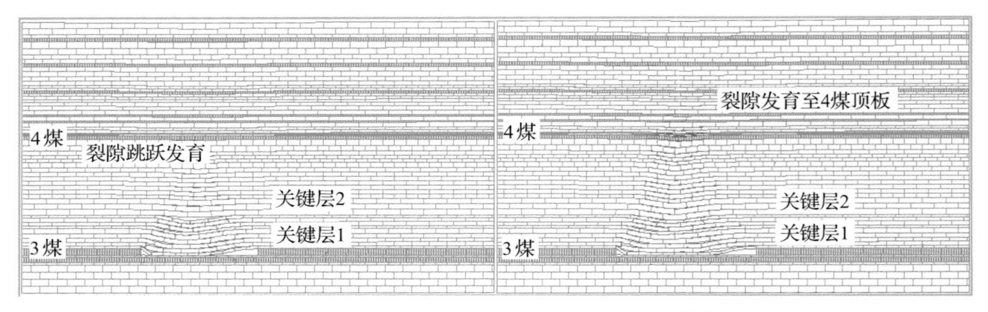

(c) 推进至100m　　(d) 推进至120m

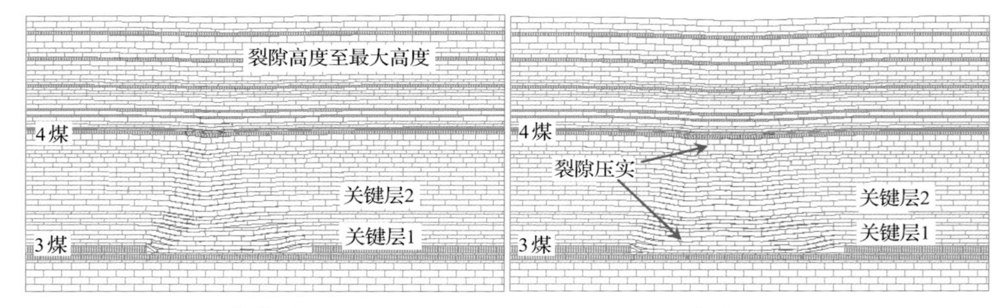

(e) 推进至140m　　(f) 推进至180m

图 3-18　11223 工作面东一段开采裂隙分布云图

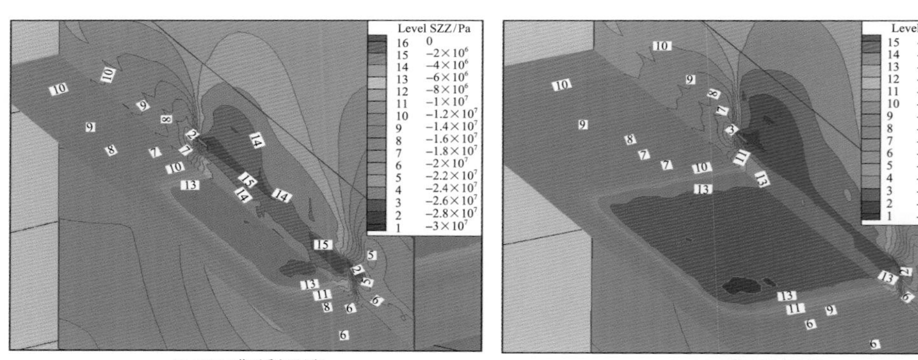

(a) 12125工作面采空区左侧　　(b) 12125工作面采空区中部

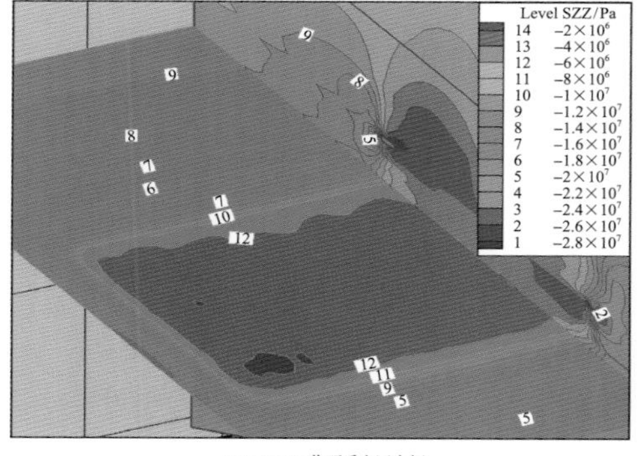

(c) 12125工作面采空区右侧

图 4-4　12125 工作面开采后采场支承压力分布云图

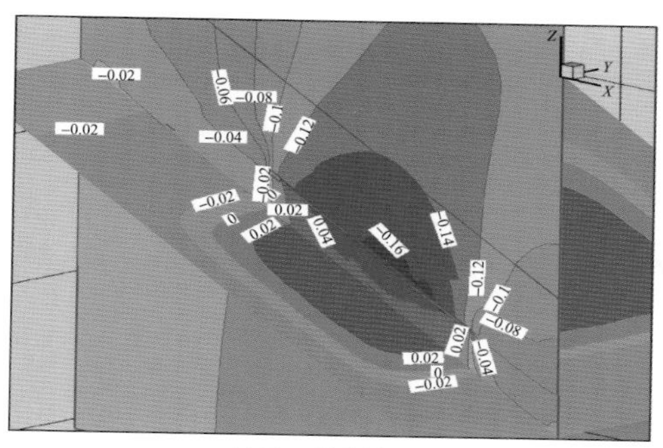

(a) 12125工作面采空区左侧

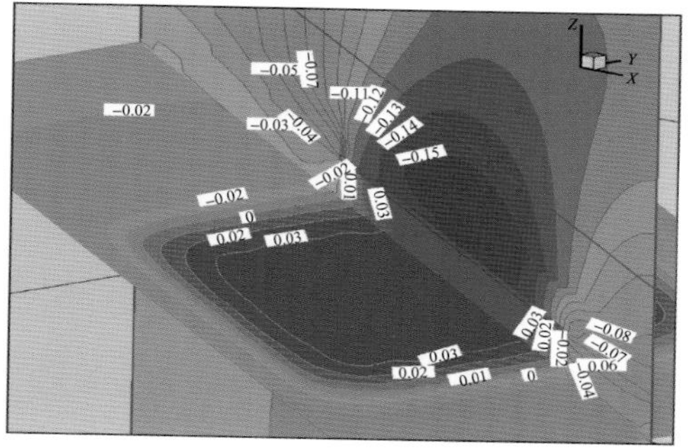

(b) 12125工作面采空区中部

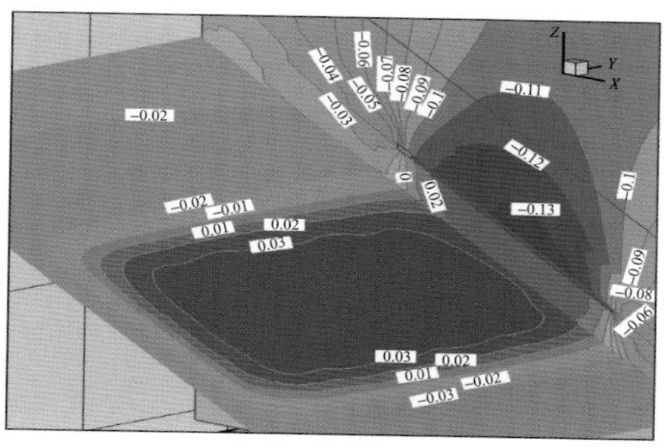

(c) 12125工作面采空区右侧

图 4-5　12125 工作面开采后采场垂直位移云图(单位：m)

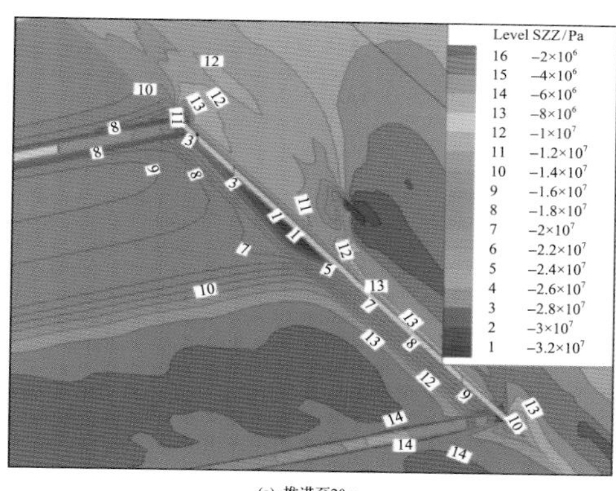

(a) 推进至20m

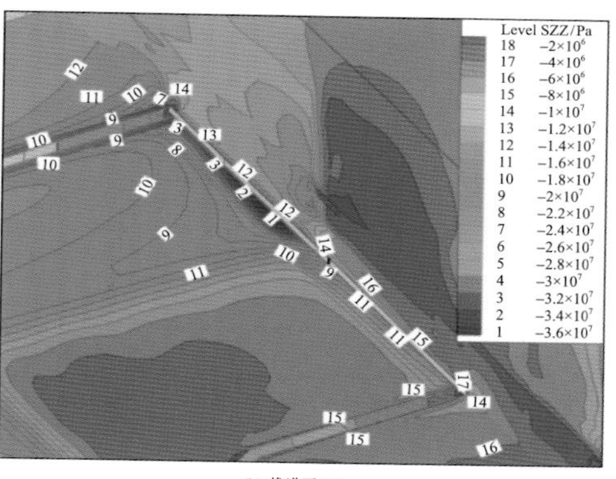

(b) 推进至100m

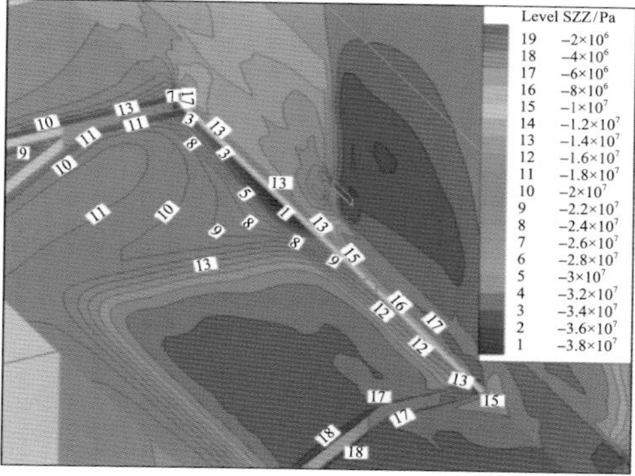

(c) 推进至160m

图 4-6　12124 工作面走向段采场支承压力分布云图

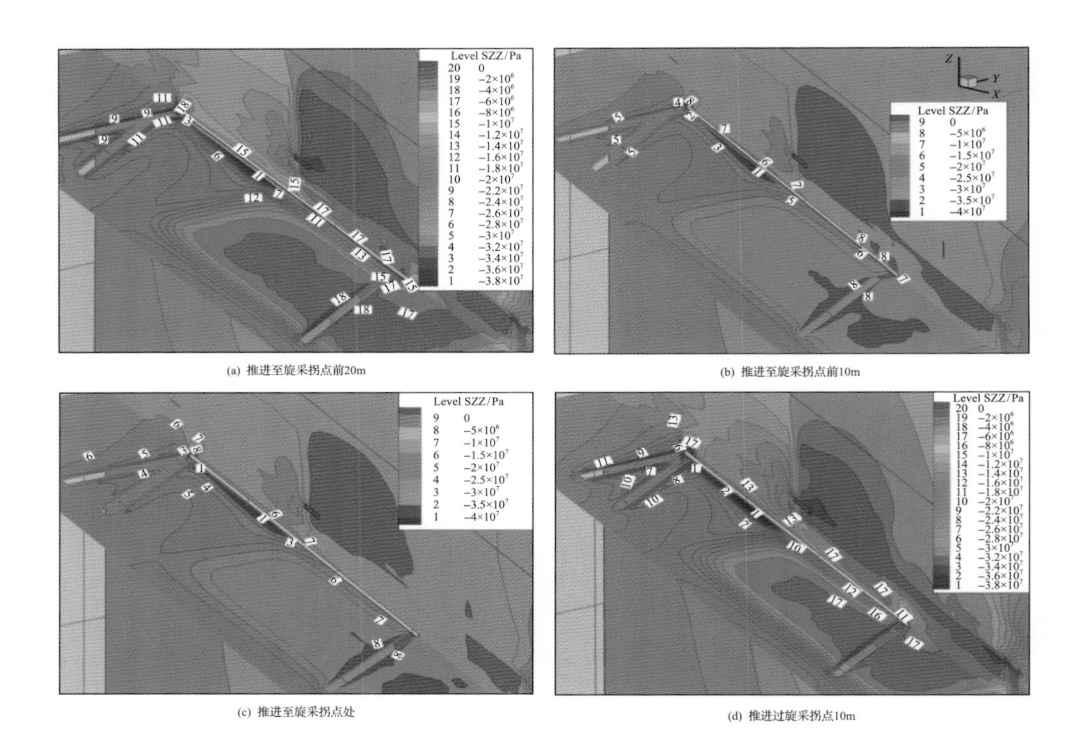

图 4-11　12124 工作面旋采段采场支承压力云图